苏州市社会科学基金项目

三知斋余墨

SANZHI ZHAI YUMO

汪长根 著

古吴轩出版社

三知斋書票
EX-LIBRIS
120/120
2022

识之愈真　乘之愈远

杜越

2022 年是联合国教科文组织《保护世界文化和自然遗产公约》签订 50 周年，有很多大事件可以说。

从全局来看，这 50 年，全球的世界遗产事业发生了巨大变化，已经成为全球最具有影响力的文化事业之一。特别是在中国，自从 1985 年加入公约以来，中国的世界遗产事业从无到有，从小到大，从局部到全局，取得显著成绩。特别是近十年来，在党和国家的高度重视下，中国的世界遗产项目总数已经达到 56 项，名列全球第一，而且世界遗产的多重价值日益深入人心，世界遗产保护不仅成为专家学者和专业工作者的任务，也成为家喻户晓的文化活动，公众对世界遗产的认知和保护意识显著提升。在专业工作队伍和公众的协同努力下，中国的世界遗产整体保护状况明显优于国际平均水平，从教科文组织的权威报告《2020 年世界遗产展望》中可以看到：全球整体状况处于"好"和"较好"的比例为 63%，中国的比例为 89%；全球处于危机状况的比例为 7%，中国为零。此良好的保护状况，我国于近年又有所提高。

▶ 1985 年加入公约以来，特别是近十年来，在党和国家的高度重视下，中国的世界遗产项目总数已经达到 56 项，名列全球第一，而且世界遗产的多重价值日益深入人心，世界遗产保护不仅成为专家学者和专业工作者的任务，也成为家喻户晓的文化活动，公众对世界遗产的认知和保护意识显著提升。

在苏州，世界遗产保护工作一直走在全国前列，特别是 2004 年承办了联合国教科文组织第 28 届世界遗产委员会会议，成功举办了一次"历届最好、令人难忘"的盛会，并在国际社会上影响广泛，进一步让苏州走向世界、让世界了解苏州。这离不开苏州深厚的文化底蕴，特别是对古典园林、历史文化古城、中国大运河苏州段以及昆曲、古琴、香山帮营造技艺等众多文化遗产的保护和利用，成绩不菲，令人刮目相看。当然，我记忆最深的还是专业保护工作，有三件事非常值得一提。

第一件事是建立亚太地区世界遗产培训与研究中心（下设三个分支机构——“北京中心”“上海中心”“苏州中心”）。这个国际二类机构为中国参与国际事务，展现大国担当，起到了非常好的示范作用，这也是第28届世界遗产大会给中国留下的一笔宝贵财富。记得召开这次大会之前，国家有关部门和领导就在讨论这个议题，苏州作为承办地也积极参与其中，从市委、市政府，到具体部门的工作人员都非常认真，并提出了很多具有创意的思路，为这一国际机构最终在中国落地贡献了智慧和力量。那时苏州市园林局的衣学领局长、遗产办的周苏宁都与我建立了联系，在有关机构职责、办公地选址、人员配备、经费来源等较为棘手的问题上，他们都做了大量严谨细致的工作，比如在职责任务方面，他们充分发挥苏州地方优势，主动提出承担“三大任务”，即古建筑高级人才培养、世界遗产古典园林保护和监测、世界遗产青少年教育。这三大任务很快得到国家有关部委的认可和国际组织的认可。在选址问题上，他们也做了多个方案，不厌其烦地接受国际组织专家的实地考察。由于当时国内尚未有配套的在中国建立国际二类机构的法律规定，为了保证“苏州中心”在地级市落地并正常运作，他们在市政府的大力支持下，创造性地解决了“编制问题”，成为当时国内若干国际二类机构中唯一有编制、有办公地点、有经费预算的组织，非常难能可贵，这为国内建立国际二类机构提供了一个范本。当然，要把国际二类机构建立好并长期运转下去，参与国际事务，真正展现大国担当，还亟待做大量工作，特别是人才的选拔、任用，至关重要，任重道远。

▶ 为了保证“苏州中心”在地级市落地并正常运作，他们在市政府的大力支持下，创造性地解决了“编制问题”，成为当时国内若干国际二类机构中唯一有编制、有办公地点、有经费预算的组织，非常难能可贵，这为国内建立国际二类机构提供了一个范本。

第二件事是关于世界遗产青少年教育。这项工作苏州也是走在国内前列的。2001年，苏州市园林局就参与了这项国际事务，支持出版了教科文组织主编的《世界遗产与年轻人》（中文版），这是当年全球第三个语种版本（另有英语版、法语版），并在苏州举办了首届中国世界遗产国际青少年夏令营，在中国正式拉开了世界遗产青少年教育的序幕。在2004年第28届遗产大会上，苏州中学生还代表全球青少年在会上宣读了《世界遗产青少年教育宣言》。之后，又在汪长根的积极推动下，在古建联盟内建立了世界遗产青少年教育委员会，参加教科文组织的全球青少年世界遗产漫画大赛，开展丰富多彩的文化遗产进校园活动，在全国十几个省、市的中小学校陆续建立了60多处世界遗产青少年教育基地，为把世界遗产保护的种子播向全国，做出了重要贡献。

第三件事就是建立亚太地区世界遗产中心古建筑保护联盟。这也可以说是一项创造性的工作。世界遗产事业作为全人类的共同事业，必须发挥社会各方面的力量，而不仅仅是政府和专家学者的事。但是如何发挥？如何把分散的社会力量聚集在亚太世遗中心？说起来容易做起来难，真正付诸实践，仍然需要智慧和勇气。记得2010年，苏州中心的名誉主任汪长根先生来北京找我，专门讨论这个问题，他当时就提出了一个明确的思路——整合社会资源和力量，打响世界遗产品牌。并拿出了一个详细的方案，可见他是经过深思熟虑的。我过去对汪先生不是很了解，因为他在担任苏州中心名誉主任之前，长期在苏州市委工作，与我们外事工作基本没有业务交集。但通过这件事，我们一下就成了朋友，所谓"酒逢知己千杯少""心有灵犀一点通"，人与人之间的交往，常常就在"话语"上看能否心灵相通，那是不需要很多语言的，往往一句话、一个眼神就明白了。当然，这是需要双方具有相同的人生追求和思想基础的。想来，我们就应和了这"共同话语"，我从事的是外交事务中的教育科学文化工作，汪先生在苏州市委副秘书长职位

▶ 世界遗产事业作为全人类的共同事业，必须发挥社会各方面的力量，而不仅仅是政府和专家学者的事。但是如何发挥？如何把分散的社会力量聚集在亚太世遗中心？说起来容易做起来难，真正付诸实践，仍然需要智慧和勇气。

▶ 虽然一个是"国际事务",一个是"地方事务",但归根到底都是在从事"人类之思想"的不断提高和完善工作,都是很"崇高"、很"公益"的事业,因此我们就顺理成章走到了一起。

上分管的是文化、教育、卫生。虽然一个是"国际事务",一个是"地方事务",但归根到底都是在从事"人类之思想"的不断提高和完善工作,都是很"崇高"、很"公益"的事业,因此我们就顺理成章走到了一起。2012年,亚太世遗中心古建筑保护联盟正式在苏州成立,汪长根作为执行主席(第二届当选主席),从此也走上了从事"国际事务"之路,我们的交往也由此频繁起来。

这10年,在汪长根先生的带领下,古建联盟做了大量卓有成效的工作,这在不久前出版的《十年之筑·苏州世界遗产与人文研究(2011—2021)》(古吴轩出版社2021年版)中已有全面的记录和论述,在此不再赘述。需要说的是眼前,我又收到汪长根先生发来的《三知斋余墨》书稿,通读之后愈发感到了古建联盟和汪先生的治学和实干的精神。

这部著作分上、下卷,上卷《秋日之礼》,是汪先生任主编的《世界遗产与古建筑》杂志的卷首语,共39篇。从文字本身来说,卷首语就是"导语""导读",犹如绘画中的小品,笔墨不多,笔笔精炼,余味隽永。文章的价值归根到底在内容,文有质,才能令人爱不释手。细读这些卷首语就会发现,39篇文章涵盖了苏州古城保护更新与世界遗产保护的多个方面,犹如这10年来的苏州文化遗产保护事业的缩影。有面对古城保护与复兴的世界性难题的艰辛探索,有对新时代古城保护与城市更新的孜孜深研,有针对古城保护的民生和业态治理的反复讨论,还有在美丽乡村建设中对美的本质思寻、文化遗产高品质保护和创新利用之路的探究,以及在互联网时代如何保护好世界遗产、文化资源优势如何转化与创新等等课题,都涉及苏州古城、世界文化遗产保护的理念更新、问题与对策、行动要点和路径选择,对苏州的发展有着极为重要的现实意义和长远意义,其中一些观点对全国同行来说也有很大的启发。

▶ 文章涵盖了苏州古城保护更新与世界遗产保护的多个方面,犹如这10年来的苏州文化遗产保护事业的缩影,对苏州的发展有着极为重要的现实意义和长远意义,其中一些观点对全国同行来说也有很大的启发。

如在《"东方水城"的气质再造》一文中,他指出,苏州自古以来被称为"东方水城","水城"是苏州大运河独特的城市文化景观,是古代筑城与水利技术融合的杰出典范，水城交融也是这座城市最重要的特质之一。他在分析了苏州文化发展现状后提出，苏州有必要思考：应当如何守护优秀传统？如何坚持与时俱进？如何着力再造新时代苏州人的文化气质？他的观点是鲜明的：苏州文化应当是苏州人的大文化，是她以“水”为载体，创造的物质和精神财富的总和，是她以吴文化为核心和主线，将江、海、湖、河等多元文化融为一体，是相互渗透、相互作用、相互补充、相得益彰的文化综合体，具有广泛的文化集结、文化认同、文化归属。其主要特征就是苏州这座城市所具有的“水的气质”：刚柔相济、包容大气、精致典雅。按照与时俱进的精神，还有创新开放。在文化建设中，最重要的意义就在于有益于朝着既定的目标和梦想，再造苏州和苏州人的气质，形成统一的意志，弘扬优秀传统，保持创造特色，凝心聚力，扬长避短，深度融合，扎实深耕，最大限度地建设好我们的美丽幸福家园。在此文背后，是一篇分析现状、分析存在问题并提出对策的研究报告——《关于把苏州大运河文化带建设成为高品位文化长廊的总体思路和对策研究》。

▶ 苏州有必要思考：应当如何守护优秀传统？如何坚持与时俱进？如何着力再造新时代苏州人的文化气质？他的观点是鲜明的：苏州文化应当是苏州人的大文化，是她以“水”为载体，创造的物质和精神财富的总和，是她以吴文化为核心和主线，将江、海、湖、河等多元文化融为一体，是相互渗透、相互作用、相互补充、相得益彰的文化综合体，具有广泛的文化集结、文化认同、文化归属。

在《历史文化名城的新名片》一文中，汪长根先生坦率地指出，“世界遗产典范城市”，对于苏州来说，无疑与之还有较大的差距。为此，他撰写了《以世界文化遗产城市为核心品牌，整合苏州城市文化名片资源》，建议苏州要有强烈的文化自信，统一认识，形成共识，以全球化的视野、国际化的标准、中国特有魅力的水准，充分发现发掘、张扬提升苏州作为“世界遗产典范城市”的品牌价值和国际影响力，使之真正成为凝聚苏州发展的不竭动力。要有永无止境的奋斗精神，“典范”既是对过去的充分肯定，也是对当代发展的鞭策，奋斗永远在路上，要坚持与时俱进，创造苏州经验，制定苏州标准，形成苏州范例，积极发挥引领作用。要脚踏实地，重在落实，强化资源整合、利用手段，凝心聚力，分解责任到位，典型引路，破解短板，攻坚克难，高品质地做好当下每一件事，让“世界

▶ 以全球化的视野、国际化的标准、中国特有魅力的水准，充分发现发掘、张扬提升苏州作为“世界遗产典范城市”的品牌价值和国际影响力，真正成为凝聚苏州发展的不竭动力。

遗产典范城市”这一品牌熠熠生辉。建议提出后，时任市委书记、市长对此文都作了重要批示。原市文广新局雷厉风行落实领导批示，派员赴韩国庆州市出席世界遗产城市组织第二次亚太区大会和第14届世界遗产城市组织大会，让世界进一步了解苏州，让苏州进一步走向世界。后来听说，“世界遗产典范城市”已经写入苏州“十四五”规划之中，可见学术研究和理论创新何其重要！

下卷《秋日行思》，看上去像是散文游记随笔类，但细读之后，依然是“万变不离其宗”，他的眼光和思想始终在文化遗产方面聚焦。如《腾冲归来话审美》，文章用了不少篇幅讲腾冲的生态、地质、丝路、翡翠、抗战、乡村等等，名曰“各有所归”。然后话锋一转：把腾冲的美最后归在“文化之美”。由此点睛之笔，有心的读者都能读懂这“美”的深层次含义。如《真情练达　诗化演绎》，这是一篇读詹刚先生《天堂苏记》的感想，其笔墨的重点却是叩问：阅读《天堂苏记》，应当努力聚焦全书提出的发人深省的三个问题，即“为什么专讲天堂”“天堂是什么”“明日天堂向何方”——文化深度思考跃然纸上，令人深思。下卷38篇“行思”更多的是那种一读就能感受到的浓浓文化遗产气息——带着“乡土”味道，是来自地方现实生活的文化思考，那是特别值得一读的，因为每一篇都是针对某一种现象的分析和思辨，从实践中来，上升到思辨，真知灼见，精辟准确，特别具有哲理性。

总之，在世界遗产这一园地里，汪长根先生通过辛勤耕耘，到了丰收的季节，端上来的是一盘值得品味的硕果。

2022年11月

作者系中国联合国教科文组织全委会原秘书长，现为联合国教科文组织外联部顾问

精神家园的守望者

范小青

要给汪长根先生的作品集《三知斋余墨》写几句，心中不免忐忑，汪长根先生于我，是亦师亦兄的关系，几十年间，虽然联系不算很密切，但也隔三岔五会有相遇相逢，每每有聚，多是听君一席话，胜读十年书的欣喜。而相比之下，他给予我更多的启迪和收获，是从他的文字中来的。尤其是在那些写苏州文化的文字中，不仅渗透了他对苏州、对苏州文化的真情挚爱、深入了解，甚至连同他的个人形象，也能从中展示出来。

▶ 他给予我更多的启迪和收获，是从他的文字中来的。尤其是在那些写苏州文化的文字中，不仅渗透了他对苏州、对苏州文化的真情挚爱、深入了解，甚至连同他的个人形象，也能从中展示出来。

我曾经读过他在《苏州杂志》上连载的《文化苏州内涵解析》的长文，有《文脉延续》《精神守望》《名人辈出》《载体渊薮》等篇目，对于苏州文化、文化苏州，那真是一五一十，如数家珍。

比如在《精神守望——文化苏州内涵解析之二》一文中，他在描写苏州古建筑时这样写道："风雨中，黑白灰的色彩让人如此沉静；云水间，淡素雅的容颜也十分地令人心安。"我就忽然感觉，这就是汪长根本人呀，就是他每每给我的沉静和心安的那种印象，那是特定的文化基因所散发出来的个人魅力。

正如他自己所说，苏州文脉中一个极其重要的文化基因就是苏州人本身。我想，汪长根先生，就是这样一个带着强大基因的苏州人，他在苏州工作几十年，在从政的日子里，有文化底蕴作为根

▶ 十年前，汪长根先生退休了——与其说是退休，不如说是转岗，他担任了苏州世界遗产与古建筑保护研究会的会长。研究会需要他，他也需要这个研究会，因为研究会的工作，正是他一直以来心心念念寄托着的，是他的追求和梦想的着落点。

基，在研究文化的过程中，又具备了从政经历带来的远见卓识，二者相辅相成，相得益彰。

十年前，汪长根先生退休了——与其说是退休，不如说是转岗，他担任了苏州世界遗产与古建筑保护研究会的会长。研究会需要他，他也需要这个研究会，因为研究会的工作，正是他一直以来心心念念寄托着的，是他的追求和梦想的着落点。

从此，他更加自由奔放地在旧苏州和新苏州中穿行，他可以恣意纵横地在时空隧道里挥毫泼墨、剖析苏州。

于是，一干就是十年。

今天，我面前的这本《三知斋余墨》分为两个部分，第一部分《秋日之礼》中的文章，就是他为研究会内刊《世界遗产和古建筑》写的卷首语。

卷首语，是一种比较独特的文体。它是一种阅读的引导，让读者能够直观地了解这一期刊物的观点、主题等等，也是一期期刊或整个期刊的主体思想的体现。所以卷首语基本上就是表达观点和想法的文章，通常不会过多引申，也不谈具体内容。在《三知斋余墨》中的卷首语，也确实就是典型的卷首语体，但是由于作者对苏州古建筑、对苏州文化有着浓厚的情感和了如指掌的熟悉，加之文字的体贴和代入感，读来并不枯燥，更无八股，如同是在听一位智者闲谈，又像是在读一篇清风徐来的散文，于娓娓道来之间，收获理念和知识。

这些卷首语，是有一些共同特点的——它们始终如一地体现着写作者的坚守。

比如它们的情感因素。在《世界眼光与现实路径》中，写“2012年5月，联合国教科文组织总干事博科娃来苏视察亚太世遗中心时提出‘让苏州经验与世界共享’，这是她用世界眼光和国际视野对我们的期盼，也是苏州人的骄傲”。

又在《让文化遗产“活”在当代》中写：“对于苏州来说，还有一件特别值得骄傲的事情，3 月，苏州因经济发展和古城保护获得平衡、成为宜居且充满活力的城市而获得‘李光耀世界城市奖’，这是全球第三个城市获得此项国际大奖；苏州有 4 条运河古道，7 个点段被列入中国大运河申遗名录。”

——喜悦之情，挚爱之心，跃然纸上。

再比如它们的忧患意识。作者的文化研究不只是停留在“形”上，而是通过有形的文化遗产，进一步思考、探索，有思想，有观点，提得出问题，担得起分量。比如在《让文化遗产“活”在当代》一文中写“新型城镇化建设中的文化遗产，是最具有‘活’形态的遗产。无数经验和教训告诉我们，在古城古镇古村落中，文化遗产不能束之高阁、秘不示人，而应融入社会、惠及民生，努力展示文化遗产的独特魅力，只有活起来，才有生命力……这是一个新的命题，也是一个值得我们去探索的领域”。

▶ 作者的文化研究不只是停留在“形”上，而是通过有形的文化遗产，进一步思考、探索，有思想，有观点，提得出问题，担得起分量。

——所思所想所问，既接地气又锐利精准。

《三知斋余墨》的第二部分《秋日行思》里的作品，大多是散文随笔和小品文，以“秋日行思”命名，即是边走边看边思的意思。较之于《秋日之礼》的卷首语，这部分文章更放松，更有空间，也更能散发出文字的光彩和思想的光芒。

▶《三知斋余墨》的第二部分《秋日行思》里的作品，大多是散文随笔和小品文，以“秋日行思”命名，即是边走边看边思的意思。较之于《秋日之礼》的卷首语，这部分文章更放松，更有空间，也更能散发出文字的光彩和思想的光芒。

即便是行走在千里之外，沉浸在异域风情之中，他也不忘和苏州作一些比较。比如《走进汉中》一文，一开始就把给予汉中和给予苏州的颁奖词写了出来，进行对比。汉中被评为“中国最具历史文化魅力城市”，评委会的颁奖词同样颇具魅力：“汉中位于中国版图的中心，历经秦汉唐宋三筑两迁，却从来都是卧虎藏龙；这里的每一块砖石，都记录着历史的沧海桑田，这里的每一个细节，都印证着民族的成竹在胸。”苏州被评为“中国最具经济活力城市”和“中国魅力城市”，评委会给予的颁奖词：“一座东方水城让人们读了 2500 年，一个现代园区用 10 年时间磨砺出超越传统的利剑。她用古典园林的精巧布局出现代经济版图；她用双面绣的绝活，实现了东方与西方的对接。”两份颁奖词，拉开了汉中之行的序幕。

——苏州文化的影响，是浸润到骨血里，流淌在生命中的。

▶《喜子和他的媳妇》一文，和其他文章略有不同，带着点小说的讲故事的笔法，把喜子和他的媳妇陈晓（陈小鹅）的形象写得十分生动，让这对写在文中的夫妻如同站在我们眼前一般的鲜活，那碗“老鹅汤”更是让人馋涎欲滴。

《喜子和他的媳妇》一文，和其他文章略有不同，带着点小说的讲故事的笔法，把喜子和他的媳妇陈晓（陈小鹅）的形象写得十分生动，让这对写在文中的夫妻如同站在我们眼前一般的鲜活，那碗“老鹅汤”更是让人馋涎欲滴。“你看，暮色降临，晚风乍起，点几支蜡烛，围坐一起，谈天说地，品茗喝茶吃点心，讲究的是情调。小院虽小，却是信息中心、交流平台，带来滚滚生意。”我读着读着，也想出门去了，到山塘街去，不贪“全鹅宴”，尝一下萝卜丝汤团和鹅汤馄饨，美也，足矣。

——作者写作的共情能力，与读者双向交流，同频共振。

汪长根先生长时间在政府工作，又长时间地研究文化。因为从政，可能站得更高些，经历更多些，眼界更开阔；因为崇文，内心有依托，行事有根基，不会迷失初心和方向。两者的完美结合，也让他的文笔有了与众不同的风味，也更有穿透力和独特性。

汪长根先生在给我的信中玩笑说他将“第二次退休”，其实我知道，与文字相伴，那是一生一世的事，他是永远不会退休的。

2022年11月

作者系苏州籍全国著名作家，曾任全国政协委员，江苏省第九届作家协会主席、党组书记

目录

上卷

秋日之礼

绪言　滴水遗痕

蒋忠友

2021年12月，汪长根、周苏宁先生的著作《十年之筑·苏州世界遗产与人文研究（2011—2021）》出版了，洋洋36万字，汇集了由这两位学人领衔编著的亚太世遗中心古建筑保护联盟成立10年来的丰硕成果，有学者称这本书是"地方作品，国家品质"，读后颇受感动。

时光匆匆，转眼就是一年。

2022年12月，汪长根先生（我们习惯尊称其为汪秘书长）的又一新作《三知斋余墨》行将出版，可喜可贺。他希望我成为这本书的"第一读者"，并嘱我写一个"导读词"。我颇感荣幸，更有些受宠若惊。

关于"导读词"，我以为这个创意好，但一时不知所措，不知道如何动笔。他则给我讲了17年前的一段往事。

2005年12月，古吴轩出版社出版了由汪秘书长与我合著的《苏州文化与文化苏州》，这部仅180页文字的著作，我们用了15页的篇幅，在目录编排上扼要介绍了全书的重要观点。时任文化部副部长、故宫博物院院长郑欣淼在《序》中这样写道：我们正处在一种光电一体、媒介多元的时代，能坐得住、静下来读书的人已经少了许多；我们又处于一个知识倍增、信息海量的时代，能沉得

▶ 2005年12月，古吴轩出版社出版了由汪秘书长与我合著的《苏州文化与文化苏州》，这部仅180页文字的著作，我们用了15页的篇幅，在目录编排上扼要介绍了全书的重要观点。时任文化部副部长、故宫博物院院长郑欣淼在《序》中这样写道：如果你从目录中发现了感兴趣的内容，则可以再深入书中详细精读。这真是"善解人意"。

住气、认认真真读完每一本书也不大可能。作者似乎把握了读书人的这种心理，所以，他们把文稿中的重要观点抽取出来，编辑成目录，好像是文章摘要，又仿佛是文章的索引，主要目的是方便读者各取所需，节约读者时间。如果你没有兴趣通读全书，可以通过浏览目录而获取本书的思想精华；如果你从目录中发现了感兴趣的内容，则可以再深入书中详细精读。这真是“善解人意”。

至此，我仿佛读懂了汪长根先生的用心良苦，当然也为我撰写这篇“导读词”提出了难题和挑战。我在心中默默祈祷，但愿能完成这一任务，激起读者阅读的欲望，领悟好《三知斋余墨》的精髓。

▶ 这本书的上卷称《秋日之礼》。秋日，顾名思义，指的是一个季节，这里是指人生所处的一个阶段，应是收获的时光。礼是什么呢？我的理解是指作者退休以后一种人生的丰硕成果。

这本书的上卷称《秋日之礼》。秋日，顾名思义，指的是一个季节，这里是指人生所处的一个阶段，应是收获的时光。礼是什么呢？我的理解是指作者退休以后一种人生的丰硕成果。

熟悉作者的人都知道，2009年的时候，组织上安排他出任联合国教科文组织亚太地区世界遗产培训与研究中心苏州分中心顾问、名誉主任。从此，他进入了一个世界遗产和人文研究与保护、利用、发展相关的新天地。汪秘书长长期担任苏州市委研究室主任，也协助分管过宣传、思想、文化等方面工作。他有一个信条，就是将工作当作学问来做，养成了学习、思考、研究的习惯，不论做什么工作，总是善思、勤学、践行，围绕中心，服务大局，做好参谋与助手的角色。世界遗产与古建筑的保护利用，对于他来说，是一项开创性的事业。他在职时接触不多，退出政务后，在他的提议和领衔下，搭建了一个平台，即世界遗产与古建筑保护联盟，团结了一批志同道合的学者与专家、企业家、志愿者，开展了许多卓有成效的工作，最显著的成果体现在《十年之筑·苏州世界遗产与人文研究（2011—2021）》之中。而摆在人们面前的名为“秋日之礼”的文字，则是他在联盟内刊《世界遗产与古建筑》撰写的39篇“卷首语”，也是浸透了他汗水和心血的研究成果，是他这个阶段传播世界遗产与古建筑保护实践与思考的另一种记录。

如果将《十年之筑·苏州世界遗产与人文研究(2011—2021)》与《三知斋余墨·秋日之礼》做个比较,那么,《十年之筑》好比评弹正书的大戏,《秋日之礼》不过是开场演出时那些短小的开篇。经常观看评弹演出的人都知道,这种开篇虽然不起眼,却十分考验演员的功力,只要演员一登台亮相,几招几式,听众自然心知肚明。因而,凡是聪慧的演员,如果要吸引和留住听众,首先需在唱好开篇上狠下功夫,精心设计、巧妙安排,展露特技、突出亮点,营造一种先声夺人、惊醒提神、笼络耳音的好印象。开篇好,好就好在常常能够勾人魂魄、引人入胜。我想"卷首语"的道理也是如此。但听书与读书毕竟不是同一回事,听书重在欣赏,图个愉悦,读书还需渐悟,更需深思,真正读懂得下一番功夫。

▶ 经常观看评弹演出的人都知道,这种开篇虽然不起眼,却十分考验演员的功力,只要演员一登台亮相,几招几式,听众自然心知肚明。开篇好,好就好在常常能够勾人魂魄、引人入胜。我想"卷首语"的道理也是如此。但听书与读书毕竟不是同一回事,听书重在欣赏,图个愉悦,读书还需渐悟、更需深思,真正读懂得下一番功夫。

《十年之筑》和本书这些"卷首语",多数文稿我都读过,有的参与过研讨,有的还研读过多次。这次作为"第一读者",集中通读,感触良多,我仿佛进入了一条时光隧道,读出了作者和他领衔的亚太世遗中心古建筑保护联盟,以及苏州世界遗产与古建筑保护研究会 10 年来成长成熟、奋斗践行的心路历程,清晰地透视了这个团队对世界文化遗产和优秀历史传统的那种理念的坚守、认识的升华和实践的创新。择其要者,有以下几个方面体会较深,写出来与读者朋友们分享、交流。

阅读《秋日之礼》,人们可以发现通篇贯穿着一颗初心,即保护和利用世界文化遗产的远大理想与坚定信念。

▶ 阅读《秋日之礼》,人们可以发现通篇贯穿着一颗初心,即保护和利用世界文化遗产的远大理想与坚定信念。

作者开篇时就提出:"国际机构之所以放在苏州,一方面说明苏州的历史文化遗产在世界享有重要的地位,另一方面说明苏州在世界遗产保护工作方面得到了联合国教科文组织的充分肯定。"

在《联盟的初心》一文中,作者写道:"世遗中心设在苏州,对于苏州来说,是一笔非常宝贵的无形资产,可以说是一块'金字招牌'。"

"联盟成立为什么?成立联盟干什么?这是我们必须回答的

问题。”

“联盟是中心职能的丰富、完善、延伸与创新，中心则是联盟发展的后盾和支撑。”

在《责任与使命》一文中，作者写道：“充分利用联合国教科文组织的国际影响力，结合苏州在历史文化保护，特别是古城、古建筑、古典园林保护方面的成果，汇聚各方面的人才和技术优势……形成标准和规范，为全国、亚太地区乃至世界所共享。”

在《十年磨一剑》一文中，作者写道：“站在新的起点上，我们有必要郑重思考，如何不忘初心，答好下一个‘十年磨一剑’的问卷……推动苏州从世界遗产城市迈向国际文化名城。”

在《为世界遗产事业新目标再出发》一文中，作者写道：“确定新目标，励志再出发，参与文化遗产的研究与交流，发现和总结文化遗产保护与利用的成功实践，讲好文化遗产的‘苏州故事’，用文明和文化的力量推动苏州的可持续发展，为书写中华民族伟大复兴奉献苏州力量。”

在《献给新年的礼物》一文中，作者写道：“十年之筑，筑是一种初心，一件作品，也是一个过程。”

在本卷最后一篇《遗产保护永远在路上》中，作者连续发问，依然这样强调：“如何最大程度地激发和释放文化遗产潜在价值的联动效应？如何让样式多异、内容广博的文化遗产实现创造性转化、创新性发展？如何让文化遗产为新时代中国式现代化国家添砖加瓦、锦上添花服务？这是一个长期的事业，伴随着建设中国式现代化国家的全过程，永远在路上。”

可以这样说，正是由于他们一以贯之地不忘初心、牢记使命，多年来始终坚持了这份理想与信念，久久为功，不舍昼夜，才有可能坚定地保持了古建联盟暨研究会保护利用世界遗产的文化自觉、文化自信。

▶ 阅读《秋日之礼》，人们可以窥见通篇体现对待世界遗产的唯物主义认识论、价值论和方法论。

阅读《秋日之礼》，人们可以窥见通篇体现对待世界遗产的唯物主义认识论、价值论和方法论。

我并不认为这39篇“卷首语”是孤立的一篇篇文稿，它们应该是互为联系、相得益彰的有机整体；我并不认为作者就是遗产保护、利用的研究专家，但透过这些成果，足以看到他们对遗产保护事业所拥有的那种真挚的热爱，那种难得的视野、格局和思路，他们对文化遗产的认识和研究，也经历了不断深化、不断发展的过程，从最初的重点关注世界遗产苏州园林拓展到了“世界遗产+”。从世界遗产保护和利用的认识论、价值论和方法论角度来看，印象突出的有三点：

▶ 透过这些成果，足以看到他们对遗产保护事业所拥有的那种真挚的热爱，那种难得的视野、格局和思路，他们对文化遗产的认识和研究，也经历了不断深化、不断发展的过程，从最初的重点关注世界遗产苏州园林拓展到了“世界遗产+”。

一是对问题与导向研究的科学思考。善于发现来自现实中的问题，同时提出回答、解决问题的办法是研究者和实践者的根本任务，也是这39篇“卷首语”最可贵之处。

针对如何实现保护与复兴“双赢”问题，在《古城保护与复兴的世界性课题》一文中，作者写道：“古城保护与现代生活之间往往矛盾重重，文物古迹与交通、市政、居住、商贸、文教、医疗、绿化等城市功能如何布局和相辅相成、相得益彰？找到合理而有效的办法，处理好保护与利用的关系，具有相当的难度，堪称是世界性的难题。”

针对古村落保护与新农村建设问题，在《美的本质》一文中，作者写道：“随着传统村落消失，传统村落原来所具有的代代相继、传承至今的文化形态正在发生急剧裂变，古老的建筑拆毁了，独特的民俗民风、传统手工艺、传统戏曲等文化遗产支离破碎，逐渐消失殆尽。与此同时，新农村正在按相类似的模式打造，一个‘百镇一面、千村一面’的新问题摆在我们面前。”

针对古城保护的业态治理问题，在《古城保护的业态治理问题》一文中，作者写道：“由于长期积淀下来的种种原因，目前，古城区街巷业态存在着管理主体缺位、布局相对散乱、形态混杂、品质不高、结构不尽合理等问题。受此影响，区内人口老龄化加大、原住民减少，机动化拥堵日益突出，中心城区集聚效应乏力。其中，业态治理问题显然越来越迫切。”

针对历史文化名城的气质问题，在《“东方水城”的气质再造》一文中，作者写道：“苏州正在向古今辉映的国际文化名城挺进。这就需要我们在建设高品位运河文化走廊的时候思考：应当如何守护优秀传统？如何坚持与时俱进？如何着力再造新时代苏州人的文化气质？”

针对乡村振兴问题，在《乡村振兴的新担当》一文中，作者写道：“一部分很有特色的自然村落已经或即将消亡，一部分老旧建筑濒临倒塌，一部分物质与非物质文化遗产遭受生存环境威胁，等等。这些都迫切需要全社会继续重视和关注。亡羊必须补牢。经济可以振兴，文化遗产却无法重建。”

针对工业遗产问题，在《文化遗产需要人文关怀》一文中，作者写道：“作为文化遗产的重要组成部分，作为我国近代资本主义经济的萌芽地之一，作为改革开放以来我国乡镇工业的发源地，作为外向型经济和各级各类开发区的示范区之一，作为目前我国先进制造业重镇，苏州工业成长史的故事精彩诱人，苏州工业遗产的资源十分丰富，但与先进地区比，遗存状况并不理想，我们应当给予更多的人文关怀。”

值得指出的是，每一篇“卷首语”背后，都有一篇高质量的调研报告，供领导和有关部门决策参考。

▶ 时任联合国教科文组织总干事博科娃女士说，让苏州经验与世界共享。同样，苏州更需要以海纳百川的宽阔胸襟，学习、借鉴、吸收一切优秀文明成果，这是研究者的科学态度。

二是在学习与交流互鉴中的辩证思维。时任联合国教科文组织总干事博科娃女士说，让苏州经验与世界共享。同样，苏州更需要以海纳百川的宽阔胸襟，学习、借鉴、吸收一切优秀文明成果，这是研究者的科学态度。

在《世界眼光与现实路径》一文中，作者写道：“立足自己、纵向比较，苏州在城市化、现代化发展进程中的世界遗产与古建筑保护成绩斐然，成果累累。但站在更高、更大的平台上，就会发现，我们既有值得自我称道、向他人分享的成功实践，也有应当深刻反思的种种缺憾；既发现某些不如人意的种种差距，又看到在保护利用弥足珍贵遗产的巨大潜力空间和灿烂前景。”

在《硬实力·软实力》一文中，作者盛赞上海“让核心价值凝心铸魂，让文化魅力竞相绽放，让现代治理引领未来，让法治名片更加闪亮，让都市风范充分彰显，让天下英才近悦远来”，概括了上海提升软实力的六个“让”的核心目标，亦道出了重要遵循。

在《纪念的意义在于尊史、求真、致用》中，作者写道：“总结与展望不是一般意义的工作汇报，而是带有可借鉴、可推广、可复制的样板、模式，去粗取精，去伪存真，把经验变成理性之章，通过大家的共同努力，逐步形成一种标准和制度，为当今和未来的文化遗产事业健康发展提供理论依据。”

在《春华秋实20年》一文中，作者写道：“苏州人对园林，或者说园林对苏州人的影响，说到底是一种情怀、一种精神——以人为本，天人合一，追求卓越，精益求精，它已衍化为苏州人的一种生活状态，表现在社会活动、经济活动、文化活动和市民生活之中，表现在园林对外交流所扮演的角色之中，表现在城市绿化、生态建设、环境建设之中，形成了独具魅力的苏州城市风貌特征和人文景观，成为苏州人的一种优雅精致的生活方式和情结凝练，在建设美丽苏州的实践中，发挥出了越来越大的示范、引领和启迪作用。”

在《良渚申遗成功对我们的启示》一文中，作者写道：“从杭州西湖申遗，到中国大运河（杭州段）申遗，到良渚申遗，对杭州来说，仅仅是破题，他们正在筑梦的还有‘西溪湿地’‘钱塘江’‘南宋遗址’的保护利用等等，从而构建重量级的、系列化的、含金量极高的城市文化名片，建设‘东方品质之城’，升华城市能级。”

在《研究典范　典范研究》一文中，作者写道：“研究典范常常可起到‘解剖麻雀’、以小及大、小中见大，制定典范准则，提炼典范经验，形成典范榜样，产生连锁反应，最大限度地释放研究成果的作用。”

▶ 遗产保护必须坚持守正的方向，也必须坚持创新的方针，适应新时代，把握新时代，坚持守正创新，准确处理保护与利用的关系，才是对遗产可持续发展规律的正确把握。

三是对守正创新与保护利用规律的精准把握。遗产保护必须坚持守正的方向，也必须坚持创新的方针，适应新时代，把握新时代，坚持守正创新，准确处理保护与利用的关系，才是对遗产可持续发展规律的正确把握。

在《让文化遗产“活”在当代》一文中，作者写道：“在古城古镇古村落中，文化遗产不能束之高阁、秘不示人，而应融入社会、惠及民生，努力展示文化遗产的独特魅力，只有活起来，才有生命力……在保护为主、抢救为先的前提下，与时俱进，结合民生，让历史记忆活在当代民众生活中，成为当代生活的一部分。”

在《世界文化遗产城市的品牌魅力》一文中，作者写道：“保护、传承、发扬要以打响品牌为指向，打响品牌要从整合品牌资源入手，整合资源和打响品牌的最终目的是形成苏州的综合竞争力和国际影响力，促进可持续发展，为当代人和下代人造福。不言而喻，品牌作为文化软实力，在当今转型期和未来发展中将发挥出越来越大的作用。”

在《新起点・新使命・新作为》一文中，作者写道：“我们既要坚持世界遗产原真性、完整性原则，又要注重活态保护，要注重从狭义的‘世界遗产’概念中跳出来，走‘世界遗产+’（如世界遗产与文化、教育、科技、旅游深度融合）之路，扩大品牌效应。还要在历史城市、街区的保护、规划、修缮、利用、建设、监测上，在非物质遗产保护上，在新农村建设和乡村振兴上，在工匠精神传承和发展上，在新技术、新成果研究和转化上，也可通过品牌运作来提高综合服务水平。”

在《守护传统文化　彰显当代价值》一文中，作者写道：“唤醒弥足珍贵的文化记忆，收藏不可多得的文化碎片，发掘根植深厚的文化基因，尊重和守护源流绵延的文化传统，创造与创新喜闻乐见的现代文化语境和内容等等，显得特别重要。”

在《文化资源优势的转化与创新》一文中，作者写道：“从激发文化内生发展动力出发，进一步深化文化领域、文化设施、文艺院团以及管理经营体制的改革创新力度，借助于‘接轨上海、融入上海’的机遇，扶持和引进一批具有国内顶级、国际影响力的文化大师，领衔和提优做大苏州文化的层次和规模。”

阅读《秋日之礼》，人们还可以深刻感受到苏州人民对文化遗产事业的凝心聚力、人文关怀与团队力量。

▶ 阅读《秋日之礼》，人们还可以深刻感受到苏州人民对文化遗产事业的凝心聚力、人文关怀与团队力量。

保护世界遗产和古建筑，既是全社会的共同责任，又是全社会的共同使命。作为一个社会组织，其能量及余热应该说是有限的，但它是苏州人民对世界遗产人文关怀之心的一种缩影。遗产事业的繁荣与发展，关键要在习近平新时代中国特色社会主义思想指引下，凝聚成组织合力、系统合力、家园合力、区域合力，这是推动文化遗产保护事业、经济和社会大发展的基础。

▶ 遗产事业的繁荣与发展，关键要在习近平新时代中国特色社会主义思想指引下，凝聚成组织合力、系统合力、家园合力、区域合力，这是推动文化遗产保护事业、经济和社会大发展的基础。

在《遗产保护与利用亟待跨界合作》一文中，作者写道：“保护与利用作为一项系统工程，涉及各个方面，既需要政府部门的高度重视和业务部门的专业指导，也需要专业机构和单位的精准实施，更需要其他行业的互联互动，形成合力，如旅游部门、社会组织以及民众的参与合作，文化遗产事业才可能持续、健康地发展。”

在《苏州名城因古典园林更亮丽》一文中，作者写道：“优秀文化遗产需要传承、保护、利用、创新，当代人应当有所作为。只有读懂苏州园林，理解其中的真谛，发现其中的精髓，方能真正读懂苏州这座城市，方能体味苏州园林与苏州历史文化名城的一脉相承，进而外化为一种使命和责任，共同保护、建设、管理好我们的美好家园。”

在《再说传承与传播》一文中，作者写道：“没有全社会的广泛热爱、参与、合力，没有全方位的措施予以保证，文化遗产的整体保护传承难成气候。”

在《古城保护与城市更新的时代价值》一文中，作者写道：“国家、地方、社会、民众不约而同聚焦城市更新，对苏州历史文化名城来说，具有特别重要的时代价值。”

在《走高品质古城保护和创新利用之路》一文中，作者写道："统筹协调把握大市全域经济社会发展与生态文化、农业文化、水域文化、工业文化以及各类文化特色优势的资源，创造性转化利用，全方位展示太湖山水、运河风光、长江风采、水乡风貌、古城明珠、百花争艳、城乡繁荣、安居乐业的美丽图景。"

在《点赞"双城记"》一文中，作者写道："常熟和姑苏区联袂古城保护，是一个好兆头。有利于深化两地间的合作交流，形成互帮、互学、互补、互扬的工作机制；有利于进一步深挖和放大两地间的历史文化名城资源，依托现有古城、园林、山水、生态等丰富的物质和非物质文化，携手共同推进文商旅发展，形成经济社会发展大繁荣的新局面。"

最后，我还想说一说"卷首语"的文风问题。"卷首语"作为特殊的文体，素来比较刻板，不够灵动。而世界遗产这个命题，又颇具学术性，有点"高大上"的味道。但《秋日之礼》作为"卷首语"的合集，作者没有高谈阔论、夸夸其谈，而是用一种平和的心态，向人们诉说着自己的所思所想、所做所为，与读者交流自己的心得体会，既讲"为什么"，又讲"怎么办"，娓娓道来、有理有据，很自然地产生一种亲切感和感染力，使学术性文章更具通俗性、科普性和可读性，值得我们去读一读。

▶ 作者是用一种平和的心态，向人们诉说着自己的所思所想、所做所为，与读者交流自己的心得体会，既讲"为什么"，又讲"怎么办"，娓娓道来、有理有据，很自然地产生一种亲切感和感染力，使学术性文章更具通俗性、科普性和可读性，值得我们去读一读。

每个人、每个组织都生活在一定的社会关系中，都在为社会进步扮演一定的角色。相对于整个社会，一个组织、一个人的力量是渺小的；相对于长篇巨著，这些"卷首语"是短小的。然俗语有云："滴水可见太阳，滴水可以穿石。"前者指通过细小事物，可以反映出整体的优点；后者比喻坚持不懈，集细微的力量也能成就难能的功效。不论是"可见太阳"，还是"可以穿石"，作为一滴水，就是些小微的事情和感悟，此文就叫《滴水遗痕》吧。

2022 年 12 月

联盟的初心

2012 年 12 月 26 日，是值得庆祝的日子。经过一年多时间的精心策划、筹备，亚太世遗中心古建筑保护联盟暨苏州世界遗产与古建筑保护研究会正式成立了，这是亚太地区世遗中心发展史上的一件大事，也是苏州世界遗产和古建筑保护事业的一件大事。

第 28 届世界遗产大会在苏州召开以后，中国政府和联合国教科文组织签订协议，在我国设立亚太地区世界遗产培训与研究中心，这个中心在全国共有三个分中心，即北京大学、同济大学和苏州市人民政府，苏州中心地址设在世界遗产地耦园内。这是国内唯一由地方政府赞助成立的联合国教科文组织二类机构。我们理解，国际机构之所以放在苏州，一方面说明苏州的历史文化遗产在世界享有重要的地位，另一方面说明苏州在世界遗产保护工作方面得到了联合国教科文组织的充分肯定。这是苏州的荣誉和骄傲。教科文组织赋予苏州中心的职能主要有三项：一是世界遗产的监测，二是古建筑保护和修复高级专业人才的培训，三是世界遗产青少年教育。几年来，苏州中心按照联合国教科文组织的要求，做了大量卓有成效的工作，取得了很好的社会效益，得到了教科文组织和各级领导以及社会各方面的充分肯定。

▶ 国际机构之所以放在苏州，一方面说明苏州的历史文化遗产在世界享有重要的地位，另一方面说明苏州在世界遗产保护工作方面得到了联合国教科文组织的充分肯定。

我们深深认识到，世界遗产和古建筑保护工作作为一项伟大的事业，任重而道远。目前，还有许多值得社会关注和迫切需要研究、解决的问题。比如：古建筑保护研究利用理论总结单薄，教学师资缺乏；科研机构研究方向不明确、科研成果转化途径缺失；企业修复保护队伍分散、后继乏人，尤其是中高级人才紧缺；相关部门与企业分而治之，信息交流不畅，缺乏交流沟通平台；等等。

▶ 世遗中心设在苏州，对于苏州来说，是一笔非常宝贵的无形资产，可以说是一块“金字招牌”。

与此同时，我们充分认识到，世遗中心设在苏州，对于苏州来说，是一笔非常宝贵的无形资产，可以说是一块“金字招牌”。如何充分发挥亚太世遗中心的作用，有很多文章可以做，有许多空间可以利用、可以拓展。最重要的是，我们提出了“立足苏州、辐射全国、影响世界，在联合国教科文组织旗帜下，为苏州服务”的理念。作为国际性组织，必须坚持国际化，具有国际眼光、国际理念，要坚持面向亚太地区，按照国际惯例办事；同时，中心设在苏州，我们应当有一种责任感，优势应当立足苏州，从苏州做起，努力为世界遗产保护和发展提供苏州经验，多出成果。基于以上考虑，我们先后多次邀请市园林局、住建局、文广新局、规划局等部门的相关领导，业内资深专家，大专院校的知名学者，媒体以及致力于古建筑文化传承的实业家召开座谈会，不少领导和专家都参与策划，就古建保护的培训、研究、教育等共同关心的问题进行深入探讨。大家一致认为，面广量大的古建筑是苏州作为历史文化名城和世界文化遗产的突出载体，苏州又拥有实力雄厚的古建筑保护研究利用、修复施工人才队伍，可以古建筑保护为切入点，建立一个致力于保护古建筑的组织机构。这是对亚太世遗中心现有职能的一种丰富、完善、延伸和创新。大家认为，应当充分挖掘国内外相关机构等各类型的资源，目前可以苏州地区为基础，逐步发展到全国和亚太地区，具体包括四种对象：一是政府主管部门，二是古建筑保护相关企业和设计研究单位，三是高等院校教学科研人员，四是社会上各类有识之士。从而搭建起有利于政府部门、古建筑所在地、学校与科研机构和相关企事业单位之间联系的桥梁和交流平

▶ 挖掘国内外相关机构等各类型的资源，可包括四种对象：一是政府主管部门，二是古建筑保护相关企业和设计研究单位，三是高等院校教学科研人员，四是社会上各类有识之士。

台，积极协助做好古建筑技艺的传承工作，提供古建筑规划与保护专业决策咨询，组织重点课题的研究和科学考察，以及进行相关的学术活动和科学普及工作等等。经大家反复磋商，最后一致认为这个组织可定名为“亚太世遗中心古建筑保护联盟”。

目标明确后，我们就着手进行筹备和报批工作。2011 年 2 月春节后，我和中心的同志多次邀请有关部门的领导和专家就古建筑保护联盟的性质、宗旨、任务、成员范围和筹备工作计划，进行反复讨论。

2011 年 3 月，我们向中国联合国教科文组织全委会秘书处进行了汇报，得到全委会秘书处领导的首肯。4 月 15 日，我们正式向中国联合国教科文组织全委会递交了《关于亚太地区世界遗产培训与研究中心古建筑保护联盟筹备工作的请示》，系统、详细地将联盟的名称、任务、性质、成员、制度和筹备工作计划等作了报告和请示。中国联合国教科文组织全委会秘书处专门复函（教科文〔2011〕64 号文），同意苏州中心的请示，并要求苏州认真做好亚太世遗中心古建保护联盟的有关筹备工作。

2011 年 11 月 17 日，我们再次召开联盟筹备工作座谈会，并在 11 月 25 日向中国联合国教科文组织全委会申请正式在亚太地区世界遗产培训与研究中心内设置亚太地区世界遗产培训与研究中心古建筑保护联盟。12 月中旬，我们再次到北京，向中国联合国教科文组织全委会秘书长杜越作了专题汇报，也得到杜秘书长的肯定答复，联盟的筹备工作有了非常重要的实质性进展。2012 年 5 月 13 日，在杜越秘书长的特别推荐下，中国联合国教科文组织全委会专门邀请联合国教科文组织总干事伊琳娜·博科娃女士考察了苏州中心。博科娃总干事在获悉我们筹建亚太世遗中心古建联盟后非常高兴，她希望苏州能继续加强面向亚太地区的指导与合作，尤其在遗产监测、古建筑保护、人才培训、资源整合以及世界遗产青少年教育等方面为世界遗产保护事业提供经验和样本，

▶ 希望苏州能继续加强面向亚太地区的指导与合作，尤其在遗产监测、古建筑保护、人才培训、资源整合以及世界遗产青少年教育等方面为世界遗产保护事业提供经验和样本。

并亲自为联合国教科文组织亚太地区世界遗产培训与研究中心古建筑保护联盟揭牌。6月初，总干事又从巴黎教科文总部回复亲笔信，再次表示对建立古建联盟的祝贺和期待。总干事的揭牌和信件，标志着联合国教科文组织对该联盟的高度认可和关注，也对联盟的筹备及运作提出了新的更高要求。

为了使联盟更具有权威性，吸收一批国内外知名专家加盟，2012年5月20日，我们在丹青先生的引荐下，在北京专门拜访了文物界泰斗谢辰生先生和故宫博物院原副院长、古建专家晋宏逵先生，得到两位学人的高度认可。6月10日，我和中心的领导又专门到无锡，向参加中国文物保护评奖会议的晋宏逵先生就联盟的初步组织架构作了汇报，并正式邀请他担任主席一职，得到满意答复。筹备期间，我们还召开了多次专题会议和各方座谈会，围绕联盟筹备的相关事宜开展了一系列的走访工作。

▶ 市领导和市园林局等有关部门对亚太世遗中心古建联盟的成立高度重视，市主要领导对大会的召开作了专门的重要批示。市园林局提供了多方面支持。

应当特别强调指出的是，市领导和市园林局等有关部门对亚太世遗中心古建联盟的成立高度重视，省委常委、市委书记蒋宏坤同志对大会的召开作了专门的重要批示。市园林局对亚太世遗中心古建联盟提供了多方面支持。

亚太世遗中心古建筑保护联盟作为一个国际性组织，如何在地方合法落地，这是必须面对、也是我们考虑比较多的一个问题。由于这个联盟驻地在苏州，联盟的主体成员在苏州，我们在苏州市民政局有关领导的启发和支持下，决定以苏州的联盟成员为对象，发起并注册成立了苏州世界遗产与古建筑保护研究会，研究会挂靠市园林局，接受市民政局的指导，这个机构具有两个显著的特征：一、它是具有独立法人地位的社团组织；二、它是亚太中心的苏州工作机构，承担运作亚太古建联盟的具体事务。

可以说，到目前为止，召开亚太世遗中心古建筑保护联盟及苏州世界遗产和古建筑保护研究会成立大会的条件已经成熟。我相信，只要与会同志共同努力，我们的联盟和研究会一定能做好、做大，真正可持续健康发展，成为有影响力的社会组织。

一、关于联盟的主要定位与职能

任何社会组织都要回答一个问题，这就是成立组织为什么？组织成立干什么？我在这里强调的是，无论是联盟还是研究会，都是公益性的社会组织，它们的根本目的和任务，就是利用亚太中心的品牌，整合古建资源和力量，更好地为世界遗产与古建筑保护服务，包括：传承优秀古建筑营造技艺，扩大苏州古城、古建筑、古典园林在中国、亚太地区及世界各地的影响，开展国内外的信息交流和合作。有组织、有计划地把联盟建设成为高端研究的平台，培养人才的基地，理论研究、科普教育、技术培训、保护实践的摇篮，对外交流的网络，在推动古建筑技艺继承、保护和发展，更好地传承优秀古建筑营造技艺上，探索出世界遗产保护的新方法、新途径。

▶ 任何社会组织都要回答一个问题，这就是成立组织为什么？组织成立干什么？

作为加入联盟和研究会的成员，有什么好处？我想，最实在的至少有几点：1. 可以通过这个组织提供互相交流合作的平台，成为大家的“娘家”；2. 可以利用或者共享联盟和研究会、世界遗产这些品牌和无形资产，扩大会员企业自身的影响力；3. 可以由联盟研究会组织协调，合作开展一些单个成员做不了的项目；4. 可以通过联盟和研究会向政府及相关部门反映一些心声或建议，接受政府交办的有关事项；5. 可以由联盟和研究会牵头，组织一些国际国内的参观、考察或调研活动。

二、联盟及研究会的组织架构问题

我们的总体构想是，古建联盟与亚太世遗苏州中心的基本运作是两块牌子、一套班子，在工作上实行一体化的工作机制，业务上有重复和交叉，应该说两个机构的业务资源和成果有时是要共享的，围着一个共同的目标，形成资源共享、优势互补的局面。亚太世遗苏州中心要发挥与联合国教科文组织等国际资源在官方层面的沟通作用，而联盟则可以不受体制局限，最大范围地团结整合各方资源包括社会资源。前面已经讲过，联盟是中心职能的丰富、

▶ 联盟是中心职能的丰富、完善、延伸与创新,中心则是联盟发展的后盾和支撑。

▶ 城市因人的集聚而产生,城市因人的活动而精彩。

完善、延伸与创新,中心则是联盟发展的后盾和支撑,但更主要的是,通过联盟的运作,尤其是充分发挥联盟的职能作用,利用多方渠道、多种手段来推进和实现联盟所有成员的共同发展。这也是在中心成立联盟的主要出发点和宗旨。

城市因人的集聚而产生,城市因人的活动而精彩。我们有幸生活在这个丰富多彩的时代,我们有幸从事这项能够造福后代的事业,我们有幸适逢这个关注文化、关注历史遗存的年代,我们应该有能力、有信心在我们的有生之年,凝心聚力,积极进取,为这项事业做出我们应该做出的贡献。

本文系作者于2012年12月26日在亚太世遗中心古建筑保护联盟暨苏州世界遗产与古建筑保护研究会所作的筹备工作报告(摘要),标题另加。

责任与使命

8年前，2004年6月，联合国教科文组织第28届世界遗产大会在苏州召开。这次会议的重要成果之一，是决定在苏州建立亚太地区世界遗产培训与研究中心。这是国际组织对苏州世界遗产保护事业的充分认可，也是国际组织对苏州寄予的厚重而意义深远的希望。对苏州来说，这是一个新的机遇，因为，衡量一个城市国际化程度高不高，是否有国际机构的入驻是重要标志之一。联合国教科文组织的二类国际机构落地苏州，无疑是这个城市的一个无形资产、一块金字招牌。

▶ 衡量一个城市国际化程度高不高，是否有国际机构的入驻是重要标志之一。

然而，挑战随之而来。如何发挥亚太地区世遗中心的作用？苏州的一批有识之士一直在苦苦寻索着。经过2年多的反复讨论、研究，一个清晰的思路逐步成型，这就是：要充分利用联合国教科文组织的国际影响力，结合苏州在历史文化保护，特别是古城、古建筑、古典园林保护方面的成果，汇聚各方面的人才和技术优势。通过总结提炼苏州经验，形成标准和规范，为全国、亚太地区乃至世界所共享，同时也通过国际机构这个平台的不断交流，不断吸收国内外的经验，为人类的文化遗产保护事业不断做出贡献。于是，成立亚太地区世界遗产培训中心古建筑保护联盟的动议逐步成为现实，并得到了国内外业界的积极响应，以及国家和地方政府的

▶ 充分利用联合国教科文组织的国际影响力，结合苏州在历史文化保护，特别是古城、古建筑、古典园林保护方面的成果，汇聚各方面的人才和技术优势。通过总结提炼苏州经验，形成标准和规范，为全国、亚太地区乃至世界所共享。

充分肯定。2012年5月，联合国教科文组织总干事博科娃女士专程来苏州视察，为古建联盟揭牌，寄语“让苏州经验与世界共享”。12月26日，亚太世遗中心古建筑保护联盟正式成立，中国联合国教科文组织全委会秘书长杜越，中国文物学会名誉会长、中国文物界泰斗谢辰生，苏州市政府副市长王鸿声等在会上作重要讲话，江苏省委常委、苏州市委书记蒋宏坤为古建联盟发来热情鼓励和高度评价的贺词。这一切都向我们展示了2012年12月是值得记住的年月，正如杜越先生所说：古建筑保护联盟的成立是联合国教科文《保护世界文化和自然遗产公约》签订40周年全球纪念活动中最后一个精彩的节目。

▶ 2012年12月是值得记住的年月，正如杜越先生所说：古建筑保护联盟的成立是联合国教科文《保护世界文化和自然遗产公约》签订40周年全球纪念活动中最后一个精彩的节目。

尽管我们在处理发展与保护的关系方面已取得诸多公认的成果，但依然任重而道远。在全球化、城市化、现代化高速发展的今天，世界文化遗产与古建筑保护将面临一系列影响和威胁，文化遗产保护管理、理论研究、古建筑修复技术和人才培养、保护法规和规章制度的建立等问题，都迫在眉睫，稍有不慎，文化遗产就可能遭受毁灭性破坏，一旦消失，将成为我们这一代和世世代代永远的遗憾！因此，保护世界遗产和古建筑，既是全社会的共同责任，又是全社会的共同使命。古建筑保护联盟这艘大船将扬帆启航，我们将与联盟的全体同仁精诚合作，全力以赴，劈风斩浪，在无私、团结、坚韧、奋斗中驶向胜利的彼岸！

▶ 古建筑保护联盟这艘大船将扬帆启航，我们将与联盟的全体同仁精诚合作，全力以赴，劈风斩浪，在无私、团结、坚韧、奋斗中驶向胜利的彼岸！

在《世界遗产与古建筑》创刊号刊发时，谨以此与同仁共勉之。

（《世界遗产与古建筑》2013年第1期）

古城保护与复兴的世界性课题

1982年,国务院批准24个城市为首批国家历史文化名城,同年11月,又颁布了《文物保护法》,至今已过去31年。这30余年间,国家历史文化名城已增至121个,同时,《历史文化名城名镇名村保护条例》等法规文件相续出台,历史文化名城保护体系逐步建立起来,古城保护与复兴成为一代又一代人的梦想。

然而,名城保护任重而道远,特别是近几年来,随着现代化进程的加快,一些历史文化名城被"改造"的负面消息此地刚平,彼地又起,大规模复建古城的消息也是屡见报端。今年初,山东聊城、河北邯郸等8县、市的历史文化名城被国家有关部门通报批评,更是凸显了名城保护现状的困境。

在现代化进程中古城如何保护与复兴,已是当今中国许多城市建设中普遍遇到的问题,成为城市规划和发展中的重点、难点。

▶ 在现代化进程中古城如何保护与复兴,已是当今中国许多城市建设中普遍遇到的问题,成为城市规划和发展中的重点、难点。

中国是具有几千年发展史的文明古国,悠久的历史形成了许多古都重镇,遍及全国各地,其中的文物建筑、历史遗迹更是星罗棋布,民间、民俗传统文化无处不在,而在城市建设开发的过程中,总是会涉及大面积的旧城改造、新区建设,这就不可避免会遇到古城、古建筑、传统文化的存留以及如何保护的问题。

就城市而言,保护古城传统风貌,与其说是关系到城市的物质

▶ 就城市而言，保护古城传统风貌，与其说是关系到城市的物质文明建设，不如说是关系到城市精神文明的传承和创建。这是一种城市哲学，一个城市的精神，是历史积淀而生的，古城、古建筑、历史遗存等都是城市精神的来源和根基，带给市民深深的文化认同感和自豪感。

文明建设，不如说是关系到城市精神文明的传承和创建。这是一种城市哲学，一个城市的精神，是历史积淀而生的，古城、古建筑、历史遗存等都是城市精神的来源和根基，带给市民深深的文化认同感和自豪感。这种情感上的吸引和协同，是整个城市生命力与凝聚力的重要来源，并在当代强调城市人文属性、以人为本的精神建设中起到重要的不可替代的作用。当人们物质生活得到一定满足后，精神层面的需求必然凸显，必然对"我从何处来"这一问题报以深切关注，城市中的历史文化就成为人们去思索、去追溯、去探寻宝藏的金钥匙。因此，如何保护和利用历史文化是城市建设中不可无视的重点问题。

相对于新城和现代化建设，古城保护面临的问题要复杂得多。古城保护与现代生活之间往往矛盾重重，文物古迹与交通、市政、居住、商贸、文教、医疗、绿化等城市功能如何布局和相辅相成、相得益彰？找到合理而有效的办法，处理好保护与利用的关系，具有相当的难度，堪称是世界性的难题。

▶ 在构筑过去、现在和将来这一幅城市发展史的画卷中，历史和传统让我们理解自身存在的意义，充实多层面知识，扩大感知范围，从而提高对现实和将来的理解力。

在当今全球一体化的浪潮席卷而来的时候，发扬本土文化，保持文化多样性，对一个城市的可持续发展至关重要。在构筑过去、现在和将来这一幅城市发展史的画卷中，历史和传统让我们理解自身存在的意义，充实多层面知识，扩大感知范围，从而提高对现实和将来的理解力。这是现代社会和当代世界所有行动力和判断力的先决条件，这也正是我们为什么要保护古城历史文化的原因。

如何实现保护与复兴的双赢？在全球化、现代化的今天已经成为世界性的课题。

出于以上考虑，本期特别推荐《在现代化进程中的古城保护与复兴——苏州古城保护 30 年调查报告》一文，期望苏州的实践和体会与多地共享，同期编辑了近期在古城保护方面的一些重要文章，如国家文物局局长励小捷谈古建再利用的《老房子不能没有人气炊烟》、苏州市文物局尹占群等撰写的《苏州建筑遗产的保护与利用》以及《意大利公众参与保护的启示》等相关的论文、信息和不同观点，希望能对读者有所裨益。

（《世界遗产与古建筑》2013 年第 2 期）

世界眼光与现实路径

对于文化遗产与优秀古建筑的保护，既要有高瞻远瞩的世界眼光和国际视野，又要有切实可行的现实路径选择。

我们正处在全球化、国际化时代，坚持用世界眼光、国际视野，海纳百川，是保护人类共同遗产的题中应有之义。纵观世界，文化遗产与古建筑本身就是属于全人类的，她是人类自身发展中必不可少的一种思维方式、生活方式和行为方式的结晶，保护工作就必然需要有世界眼光和国际视野，不管何时何地，如果有了这种眼光和视野，就会自觉地学习借鉴不同国家、不同民族、不同制度的一切先进经验，分享他们的成功实践。反之，如果没有这种眼光和视野，必然成为井底之蛙，在自鸣得意中逐渐消亡。

▶ 世界眼光和国际视野的内涵极为丰富，其中最重要的是历史观、技术标准、行为规则。历史观承载着人类文明发展的历史记忆，是今人对祖先的敬仰和敬畏；技术标准体现了人类社会创造者深邃的智慧和丰富的情感、理性思考的结晶；行为规则代表了人类社会共同发展的共识和原则，自觉与自由兼容的集体道德意识。

世界眼光和国际视野的内涵极为丰富，其中最重要的是历史观、技术标准、行为规则。历史观承载着人类文明发展的历史记忆，是今人对祖先的敬仰和敬畏；技术标准体现了人类社会创造者深邃的智慧和丰富的情感、理性思考的结晶；行为规则代表了人类社会共同发展的共识和原则，自觉与自由兼容的集体道德意识。三者有着密切的内在联系，既是后人不可或缺的精神家园，更是推动人类社会不断向前发展的原动力。

然而，强调国际视野，还有个路径选择问题。这就是如何坚持站在全球化、国际化的大背景下，用国际视野、国际理念乃至国际标准和行为准则来观察审视人类共同的遗产保护，从身边的人与事做起，不断提升自身的水平，既包含如何努力分享他人经验与实践，又包含自身经验与实践如何为他人共享等等。

▶ 用国际视野、国际理念乃至国际标准和行为准则来观察审视人类共同的遗产保护，从身边的人与事做起，不断提升自身的水平，既包含如何努力分享他人经验与实践，又包含自身经验与实践如何为他人共享等等。

2004 年 6 月，第 28 届世界遗产大会在苏州召开，给苏州人带来了一系列全新的保护利用世界遗产的国际理念和先进范例；之后，联合国教科文组织亚太地区世界遗产保护与研究中心在北京、上海、苏州宣告成立；2012 年 12 月，亚太中心世界遗产与古建筑保护联盟、苏州世界遗产与古建筑保护研究会又宣告成立，这对我们进一步拓宽视野，学习借鉴先进经验，将自身的世界遗产保护融入全球，寻到了一条切实可行的路径。我们深知：立足自己、纵向比较，苏州在城市化、现代化发展进程中的世界遗产与古建筑保护成绩斐然，成果累累，但站在更高、更大的平台上，就会发现，我们既有值得自我称道、与他人分享的成功实践，也有应当深刻反思的种种缺憾；既发现某些不如人意的差距，又看到保护利用弥足珍贵遗产的巨大潜力空间和灿烂前景。

▶ 我们深知：立足自己、纵向比较，苏州成绩斐然，成果累累，但站在更高、更大的平台上，就会发现，我们既有值得自我称道、与他人分享的成功实践，也有应当深刻反思的种种缺憾；既发现某些不如人意的差距，又看到巨大潜力空间和灿烂前景。

2012 年 5 月，联合国教科文组织总干事博科娃来苏视察亚太世遗中心时提出“让苏州经验与世界共享”，这是她用世界眼光和国际视野对我们的期盼，也是苏州人的骄傲。什么是“苏州经验”？如何真正创造世界文化遗产保护的“苏州样本”？需要我们共同去发掘、去开创、去提升，这也是我们共同的历史责任和使命，而“关键在人”显然是题中应有之义。

出于这个目的，本期重点推出首届苏州古建筑营造修复师寻访和评比活动专辑，并围绕“留住技艺、关键在人”这一主题，编辑了相关文章，以供读者更广泛深入地思考和研究。

（《世界遗产与古建筑》2014 年第 1 期）

让文化遗产“活”在当代

2014年是一个注定要被载入史册的年份，这一年有太多的事件让我们铭记，文化遗产事业正在蓬勃发展，彰显出她在现代人类社会经济文化发展中的巨大作用——

这一年3月，习近平总书记访问联合国教科文组织巴黎总部，发表了重要演讲，这是中国国家领导人第一次在教科文总部向全世界阐释中国自己的文化主张，具有划时代意义！

▶ 中国大运河、丝绸之路申遗成功，更具有划时代意义，是又一次史无前例的文化遗产保护国家行为，影响深远。

6月，是联合国教科文组织第28届世界遗产大会在中国苏州召开10周年纪念月。这十年，是中国文化遗产事业走向国际的一个重要标志、一个里程碑。特别是中国大运河、丝绸之路申遗成功，更具有划时代意义，是又一次史无前例的文化遗产保护国家行为，影响深远。

今年还是《中国文物古迹保护准则》实施10周年、国际古建筑保护通用准则《威尼斯宪章》颁布50周年。

对于苏州来说，还有一件特别值得骄傲的事情，3月，苏州因经济发展和古城保护获得平衡、成为宜居且充满活力的城市而获得“李光耀世界城市奖”，这是全球第三个城市获此国际大奖；苏州有4条运河古道，7个点段被列入中国大运河申遗名录。

当然，与我们密切相关且亟待思考的是，前不久，住建部、文化

苏州盘门外城河

部、国家文物局、财政部联合发出了《关于切实加强中国传统村落保护的指导意见》,提出了新型城镇化建设中的文化遗产保护原则和方向。今年6月,中国文化遗产日的主题是“让文化遗产活起来”,新型城镇化建设中的文化遗产,是最具有“活”形态的遗产。无数经验和教训告诉我们,在古城古镇古村落中,文化遗产不能束之高阁、秘不示人,而应融入社会、惠及民生,努力展示文化遗产的独特魅力,只有活起来,才有生命力。

▶ 新型城镇化建设中的文化遗产,是最具有“活”形态的遗产。无数经验和教训告诉我们,在古城古镇古村落中,文化遗产不能束之高阁、秘不示人,而应融入社会、惠及民生,努力展示文化遗产的独特魅力,只有活起来,才有生命力。

志在为世界遗产和古建筑保护做出贡献的我们更感责任和挑战,不能不作深度思考。一方面,我们不必否认,在以往发展过程中,文化遗产曾经遭受了许多不应有的破坏,留下了诸多缺憾;另一方面,我们也应当承认,经济健康、快速、协调发展,为文化遗产保护和复兴提供了雄厚的物质基础。发展中有很多教训,需要总结,但总结的目的是更好地发展,所以就必须理性地思考和分析,提出解决问题的办法和勇于探索未知的领域,在保护为主、抢救为先的前提下,与时俱进,结合民生,让历史记忆“活”在当代民众生活中,成为当代生活的一部分。

这是一个新的命题,也是一个值得我们去探索的领域。由此,本期重点围绕这个主题,聚焦成都安仁,编辑了一组专稿,希望读者能通过这些文字,对“安仁样本”有一个全面了解和深刻解读,并从中获得启发。

(《世界遗产与古建筑》2014年第2期)

地方经验与国家标准

文化遗产保护需要经验，更需要标准。

中国不缺经验。几千年文明史为人类留下了丰富的遗产，其中不乏经验之谈。远的不谈，就以我们目前最为关注的古建筑技艺为例，古人就留下了大量经过无数次验证而至臻至善的“传家宝”，甚而达到极美的境地。传至今日，人们在现代化条件下的古城古镇古村落保护与利用的时代大背景下，许多地方不断摸索和创新，形成了颇具价值的样本、模式和经验，随之声名鹊起，为各地效仿，如今年9月在成都安仁召开的“新型城镇化进程中古镇古村落保护与利用高层论坛”上，为各地专家学者推崇的安仁样本、苏州经验、丽江模式，即是成功的案例。

然而，经验往往有其局限性。经验，即便是成功的经验，由于它是从一地一事出发的，有的可以被广泛移植，有的一旦被移植到他地，就会水土不服，“南橘北枳”就是这个意思。这就给我们提出一个命题——地方经验如何可为他地复制。所谓复制，必定需要相同的模板，而模板必定是标准化的。但是，在传统概念中，我们基因中似乎就缺乏严谨的“标准化”，形象思维大于理性思维，于是几乎所有精美的技艺只有口口相传而少有传书，更谈不上“标配”。当然，有许多传统工艺一旦“标配”就失去了灵性，失去

▶ 经验，即便是成功的经验，由于它是从一地一事出发的，有的可以被广泛移植，有的一旦被移植到他地，就会水土不服，“南橘北枳”就是这个意思。

了艺术美。

无论是从更高层面来讲,还是换一个视角看,当下的文化遗产保护实践中,有很多带有普遍性的问题缺乏规范,亟待解决的正是标准化的问题。保护样本也好,经验也好,要想推广和复制,关键就在于要把样本经验通过梳理总结,上升到理论高度。反之,如果不把各地丰富的样本经验总结出来,提升上去,也就失去了样本经验的价值,甚至还会被淹没在时代的洪流之中,致使更多的人失去借鉴它们的机会,重复别人已经走过的路,造成巨大的浪费。因此,如何把地方经验上升到国家层面,成为中国样本、中国经验、中国标准、中国规范,就不仅不是可有可无的问题,而是当务之急,更是整体提升中国在亚太地区甚至全球文化遗产保护事业上的影响力和话语权的关键之举。由此看来,在成都安仁论坛上,中国文物保护基金会理事长张柏先生提出的这个命题,可谓一语中的。

▶ 把地方经验上升到国家层面,成为中国样本、中国经验、中国标准、中国规范,就不仅不是可有可无的问题,而是当务之急,更是整体提升中国在亚太地区甚至全球文化遗产保护事业上的影响力和话语权的关键之举。

这是一种挑战,也是一种机遇,值得我们去探索、实践、深思和研究,本刊这一期特地编辑了一组成都安仁论坛的专稿和苏州文旅集团的实践报告,希望能为这一话题提供助力。我们相信,行动和努力始于足下,不断耕耘,必有收获!

(《世界遗产与古建筑》2014 年第 3 期)

世遗中心的品牌影响力

2008年7月,联合国教科文组织亚太地区世界遗产培训与研究中心宣告正式成立,中心分别在北京大学、上海同济大学和苏州市设立分支机构。自此,苏州成为全国地级市中唯一拥有国际组织的城市。

亚太世遗中心在苏州落地,传递了多方面的信息。一是表明苏州市政府对国际社会在保护世界文化遗产上的庄严承诺和高度自信;二是表明国际组织对苏州丰富的遗产资源和保护工作的充分认可;三是表明苏州在提升国际化程度乃至参与国际事务方面,增添了一笔含金量很高的无形资产;四是表明苏州由此获得一个国际化的平台,从而让世界经验为苏州分享,并能让苏州经验为世界分享,为推动世界遗产保护开辟了新的天地。

苏州是著名的历史文化名城,是我国重要的世界遗产地。自从苏州9处古典园林被列入世界文化遗产名录后,在今年的第38届世界遗产大会上,伴随着中国大运河申遗成功,苏州又有4条运河故道、7个点段被列入世界文化遗产。此外,苏州还有昆曲、古琴等一批被列入人类口头和非物质遗产代表作,可以说,苏州已经成为中国拥有世界文化遗产最多的城市之一。

亚太世遗苏州中心成立以来,坚持高举联合国教科文组织的

▶ 用国际化的视野和眼光，以苏州为样本，逐步丰富、完善、延伸工作，积极打造世遗中心的品牌影响力。

旗帜，用国际化的视野和眼光，以苏州为样本，逐步丰富、完善、延伸工作，积极打造世遗中心的品牌影响力。

▶ 搭建起人才培养和交流的国际平台。

一是搭建起人才培养和交流的国际平台。针对亚太地区古建筑保护修复技术后继者日益减少，古建筑传统手艺面临失传的现状，苏州中心开设了"亚太地区古建筑保护与修复技术高级人才培训班"，先后举办6期，为20多个国家160多名中外高级古建筑专业人员提供培训。还承办了"世界遗产监测管理国际培训班""亚洲地区世界遗产咨询机构培训班""世界遗产保护论坛""建筑遗产预防性保护国际研讨会"等国际交流活动，为亚太地区的专家、学者提供了一个互相交流的平台。

▶ 世界遗产监测体系建设起到标杆作用。

二是世界遗产监测体系建设起到标杆作用。苏州中心在全国率先建立世界遗产苏州古典园林监测预警系统的基础上，在标准化建设上下功夫，通过多年努力，在国家文物局的支持下，为全国世界文化遗产提供监测预警体系样本；还编制了《监测管理工作规则》《遗产监测年度报告制度》，已为国内多处遗产地管理部门借鉴使用。

▶ 社会资源整合参与面逐步扩大。

三是社会资源整合参与面逐步扩大。在中国联合国教科文组织全委会秘书处和有关部门的支持下，成立了亚太世遗中心古建筑保护联盟。通过2年多的努力，已初步形成了一个由政府部门、大专院校、企事业单位和专家学者等专业人士组成的NGO（非政府组织），建立了若干基地，开展了一系列社会活动，如"寻访苏州古建筑修复师暨优秀人才评选"等大型公益活动；召开"新型城镇化下的古镇古村落保护与复兴高层论坛"，发布了具有行业引领意义的《安仁宣言》。

▶ 重大课题研究发挥了理论先行作用。

四是重大课题研究发挥了理论先行作用。近年来，苏州中心先后完成了《世界文化遗产——苏州古典园林定期报告（2003—2008）》《中国世界文化遗产管理动态信息系统和监测预警系统（试点项目）》《核心价值观视阈下的世界遗产教育（子课题）》《苏州历史传统建筑保护与利用的实践与探索》《苏州古城保护 30 年调研》《苏州生态园林城市研究》等重大课题，这些课题，有的获得国家部级和省级科研成果。

▶ 面向未来的世界遗产青少年教育结硕果。

五是面向未来的世界遗产青少年教育结硕果。苏州中心秉承教科文组织关于世界遗产的未来在年轻人的理念，长期坚持开展丰富多彩的世界遗产青少年教育活动，在全国 40 所学校建立了世界遗产教育基地，举办 3 届“模拟教科文组织世界遗产委员会会议”，举办 4 届“中国世界遗产教育联席会议”，在全国开展“‘我与世界遗产’中国校际作文征集活动”，举办 11 届“中国世界遗产国际青少年夏令营”，有 20 余个国家以及国内十几个省市的 900 多名中学生获得“世界遗产青年保卫者”国际证书，有 20 余名中学生走进联合国教科文组织总部（法国巴黎）。

（《世界遗产与古建筑》2014 年第 4 期）

纪念的意义在于尊史、求真、致用

今年是中国加入《保护世界文化和自然遗产公约》30周年，又恰逢联合国教科文组织成立70周年，可谓双喜临门。这是一段值得被记住的历史。

历史是一面镜子。但它与普通的镜子不同，需要通过人的认识活动才能发挥作用。明代著名思想家王夫之在其《读通鉴论》中说："得可资，失亦可资也；同可资，异亦可资也。故治之所资，惟在一心，而史特其鉴也。"又说："故论鉴者，于其得也，而必推其所以得，于其失也，而必推其所以失。其得也，必思易其迹而何以亦得，其失也，必思就其偏而何以救失。"历史是明智者的镜子，而使之明志，回顾历史的目的是知今，因此只有通过人的认识活动才能发挥作用，道出"以史为鉴"的真谛。

▶ 历史是明智者的镜子，而使之明志，回顾历史的目的是知今，因此只有通过人的认识活动才能发挥作用，道出"以史为鉴"的真谛。

我们正处在一个伟大的变革时代。毋庸置疑，中国世界遗产保护事业30年的变化、世界教科文事业70年的变化，无论是滔滔江河奔腾而去，还是涓涓溪水淙淙而流，都显示了一种历史的力量，这其中既有辉煌也有艰辛，既有成就也有挫折。无数事实告诉我们：只有尊史，才能明志。如果一个人、一个社会连自己的历史都不清楚，这个人、这个社会就根本谈不上是一个文明人、一个文明社会。因此，我们今天讲纪念30、70周年，各地也都在举行各种活动，而我们认为最好的纪念之一，就是总结和认识历史，求证真理，致用于当下。

出于这一思考，本刊将在2015年中重点推出一批围绕文化遗产保护事业总结性和展望性的文章。当然，这个总结和展望不是一般意义的工作汇报，而是带有可借鉴、可推广、可复制的样板和模式，去粗取精，去伪存真，把经验变成理性之章，通过大家的共同努力，逐步形成一种标准和制度，为当今和未来的文化遗产事业健康发展提供理论依据。

正如王夫之所说“惟在一心”，尊史、求真、致用是要沉下心来的。谁早意识到这一点，谁就抓住了先机。

（《世界遗产与古建筑》2015年第1期）

整体保护　保护整体

什么是整体保护？什么是保护整体？前者是观念，后者是行动。

江苏省委副书记、苏州市委书记石泰峰最近在苏州市古城保护会议上有一句很形象的话："不要让古城成为城市群中的'孤岛'。"按照我的理解，这就像是做盆景还是做大花园的问题，在保护过程中不能仅仅着眼局部或古城中的若干文物点段，而应该把古城作为城市化建设整体中的一个重要组成部分进行整体思考，把古城中的每一处保护行动都作为古城保护的一个整体来思考。

▶ 在保护过程中不能仅仅着眼局部或古城中的若干文物点段，而应该把古城作为城市化建设整体中的一个重要组成部分进行整体思考，把古城中的每一处保护行动都作为古城保护的一个整体来思考。

从重点到一般，从局部到整体，思考的对象、范围、空间都会有本质的不同，效果也完全不一样。不容否定，回首30余年，我们已经走过了一个缺乏整体行动的历史阶段，留下了很多遗憾和无奈，眼下必须勇于革新，走出一条历史文化名城和文化遗产保护的新路，这条路就是石泰峰书记的那句话。

说到底，无论是一座古城，还是一片历史街区、一座古建筑，在保护时都必须避免"孤岛"行为，这就要求所有从事保护工作的人都应具有整体思考问题的能力。如果没有整体观念，犹如"瞎子摸象"，永远不可能掌握大象的真正面目，永远不能成为一个合格的从业者。所谓"整体"，就是古城的历史风貌、空间布局、生态环境、水系道路、人家格局、建筑风格和色彩、民风民俗、生活方式等等，从里到外、从上到下、从前到后、从物质到精神、从有声到无声这么一个整体形象，由此生发出一个城市独一无二的“气质”，不如此联想，古城将不古，古城的气质将不复存在。因此，在当下开展文化遗产保护工作最重要的一点是强调“整体保护”的意识，加强“保护整体”的行动。

▶ 所谓“整体”，就是古城的历史风貌、空间布局、生态环境、水系道路、人家格局、建筑风格和色彩、民风民俗、生活方式等等，从里到外、从上到下、从前到后、从物质到精神、从有声到无声这么一个整体形象，由此生发出一个城市独一无二的“气质”。

当然，真正树立整体观念和自觉实施整体行为，并不是一说就能做到的事，这里既要有顶层设计、战略规划，也要有实施细则，还要有从业者的执行力，这就不是一蹴而就的事情，加强宣传和培训是必不可少的重要环节。为此，本刊在这一期编辑了石泰峰书记的重要讲话和苏州古城保护规划，并配编了相关文章，以期引起大家的重视，本刊将持续关注这方面的情况，也欢迎广大读者就这些问题开展讨论，本刊将择优选编。

我相信，通过大家不懈努力，整体意识一定能够深植于每个从业者的观念中，并转化为具有竞争优势的执行能力。

（《世界遗产与古建筑》2015 年第 2 期）

美的本质

此处所讲“美的本质”，不是哲学上的概念，而是特指美丽乡村建设中的历史文化之美。

当前正在实践的美丽乡村建设，为古镇古村落保护利用提出了全新的阐释和丰富的内涵。如何把握机遇、迎接挑战，在美丽乡村建设大背景下谋划好古镇古村落的保护和利用？这是一个重大的、历史性的、带有挑战性的命题。其实就是要建设怎样的美丽乡村，怎样才能使古村落成为美丽乡村建设中的靓丽之色。

从现象上看，古镇古村落保护与美丽乡村建设有着不同的标准，分属不同的体系，实行不同的运作模式，美丽乡村建设追求的是现代之美，古村镇保护追求的是原汁原味的传统风貌和格局，在很多人看来，现代的、时尚的才是美。因此，古与今、旧与新之间往往产生出很多矛盾，特别是随着社会经济文化的深刻转型，保护与利用也遇到一些深层次问题，各种资源重组，各种利益调整，造成种种不协调、不均衡、不可持续的状态。

▶ 古镇古村落保护与美丽乡村建设的目标和愿景是一致的，都是为了在创造环境美、风尚美、人文美、秩序美、创业美的人间新天堂中，更好地留住乡愁，留住农耕文明的精髓和中华民族的根基，真正体现中国元素和中国气质，成为全面建成小康社会的新乡村，成为让人流连忘返的桃花源。

而从本质上看，古镇古村落保护与美丽乡村建设的目标和愿景是一致的，都是为了在创造环境美、风尚美、人文美、秩序美、创业美的人间新天堂中，更好地留住乡愁，留住农耕文明的

周庄

精髓和中华民族的根基，真正体现中国元素和中国气质，成为全面建成小康社会的新乡村，成为让人流连忘返的桃花源。这就是我们要说的中国农村的“美的本质”。

因此，美丽乡村建设就不是一个简单地对农村进行“涂脂抹粉”的过程，而是要通过传承、改造、建设和开发利用，从根本上解决农村社会、经济、文化落后的局面，使农村的经济、政治、文化、社会、生态文明建设有机结合、协调发展，既要让人安居乐业，又要让人留得住乡愁，找得到回家的路，看得到童年最美的乡景。

不可否定，美丽乡村建设中的一个沉重话题是，到 2014 年，在中国的城镇化率已经到达 54.77% 这样一个巨大变化的背景下，中国古村落数量从 2000 年到 2010 年十年之间消失了数十万个，相当于每天消失数百个自然村落。随着传统村落消失，传统村落原来所具有的代代相继、传承至今的文化形态正在发生急剧裂变，古老的建筑被拆毁了，独特的民俗民风、传统手工艺、传统戏曲等文化遗产支离破碎，逐渐消失殆尽。与此同时，新农村正在按相类似的模式打造，一个“百镇一面、千村一面”的新问题摆在我们面前。这些问题虽然已引起社会各界的高度关注，但在保护与发展中，一些带有根本性的问题并没有得到有效的解决，就在我们“坐而论道”的同时，许多村镇里的珍贵遗产可能已轰然倒下或岌岌可危，如果再不引起重视，随着城镇化、美丽乡村加速推进，传统村镇和留存农村特色文化的符号和具有历史与文化价值的乡土中国将难见真容。美丽乡村也就可能失去真正的中国本色。

▶ 就在我们“坐而论道”的同时，许多村镇里的珍贵遗产可能已轰然倒下或岌岌可危，如果再不引起重视，随着城镇化、美丽乡村加速推进，传统村镇和留存农村特色文化的符号和具有历史与文化价值的乡土中国将难见真容。美丽乡村也就可能失去真正的中国本色。

为此，我们带着这个问题，选择了在全国古镇古村落保护和新农村建设比较先进的地区——苏州市吴中区进行了专题调研，坚持以战略思维、历史思维、辩证思维、创新思维的方法，放眼全国，立足苏州，对吴中区古镇古村落保护的过往与现状、经验与问题进行了一次全面梳理和研究，并对在美丽乡村建设中如何凸显丽色这一热门话题提出对策与建议，形成了专题报告，现全文刊登，以期引起各方面的关注。

我们更期望通过不断探索，深化改革，形成统一认识和共同意志，在传统生活和现代文明中探寻结合点，在风貌和个性中把握平衡点，守旧与出新一致，开放包容，兼容并蓄，多种选择，多元发展，把古镇古村落作为美丽乡村建设的可持续发展的动力，历史文化能够延续发展，整体风貌得到完整保护，人居环境宜居怡人，生产生活丰富多彩，民风民俗淳朴厚道，真正让人们“望得见山，看得见水，记得住乡愁”。

▶ 把古镇古村落作为美丽乡村建设的可持续发展的动力，历史文化能够延续发展，整体风貌得到完整保护，人居环境宜居怡人，生产生活丰富多彩，民风民俗淳朴厚道。

（《世界遗产与古建筑》2015 年第 3 期）

遗产保护与利用亟待跨界合作

文化遗产需要可持续的保护、传承和利用，已成为一种共识。随着文化遗产事业的深入发展，大家也看到，保护与利用作为一项系统工程，涉及各个方面，既需要政府部门的高度重视和业务部门的专业指导，也需要专业机构和单位的精准实施，更需要其他行业的互联互动，形成合力，如旅游部门、社会组织以及民众的参与合作，文化遗产事业才可能持续、健康地发展。

在保护与利用的实践中，我们常常见到的情况是各管其道、各行其是，制定政策、执行政策、研究政策的部门各自为政，上级机关、基层单位、企业之间脱节，建设、文化、园林、旅游、商贸乃至土地、规划等部门和单位各从其志，各不相谋。结果，看上去各级、各业都很重视，热热闹闹，但由于不对接、不衔接、不对称，常常事倍功半，效率难以最大化。

▶ 凡是涉及文化遗产保护的部门、单位和社会各行业都要拒绝“孤军作战”，既要立足本职，又要跳出自己的圈子，要换位思考、跨界思考，从其他行业中吸取营养，并积极主动与密切相关的行业进行交流合作，在跨界合作中求发展。

这就提出了一个课题：文化遗产保护事业亟待跨界合作。凡是涉及文化遗产保护的部门、单位和社会各行业都要拒绝“孤军作战”，既要立足本职，又要跳出自己的圈子，要换位思考、跨界思考，从其他行业中吸取营养，并积极主动与密切相关的行业进行交流合作，在跨界合作中求发展。

其实，这并不是我们的先见之明。比如在文化遗产保护与文化旅游发展这两个领域的融合发展中，国际上早就有了先进理念和经验，这就是由国际上最权威的文化遗产保护机构——国际古迹遗址理事会于1976年制定、1999年正式颁布的《国际文化旅游宪章》，该宪章被公认为是一部旨在确保人类文化遗产得到普遍尊重、有效展示和共同遵守的国际行为准则和指南。40年前，这个组织就告诫人们文化遗产工作保护不能“孤军作战”，必须进行跨行业的合作，才能达到最有效的保护。国际文化遗产界以积极主动的合作态度，与国际旅游界密切合作，最终达成了具有全球普遍价值的国际宪章。可以说，这个宪章本身就是一个国际化的跨界思考和行动，对当下我们在文化遗产保护与文化旅游发展协调发展中遇到的很多问题，都具有很大的启发和指导意义。

基于这种认识，亚太中心古建筑保护联盟与远见商旅规划设计院的同仁进行了深入讨论，并达成了一致意见，决定联合举办一次跨界的学术交流活动，通过“文化遗产地保护与文化旅游发展·苏州论坛”这个跨界平台，尝试一次思想、理论上的“跨界”突破，凸显了本次论坛的鲜明特点：首先是在组织工作上进行跨界合作，国家部门、苏州市政府部门大力支持，文化遗产保护专业社团和旅游企业合作承办，全国和地方的文化遗产地、旅游单位积极参与；其次是在学术研究上进行跨界思考，文化遗产地和旅游行业都把“保护与利用”问题放在“活态保护”这个大主题下综合思考；最后是在案例上进行跨界学习，既有文化遗产地的成功案例，也有文化旅游上的成功案例，既有苏州的经验，也有全国各地的经验，实实在在地获得了一批成果，其中不乏真知灼见。尽管这次活动还是一次尝试，但得到了各行各业的一致好评。

▶ 组织工作上进行跨界合作，学术研究上进行跨界思考，案例上进行跨界学习。

合作共赢已成为当下的时代潮流。我们诚愿文化遗产保护与利用的跨界合作也能成为一种理念，一种全社会的共同行为。

（《世界遗产与古建筑》2015年第4期）

积极而行　继往开来

亚太世遗中心古建筑保护联盟、苏州世界遗产与古建筑保护研究会已经走过了3个年头，其目标是明确的，步伐是坚定的，成效是显著的。在刚刚过去的2015年，作为联盟的工作机构——苏州世界遗产与古建筑保护研究会一举通过了苏州市民政局的评审，成为4A级社会组织。

我们的宗旨是公益性，即借鉴国际组织的经验和做法，在亚太世遗中心（WHITRAP）工作范围内，利用联盟这个平台，围绕世界遗产和古建筑保护相关工作，整合各类社会资源，发挥行业优势，通过丰富、完善、延伸和创新，协同亚太世遗中心开展世遗保护的研究、培训和教育工作，不断提高亚太世遗中心的工作效力和国内外影响力。这即是我们的追求和目标。

▶ 我们是一群乐于奉献的志愿者。在世界遗产与古建筑保护事业上，需要一大批热爱本行、不图报酬、不计得失、热心服务社会的各界人士。

我们是一群乐于奉献的志愿者。在世界遗产与古建筑保护事业上，需要一大批热爱本行、不图报酬、不计得失、热心服务社会的各界人士，这类工作也许非常清苦，却是十分崇高的。人类社会的健康发展需要精神家园作基石，我们乐于做这一家园的一木一石。

新的征程又将开始。今年是“十三五”的开局之年，开好局重在起步，我们将继续秉持联盟的宗旨，咬紧目标，面对挑战，以历史的责任心和科学态度，认真扎实地做好全年的工作。在新年度开局之际，我们特别强调几点：

其一，要明确当前文化遗产保护的主要矛盾，已经不是要不要保护的问题，而是如何保护的问题，科学合理的保护就显得格外重要。为此，本刊特别选登了《中国文物古迹保护准则》正式出版的体会文章，从科学构建中国文化遗产保护体系的角度来思考这一问题。本刊将连续刊登相关的重头文章。

▶ 当前文化遗产保护的主要矛盾，已经不是要不要保护的问题，而是如何保护的问题，科学合理的保护就显得格外重要。

其二，如何处理好保护与发展的关系？虽然多年来对此已经有了很多很深入的探讨，但总体上看，保护与发展的矛盾依然没有得到根本解决，关键问题是没有达成基本一致的具有法规性、指导性的意见。如何结合实际情况，制定具有可操作性的地方和国家层面的法规和实施细则，以及这些法规如何切实有效落地，这些都是迫切需要解决的问题。本期选登了苏州市人大常委会即将编制和出台的《苏州历史文化名城保护条例》的相关文章，今后我们还将继续关注和刊发这类论文或信息。

其三，对文化遗产价值的再认识。过去对文化遗产的价值认识，多是以历史观为主线来认识价值，强调的是“过去时”。然而，随着全球文化遗产保护事业的不断深入发展，对文化遗产的价值认识已经开始重视“现在时”，即对当代文化的影响和作用。因此，机构、专家学者应把注意力放在文化遗产的社会价值和文化价值上，力求鼓励和支持社区、居民和公众在文化遗产保护中发挥作用。本刊将结合苏州市政府部门开展苏州当代园林寻访活动，以及古镇古村落保护与利用等工作，配合联盟和有关大专院校、设计院共同开展理论研究，在下半年重点推出相关文章。

▶ 对文化遗产价值的再认识。过去多是以历史观为主线来认识价值，强调的是“过去时”。应把注意力放在文化遗产的社会价值和文化价值上，力求鼓励和支持社区、居民和公众在文化遗产保护中发挥作用。

其四，复合人才培养问题，这也是越来越严峻的问题。一方面传统工匠后继乏人，另一方面传统技艺又必须面对新技术、新材料、新工艺的挑战，这是不争的客观事实。如何在新时代中，以创新的思路和手段培养出既有动手能力又有理论水平的高素质技术人才，不仅是教育问题，更是文化遗产技艺能否传承、保护、出新和

▶ 以创新的思路和手段培养出既有动手能力又有理论水平的高素质技术人才，不仅是教育问题，更是文化遗产技艺能否传承、保护、出新和延续永生的问题。

延续永生的问题。这些都是本刊关注的重点。

我们相信，通过社会各界有识之士的共同努力，联盟和研究会一定能更上一个台阶，本刊一定会更加“好看”！

（《世界遗产与古建筑》2016年第1期）

世界文化遗产城市的品牌魅力

什么叫“世界文化遗产城市”？可以有多种解读：比如指在社会及人们心目中有口碑或认同感，包括官方及非官方给予某种认证；比如对国家重点历史文化名城的国际性表述；比如指列入《世界遗产名录》的城市。按照联合国教科文组织关于“世界遗产”的标准，诗意的理解，就是“先人及大自然馈赠人类的礼物，以及当代人献给下一代的礼物”。

▶ 什么叫“世界文化遗产城市”？按照联合国教科文组织关于“世界遗产”的标准，诗意的理解，就是“先人及大自然馈赠人类的礼物，以及当代人献给下一代的礼物”。

打开《世界遗产名录》，榜上有名的古城，如意大利的威尼斯、波兰的华沙古城、匈牙利的布达佩斯古城、西班牙的卡塞雷斯古城、巴西的巴西利亚、以色列的阿卡古城、日本的京都、越南的会安古镇，以及中国的丽江古城、平遥古城等等，仅亚太地区就有30座，而苏州虽然是闻名世界的历史文化名城，但目前在名录中还“缺席”，而且，在世界遗产城市联盟中也仅为“观察员”身份。这似乎与苏州的身份并不匹配。

苏州是全国第一批历史文化名城，全国唯一的古城保护示范区；苏州又是全国拥有物质和非物质世界遗产项目和单位数量最多的城市。更为可贵的是，在现代化快速发展的进程中，苏州古城得到较好的保护，保留了原有的特色与个性。苏州理应跻身于“世界文化遗产城市”之列。

▶ 从众多的品牌中凸显核心品牌，显得格外重要。可以毫不夸张地说，世界文化遗产城市是世界级的亮丽品牌、无价之宝。

▶ 以打响品牌为指向，打响品牌要从整合品牌资源入手，整合资源和打响品牌的最终目的是形成苏州的综合竞争力和国际影响力，促进可持续发展，为当代人和下代人造福。

作为国家历史文化名城，苏州的优势是明显的，但苏州的不足也是显而易见的。作为一个地级市，无论是对资源的调控整合能力还是其对财政的支配能力都十分有限，城市品牌小而全、多而杂的现象十分突出。因此，聚焦品牌，从众多的品牌中凸显核心品牌，显得格外重要。可以毫不夸张地说，世界文化遗产城市是世界级的亮丽品牌、无价之宝。

作为当代人，有责任保护、传承、发扬世界文化遗产，保护、传承、发扬要以打响品牌为指向，打响品牌要从整合品牌资源入手，整合资源和打响品牌的最终目的是形成苏州的综合竞争力和国际影响力，促进可持续发展，为当代人和下代人造福。不言而喻，品牌，作为文化软实力的要素之一，在当今转型期和未来发展中将发挥出越来越大的作用。

有鉴于此，亚太世遗中心古建筑保护联盟有重点地开展了这方面研究，确立了课题，形成了研究报告，召开了专家学者研讨会，大家出谋划策，各抒己见，一致认为：世界文化遗产城市是一个有重要价值的国际文化品牌，我们的目标应当从国家历史文化名城走向国际文化名城。这个主张得到了苏州市委、市政府主要领导的关注，批示有关部门认真研究。本期专辑开辟一个栏目，选登了论文和各位专家学者的真知灼见，以飨读者。同时也将持续关注这方面的研究动态，择其佳作，陆续发表。

（《世界遗产与古建筑》2016 年第 2 期）

三次批复传递的信息

20世纪80年代以来,国务院对苏州城市总体规划先后有过三次批复,其中对城市性质地位是这样表述的:

1986年6月,国务院对苏州市城市总体规划(1985—2000)的批复(国函〔1986〕81号)指出:"苏州是我国重要的历史文化名城和风景旅游城市。"

2000年11月,国务院对苏州市城市总体规划(1996—2010)的批复(国函〔2000〕3号)指出:"苏州市是国家历史文化名城和重要的风景旅游城市,是长江三角洲重要的中心城市之一。"

2016年7月,国务院对苏州市城市总体规划(2011—2020)的批复(国函〔2016〕134号)指出:"苏州是国家历史文化名城和风景旅游城市,国家高新技术产业基地,长江三角洲重要的中心城市之一。"

结合不断修编完善的苏州城市规划,认真学习领会三次批复,给我们传递了许多重要的信息。

▶ 认真学习领会三次批复,给我们传递了许多重要的信息。其一,说明苏州城市地位的重要。其二,城市定位的一脉相承。其三,城市发展定位应当与时俱进。其四,折射出国家的期待和我们的使命。

其一,说明苏州城市地位的重要。作为一个地级市,进入国家视野,由国家层面来统筹布局,其城市总体规划连续多次由国家直接下达批复,被列在全国城市布局第一方阵中,足见地位之重要。换句话来说,苏州城市发展变迁的一切成就,首先应该得益和归结于国家层面的统领和指导。

其二，城市定位的一脉相承。三次批复，词语和内容上虽有不同，但始终把“国家历史文化名城和风景旅游城市”作为苏州城市性质的第一定位，一以贯之，一脉相承。这就告诉人们，历史文化是苏州永远不变的灵魂，历史文化名城和风景旅游城市始终是苏州两张最亮丽的名片，任何时候都不能动摇。

其三，城市发展定位应当与时俱进。从三次批复中，我们清晰地看到，随着时代的发展、社会的进步，苏州城市发展的方向和定位也更加得到丰富、拓展、提升和完善，既具有鲜明的时代特征，又具有独特的地方风采。从“我国重要的历史文化名城和风景旅游城市”先后叠加“长江三角洲重要的中心城市之一”和“国家高新技术产业基地”，既是苏州坚持自然生态环境优化、历史文化弘扬、资源保护利用的必然结果，也是“经济与文化内在联系和互为作用”的必然反映。毫不夸张地说，苏州是一个具有千年文脉韵味、江南水乡特质、充满时代精神气质的历史文化名城和现代化都市。

▶ 毫不夸张地说，苏州是一个具有千年文脉韵味、江南水乡特质、充满时代精神气质的历史文化名城和现代化都市。

其四，折射出国家的期待和我们的使命。通过三次批复，我们可以深深感受到，国务院的最新批复极其重要，且意义重大。一是要持续保护好历史文化和自然环境资源，显然，这是苏州持续健康发展的根基，作为国家确定的苏州古城保护示范区和苏州全域旅游示范区，将承担着最为重要的责任，所谓“示范”，就是不仅要让苏州人认可、满意，还要具有可推广和复制性，必须以“时不我待”的理念，坚持问题导向，强化倒逼机制，尽快做出成效。二是必须从传统的“保护与利用”的思维模式走出来，杭州市成功承办G20峰会，对苏州的城市规划、建设、管理，确定了新的标杆，我们要从过去的“小苏州”跳出来，向“大苏州”迈进，站在整个长江三角洲、中国乃至世界的高度来思考和谋划，学习、借鉴、分享各地乃至世界的成功实践与经验，站在更高的起点上迈进，使命不凡，任重道远。

▶ 我们要从过去的“小苏州”跳出来，向“大苏州”迈进，站在整个长江三角洲、中国乃至世界的高度来思考和谋划，学习、借鉴、分享各地乃至世界的成功实践与经验，站在更高的起点上迈进，使命不凡，任重道远。

出于这些思考，本刊将持续关注世界遗产的保护和文化旅游的深度融合，并在下一期刊登一组重点文章，与各位同仁共勉，也期待各位专家学者和有志者提供这方面的大作。

（《世界遗产与古建筑》2016 年第 3 期）

创新思维"世界遗产+"

我们已经进入"互联网+"时代,"互联网+"作为一种崭新的经济形态,已经将互联网信息技术的创新成果,深刻融入经济社会领域各个方面,进入寻常百姓人家,正逐步改变人们的生产方式、行为方式、观念形态和思维方式。

互联网思维,说到底是一种跨界融合、创新思维。什么是"+"?"+"就是跨界连接;什么是"互联网+"?"互联网+"就是通过互联网实现跨界深度融合;为什么能实现跨界深度融合?关键在于创新驱动,在于开放包容、整合资源、重塑结构、共享利益的有效结合,最终使互联网的先进信息技术成果转化实现最大化,为经济发展、社会进步、民生福祉服务。

由此,我们想到了世界遗产,为了让它延年益寿,永葆青春活力,为了让它最大化地造福人类,真正实现其价值,多么需要有一种"互联网+"的创新思维和创新实践。

▶ 从广义的角度看,世界遗产不仅指已经或即将列入联合国教科文组织颁布"名录"的项目,也应包括业已存在的其他各种弥足珍贵的物质和精神文化艺术作品。

从广义的角度看,世界遗产不仅指已经或即将列入联合国教科文组织颁布"名录"的项目,也应包括业已存在的其他各种弥足珍贵的物质和精神文化艺术作品。世界遗产已经被越来越多的人关注与重视。但这是一个庞大的系统工程和持续的历史过程。只有进行中,没有休止符。

比如，世界遗产必须坚持“保护第一”的方针，而保护需要法律保障、制度激励、政策引导、规划引领、舆论支持、人才支撑、社区协调、资金保证、公众参与；需要研究工作者、实际工作者和政府部门协力作战。某一环节缺位，就有可能产生“木桶短板效应”。

又比如，世界遗产所特有的历史、文化、艺术、科学、经济、审美价值，既需要被全社会所认知，切实得到尊重、得到保护，又应最大限度实现其自身价值，为社会服务，为人类共享和利用。这就需要探寻和创新各方面多赢共享的实现路径。

再比如，世界遗产事业虽然已经取得了很大发展，在理论上、实践上都取得了瞩目成果，但是，或坐而论道、老生常谈；或畏首畏尾、不求担当；或按习惯性思维方式和运行模式走老路；或热衷于在“围墙”和“领地”内封闭作业，自娱自乐。许多议而不决的事依然存在。

诸如此类，不一而足。创新思维世界遗产的保护与利用，需要走出一条全方位融合之路。通过融合，让世界遗产连接、深入、融合到各个领域、各个层面、各个对象。比如，借鉴“互联网+”的原理，来一个“世界遗产+科普”，让世界遗产走向寻常百姓的心田，使“高雅深奥的学问”成为大众普遍接受的通俗易懂的常识；又如，来一个“世界遗产+生活”，让认识、理解、认同、参与保护世界遗产成为人们一种普遍的生活方式和良好习惯；再如，来一个“世界遗产+生态”，从而把生态文明建设与保护利用优秀传统文化、保护利用世界遗产结合起来，使生态文明建设的过程成为保护利用世界遗产的过程；等等。

▶“世界遗产+科普”，让世界遗产走向寻常百姓的心田，使“高雅深奥的学问”成为大众普遍接受的通俗易懂的常识；“世界遗产+生活”，让认识、理解、认同、参与保护世界遗产成为人们一种普遍的生活方式和良好习惯；“世界遗产+生态”，从而把生态文明建设与保护利用优秀传统文化、保护利用世界遗产结合起来，使生态文明建设的过程成为保护利用世界遗产的过程。

最近，省委书记李强在参加省党代会苏州代表团审议时，专门就“创新思维”向苏州提出了“四问”，这对世界遗产的保护利用同样具有重要的指导意义。创新思维世界遗产，这不仅是文化遗产事业从业者、研究者亟待回答的问题，也是社会各界需要思考和实践的问题。我们要以创新驱动的“互联网+”精神、开放包容的“互

联网 +”胸怀、连接一切的“互联网 +”心态、便捷高效的“互联网 +”智慧，从世界遗产与文化旅游的深度融合入手，并以此推动世界遗产实现更多的跨界深度融合，进一步开创世界遗产事业的新局面。

本期刊登的《世界遗产保护与文化旅游深度融合的再研究》一文，也是对“世界遗产 + 文化旅游”的研究与思考。世界遗产与文化旅游的契合度最大、空间最广阔、前景最好。通过研究，试图让大家从更大的范围、更多的视角，关注探索世界遗产与文化旅游发展深度融合的路径。

（《世界遗产与古建筑》2016 年第 4 期）

古城保护的业态治理问题

本期郑重推荐《关于苏州国家历史文化名城保护区街巷业态发展实施正负面清单管理的思路研究》一文。

古城之所以具有现代城市难以超越的重要历史文化价值，在于它是由特有的生态、形态和业态各要素优化组合的综合体。我们说的古城的生态，是博大精深的概念，包括自然生态、文化生态、社会生态、人居创业生态等等。所谓形态，泛指古城乃至古镇、古村落、自然村落等所赖以存在的格局和外在表现状态，突出表现的是一种视觉美。以苏州古城为例，2500多年的历史文化底蕴，河街并行的双棋盘格局，小桥流水、枕河人家的水乡风貌，粉墙黛瓦、错落有致、黑白灰、素淡雅的城市建筑特色，尤其是这座古城所布局的纵横交错、井然有序的大街小巷，构成了这座城市独有的神韵。所谓业态，则是一种生存、生活、生产方式，通过工业、贸易、服务业等各行各业的布局、运行和管理，从而充分展示和发挥自身功能。业态决定城市的性质、品质和地位。

▶ 古城之所以具有现代城市难以超越的重要历史文化价值，在于它是由特有的生态、形态和业态各要素优化组合的综合体。

▶ 所谓业态，则是一种生存、生活、生产方式，通过工业、贸易、服务业等各行各业的布局、运行和管理，从而充分展示和发挥自身功能。业态决定城市的性质、品质和地位。

古城保护是一个综合的、复杂的系统工程。古城的可持续健康发展，需要包括对业态在内的多个层面的综合治理。长期以来，随着对坚持创新发展观和弘扬历史传统文化认识的不断深化，古城的保护、更新、利用逐步被摆上重要位置，对业态的治理也引起了重视，并取得了明显的成效。但是，应该看到，作为古城，尤其是像苏州这种独具魅力的古城，城市的业态，尤其是街巷业态的生存与发展状况，还不容乐观，不仅直接影响着古城的风貌、生机与活力，在很大程度上也影响着苏州作为国家历史文化名城、风景旅游城市、国家高新技术产业基地、长三角重要中心城市之一的发展定位及品牌影响力的凸显。由于长期以来积淀下来的种种原因，目前，古城区街巷业态存在着管理主体缺位、布局相对散乱、形态混杂、品质不高、结构不尽合理等问题。受此影响，区内人口老龄化加大、原住民减少，机动化拥堵日益突出，中心城区集聚效应乏力。其中，业态治理问题显然越来越迫切。在此背景下，提出借鉴正负面清单相结合的管理思路，从业态类型、业态设置区域、业态经营模式三个维度分别设置禁止类目录、限制类目录、鼓励类目录，并分门别类，打造具有核心旅游吸引物的目的地街巷、引领服务业转型升级的高端商贸街巷、以产旅结合为导向的特色经营街巷、连接不同目的地的景观走廊和街巷等等，显然是一种有益的探索和创新的举措。

▶ 借鉴正负面清单相结合的管理思路，从业态类型、业态设置区域、业态经营模式三个维度分别设置禁止类目录、限制类目录、鼓励类目录，显然是一种有益的探索和创新的举措。

古城保护、更新，文化、旅游的深度融合，生产、生活和城市发展，都需要从城市性质、功能定位和民生需求出发，对相关业态布局与经营管理给予优化与保障。这里，既需要创新的理念、创新的思维、创新的体制机制，又需要求实的态度。之所以要创新，是因为历史在前进，时代在进步，创新是不竭的动力，新事物、新情况层出不穷，如果囿于成功的甚至是常规的传统思维、见解、路径，则难以为继。古城保护更需要求实、务实、落实的作风，对看准了的东西要大胆创新实践，正如习近平同志所言，“道不可坐论，德不能空谈”，坚韧不拔，百折不挠，脚踏实地，求真务实，才是根本出路。

▶ 正如习近平同志所言，“道不可坐论，德不能空谈”，坚韧不拔，百折不挠，脚踏实地，求真务实，才是根本出路。

有鉴于此，本期刊登该文，旨在供决策者、实践者参考，博采

黎里

众议，在繁荣和推进苏州古城街巷业态健康发展的同时，进一步激发苏州历史文化名城的生机与活力、保护与复兴。

（《世界遗产与古建筑》2017 年第 1 期）

十年磨一剑

十年前的 2007 年 5 月 21 日，亚太地区世界遗产培训与研究中心同时在北京、上海、苏州三地举行挂牌仪式。挂牌仪式主会场设在上海同济大学，北京、苏州设网络视频会场。上海会场上，时任中国教育部副部长、中国联合国教科文组织全国委员会主任、联合国教科文组织执行局主席章新胜，联合国教科文组织世界遗产中心主任班德林（Bandarin）为中心揭牌和授牌。时任苏州市园林和绿化管理局局长衣学领、苏州大学副校长殷爱荪专程赴上海受牌。苏州会场上，时任苏州市人民政府副市长周人言通过网络视频，代表苏州向挂牌仪式表示祝贺，并通报了亚太地区世界遗产培训与研究中心（苏州）规划和建设以及近期工作情况。至此，一个跨越国界、区界的国际二类机构正式在中国运行，标志着中国在世界遗产保护事业上从此走向承担国际义务的新阶段。

万事开头难。一个国际机构的建立和运行比想象的要复杂得多。从基础设施建设、体制编制，到工作规划制订、人才选配、经费保障、国际项目运行、国际组织联络和沟通，以及国际理念、国际知识、国际规划的提升等等，事无巨细，都要一一落实，没有一项工作可以另寻捷径。好在苏州有比较坚实的基础和各方面的鼎力相助，在苏州市委、市政府的坚强领导下，在各相关部门的大力支持下，

▶ 一个国际机构的建立和运行比想象的要复杂得多。从基础设施建设、体制编制，到工作规划制订、人才选配、经费保障、国际项目运行、国际组织联络和沟通，以及国际理念、国际知识、国际规划的提升等等，事无巨细，都要一一落实，没有一项工作可以另寻捷径。

在市园林局的统筹谋划、严密组织下，亚太世遗苏州中心全体员工本着只争朝夕、勇于创新、真抓实干的精神和态度，按照国际组织和国家部门赋予的工作任务，一边工作一边摸索，一步一个脚印，在世界遗产保护与监测、世界遗产与古建筑修复技术培训与研究、世界遗产青少年教育等方面，逐步走出了困境，走上了正道，走向了坦途，形成了“苏州经验”，一系列工作实绩逐步得到了国家部门、国际组织的认可和高度赞扬。2012 年 5 月，联合国教科文组织总干事伊琳娜・博科娃视察苏州中心，在听取汇报和实地考察后，欣然题词：让苏州经验与世界共享。这既是对苏州中心的褒奖，更是一种极大的鞭策。

在全球的世界遗产领域，从 2004 年的第 28 届世界遗产大会在苏州成功举办、2007 年亚太世遗中心在中国正式运行，到 2017 年的今天，我们回顾亚太世遗中心所走过的历程，苏州人可以骄傲地说，我们实现了当初中国政府赋予苏州市对国际社会的庄严承诺，在保护世界遗产的同时，承担起更多的国际义务，为保护全人类共同的宝贵财富做出了应有的贡献。

▶ 不可否认，我们虽然已经处在了一个行业的高原上，但还未登上高峰，在世界遗产保护事业上还有很多艰难的路程等待我们去探索、去攀登。

然而，不可否认，我们虽然已经处在了一个行业的高原上，但还未登上高峰，在世界遗产保护事业上还有很多艰难的路程等待我们去探索、去攀登。

古人曰：“十年生聚。”对于在全国地级市中唯一拥有国际二类机构的苏州来说，十年的成果弥足珍贵。站在新的起点上，我们有必要郑重思考，如何不忘初心，答好下一个“十年磨一剑”的问卷，通过十年经验总结、再十年厚积薄发，以一流的水平和业绩，全面承担起国际二类中心的各类事务，提升国际话语权，推动苏州从世界遗产城市迈向国际文化名城。

（《世界遗产与古建筑》2017 年第 2 期）

春华秋实 20 年

1997 年 12 月 4 日，对苏州人来说，是一个应当永远纪念的日子，这一天，联合国教科文组织世界遗产委员会第 21 届会议批准苏州古典园林列入《世界遗产名录》。在此之前，我国被列入名录的世界遗产只有 15 处，而至今已经有 52 处，不仅数量已列世界前茅，而且在保护与发展中发生了很多质的变化。

从 1997 年至 2017 年，整整 20 年，苏州古典园林被列入《世界遗产名录》给我们带来了无穷惊喜。

苏州古典园林之美被人们广为传颂，然而，苏州园林终究藏在深闺，属于“小众文化”。被列入名录之后，苏州古典园林以意气风发的全新姿态进入了全球的视野，被全世界所关注。“没有哪些园林比历史文化名城苏州的园林更能体现出中国古典园林设计的理想品质”，这是世界遗产委员会的一致评价。越来越多的人认识到，苏州古典园林在世界造园史上具有独特的历史地位，包含了丰富的社会文化内涵，其写意山水艺术体系是中国园林艺术的主要精华和鲜明特征，她所具备的完美居住条件反映了人类对完美生活环境的执着追求，这些造园艺术典范是园林理论研究的重要范本。苏州古典园林作为传统文化的博物馆和百科全书，努力科普园林，读懂园林，关注园林，保护园林，已成为被列入名录以后的新景象。

苏州古典园林入遗，对苏州古城的保护、更新和利用来说，更是带来了千载难逢的机遇，这20年，既是全社会对世界遗产苏州园林不断深化认识的20年，也是苏州历史文化名城保护更新利用最卓有成效的20年。2500多年的古城所隐含的宝藏得到了广泛的认同，匹夫有责的保护意识得到强化，更新利用、活态保护的思路更为广阔。从物质遗产到非物质遗产，从古典园林到大运河、江南水乡古镇，从昆曲、古琴到传统木结构营造技艺、中国蚕桑丝织技艺、端午节等等，无不如此。苏州还被教科文组织命名为"民间工艺之都"，整个古城的形态与机理得到了优化、美化，"白发"苏州焕发了生机与活力，苏州已成为名副其实的世界遗产城市，为走向世界文化名城奠定了基础。

伴随人们对世界遗产苏州园林认识的深化，为苏州的创新发展也提供了不竭资源。苏州的经济社会发展、产业布局、城市规划建设等等，深深地烙着苏州园林的"印记"。正如苏州在获评"中国最具经济活力城市"时，中央电视台的一段颁奖词所说："她用古典园林的精巧，布局出现代经济的版图；她用双面刺绣的绝活，实现了东方与西方的对接。"

▶ 苏州的经济社会发展、产业布局、城市规划建设等等，深深地烙着苏州园林的"印记"。正如中央电视台的一段颁奖词所说："她用古典园林的精巧，布局出现代经济的版图；她用双面刺绣的绝活，实现了东方与西方的对接。"

苏州人对园林，或者说园林对苏州人的影响，说到底是一种情怀、一种精神——以人为本，天人合一，追求卓越，精益求精，它已衍化为苏州人的一种生活状态，表现在社会活动、经济活动、文化活动和市民生活之中，表现在园林对外交流所扮演的角色之中，表现在城市绿化、生态建设、环境建设之中，形成了独具魅力的苏州城市风貌特征和人文景观，成为苏州人的一种优雅精致的生活方式和情结凝练，在建设美丽苏州的实践中，发挥出了越来越大的示范、引领和启迪作用。

在我们看来，苏州古典园林入遗20年，是春华秋实的过程，作为世界遗产的苏州古典园林不应仅仅是一种样式、一种物质、一种

▶ 苏州古典园林入遗20年，是春华秋实的过程，作为世界遗产的苏州古典园林不应仅仅是一种样式、一种物质、一种艺术品，更是一种能触摸的、可视的世界观和价值观，苏州园林是苏州城市最璀璨的文化符号和文化图腾。

艺术品，更是一种能触摸的、可视的世界观和价值观，苏州园林是苏州城市最璀璨的文化符号和文化图腾。

有鉴于此，本期借苏州古典园林被列入《世界遗产名录》20周年之际，编辑一组纪念文章和思考之论，为苏州城市未来发展提供某些借鉴和参考。

（《世界遗产与古建筑》2017年第3期）

苏州名城因古典园林更亮丽

何为城市？经济学、社会学、地理学、规划学均有不同的解读。《辞源》则曰："城市是人口密集、工商业发达的地方。"园林则伴随城市出现和文明步伐应运而生，是人类走向成熟和城市文明的标志之一，在世界城市史中，有文字记载的造园史已有3000多年。

苏州是全国著名的历史文化名城和风景旅游城市，改革开放以来，苏州又成为新兴创新科技城市。其中，苏州园林扮演的重要角色无可替代。

苏州园林因苏州而得名，苏州则以苏州园林而出名。

▶ 世界上的城市不知其数，能让人记得住、叫得上名的屈指可数，但稍读上几年书，如果不知晓"上有天堂，下有苏杭"、没听说过苏州园林的人，肯定让人诧异。这就是苏州园林对于苏州这座城市的魅力。

世界上的城市不知其数，能让人记得住、叫得上名的屈指可数，苏州也不例外。但稍读上几年书，如果不知晓"上有天堂，下有苏杭"、没听说过苏州园林的人，肯定让人诧异。这就是苏州园林对于苏州这座城市的魅力。

对于苏州古城，《吴越春秋》这样记载："筑城以卫君，造廓以守民。"城以墙为界，有内城、外城的区别，内城叫城，外城叫廓。尽管经历千年变迁，这座城市格局犹存，风貌不变，风韵犹在。走进古城，就像走入了放大版的苏州园林。

据考证，明代后期，苏州城内私家园林有270多座，平均0.05平方公里即有一座，至今保存完整的园林（含当代修复营造）仍有

留园

百余座。国际上有这样的共识：世界造园体系分为中国体系、西亚体系和欧洲体系，而中国园林是世界造园之最，苏州园林是中国园林的典型代表。“没有哪些园林比历史名城苏州的园林更能体现出中国古典园林设计的思想品质，咫尺之内再造乾坤，苏州园林被公认是实现这一设计思想的典范。这些建造于 11—18 世纪的园林，以其精雕细刻的设计，折射出中国文化中取法自然又超越自然的深邃意味。”这是国际组织的权威评语。

在跨入新时代的伟大时期，作为苏州人，我们不能不郑重地再次审视苏州园林所蕴含的多重价值。

为什么早在 20 年前，“世界遗产”的桂冠就毫无争议地花落苏州？

为什么苏州这座城市的版图，从“古城保护、建设新区”到“古城居中、东园西区、一体两翼”，从“五区组团”到“一核四城”，从“撤市建区”到“一个中心城市、四个副中心城市、50 个中心镇”等等，始终洋溢着“园林苏州”的风采？

为什么苏州的产业结构、产品结构，格外青睐精致、精细、精密的品质，战略型新兴产业成为当今的主导产业，比重进一步凸显？

为什么苏州人看上去总是那样优雅、淡然，总是那样积极向上、和谐和睦，生活方式总是那样精致？

我们不得不思考苏州园林与苏州这座城市的关联。

▶ 苏州园林对于苏州城市来说，承载的不仅仅是无与伦比的美的样式、美的精华；从更深的意义看，她所承载的是“天人合一、以人为本、精益求精、追求卓越”的世界观和价值观。

在我们看来，苏州园林对于苏州城市来说，承载的不仅仅是无与伦比的美的样式、美的精华；从更深的意义看，她所承载的是“天人合一、以人为本、精益求精、追求卓越”的世界观和价值观，即苏州园林是被这种世界观和价值观所浸润和衍化的代表作，苏州园林是苏州历史文化名城可触摸的图腾和符号。在苏州，城的变迁、人的发展以及表现的一切优秀特点、特色、特质都可以从苏州园林中找到本源和基因。诚然，苏州园林具有与生俱来的历史价值、艺术价值、文化价值、人居价值、技艺价值，但最重要的无疑是其独一无二的品牌价值。更可贵的是，这种价值取向已潜移默化地被转化为多数苏州人的思维方式和行为准则。

优秀文化遗产需要传承、保护、利用、创新，当代人应当有所作为。只有读懂苏州园林，理解其中的真谛，发现其中的精髓，方能真正读懂苏州这座城市，方能体味苏州园林与苏州历史文化名城的一脉相承，进而外化为一种使命和责任，共同保护、建设、管理好我们的美好家园。

▶ 只有读懂苏州园林，理解其中的真谛，发现其中的精髓，方能真正读懂苏州这座城市，方能体味苏州园林。

（《世界遗产与古建筑》2017 年第 4 期）

“东方水城”的气质再造

当中国大运河入选《世界遗产名录》,把中国大运河“建设好、传承好、利用好”也随之成为国家战略。苏州作为大运河沿线城市中最璀璨的一颗明珠,理应成为落实大运河文化战略的样板区和示范带,理应成为高颜值的生态走廊、高品质的文化走廊、高效益的经济走廊。

▶“水城”是苏州大运河独特的城市文化景观,是古代筑城与水利技术融合的杰出典范,水城交融也是这座城市最重要的特质之一。

苏州自古以来被称为“东方水城”,“水城”是苏州大运河独特的城市文化景观,是古代筑城与水利技术融合的杰出典范,水城交融也是这座城市最重要的特质之一。苏州作为“东方水城”之魅力,不仅在于她得天独厚的自然地理生态环境。大市区域8848.42平方公里,水域面积占42.2%,区域内河湖江海交相辉映,北依长江,西抱太湖,太湖、阳澄湖、淀山湖、金鸡湖、独墅湖等湖泊名闻遐迩,还有90公里长的运河在苏州境内穿越而过,河港交错、湖荡密布,并与苏州内城水系连为一体。古城内粉墙黛瓦、小桥流水、河街并行,尽管与先人咏叹的“绿浪东西南北水,红栏三百九十桥”“处处楼前飘管吹,家家门外泊舟航”相比意境已大打折扣,但面对高速发展的时代列车,风貌犹在、格局依存,已属难得。

苏州作为“东方水城”之魅力,更在于这座城市由内而外所浸润的一种“水”的神韵和气质。远古时代,苏州还是一片汪洋大海,之后成为海滩、成为沼泽、成为陆湖、成为桑田、成为水城，千万年来逐步孕育出独具特色、充满水样气质的“吴文化”，也造就了苏州人刚柔兼济的气质。从细微水分子到波涛汹涌，苏州文化犹如水一样，既有精细的一面，又有大气的一面，既有温润的一面，又有强悍的一面。现代人可以从苏州博物馆找到种种证据，从精湛绝伦的手工艺品、绘画艺术，到霸气冲天的青铜宝剑，苏州就是这样，曾经富甲一方，曾经威名四海。这是上天赐给苏州的天然形胜，这是古人创造的宝贵财富。

改革开放以来，苏州变了，苏州人变了。一座中等城市现已崛起为大城市，一座典型的消费和轻工业城市已成为具有较强国际竞争力的现代产业名城，苏州还成为中国新市民占比最多的城市之一。苏州正在向古今辉映的国际文化名城挺进。这就需要我们在建设高品位运河文化走廊的时候思考：应当如何守护优秀传统？如何坚持与时俱进？如何着力再造新时代苏州人的文化气质？

长期以来，人们普遍十分重视给自己所在地区的文化特征赋予某种地理文化符号，在苏州也有这种现象。比如，地处北部近长江地区的称“长江文化”，地处东部近上海地区的称“海派文化”，南部近太湖地区的更愿意称“从运河时代到太湖时代”。苏州人则习惯把自己的文化称之为“吴文化”或“吴地文化”，甚至为此争论不休。前些年，我们的邻居无锡市大力宣称自己是“吴文化发祥地”，其依据是商末泰伯、仲雍南奔，在今属无锡的梅里建立了句吴国。但梅里自古以来属于苏州管辖，1983年才划归无锡。说无锡是吴文化的发祥地，总觉有点牵强。

苏州文化应当是苏州人的大文化，是她以“水”为载体，创造的物质和精神财富的总和，是她以吴文化为核心和主线，江、海、湖、河等多元文化融为一体，是相互渗透、相互作用、相互补充、相得益彰的文化综合体，具有广泛的文化集结、文化认同、文化归属。

▶ **苏州文化应当是苏州人的大文化，是她以“水”为载体，创造的物质和精神财富的总和，是她以吴文化为核心和主线，江、海、湖、河等多元文化融为一体，是相互渗透、相互作用、相互补充、相得益彰的文化综合体，具有广泛的文化集结、文化认同、文化归属。其主要特征就是苏州这座城市所具有的“水的气质”：刚柔相济、包容大气、精致典雅。按照与时俱进的精神，还有创新开放。**

其主要特征就是苏州这座城市所具有的“水的气质”：刚柔相济、包容大气、精致典雅。按照与时俱进的精神，还有创新开放。我们承接“苏州大运河”文化建设课题，最重要的意义就在于有益于朝着既定的目标和梦想，再造苏州和苏州人的气质，形成统一的意志，弘扬优秀传统，保持创造特色，凝心聚力，扬长避短，深度融合，扎实深耕，最大限度地建设好我们的美丽幸福家园。

有鉴于此，本期摘要刊发《关于把苏州大运河文化带建设成为高品位文化长廊的总体思路和对策研究》课题报告，供读者参考和借鉴。

（《世界遗产与古建筑》2018 年第 1 期）

新起点 · 新使命 · 新作为

弹指一挥间，亚太世遗中心古建筑保护联盟暨苏州世界遗产与古建筑保护研究会5周岁了。

5年来，联盟和研究会在党的十八大和十九大精神指引下，在全面建成小康社会的伟大征程中，"不忘初心、牢记使命"，在以保护、传承、利用文化遗产为主题，紧紧围绕历史文化名城保护和复兴、美丽乡村建设与古镇古村落的保护使用、遗产保护与文化旅游的深度融合、青少年遗产教育、传统建筑修复营造技术人才的培养与提升等一系列重大主题进行理论思考、问题化解、实践探索与案例分析等方面，取得了丰硕的成果，从而实现"让苏州经验与世界共享"。

▶"不忘初心、牢记使命"，以保护、传承、利用文化遗产为主题，紧紧围绕历史文化名城保护和复兴、美丽乡村建设与古镇古村落的保护使用、遗产保护与文化旅游的深度融合、青少年遗产教育、传统建筑修复营造技术人才的培养与提升等一系列重大主题进行理论思考、问题化解、实践探索与案例分析，实现"让苏州经验与世界共享"。

5年来，联盟和研究会坚持发挥联合国教科文组织的品牌效应，牢牢把握"丰富、完善、延伸和创新"亚太世遗中心工作职能，努力添砖加瓦、锦上添花，牢牢把握"追求创新、务实推进、突出重点、彰显特色"的指导方针，量力而行、积极而为，为自身可持续发展奠定了良好的基础。

5年来，联盟和研究会坚持了一个"联"字，强化自身建设，努力团结一批高端学者、研究人员、技术精英、政府管理人员和志愿者，以国际视野、开放思维、专业水准、效果导向开展多项社会活动，经过几年努力，联盟和研究会已成为本领域中具有较强凝聚力和品牌影响力的社会组织，多项成果获得了国家、省、市的奖励，也为社会组织的健康运行提供了可资借鉴的经验。

当前,中国已进入十九大胜利召开后的开局之年,全国上下进入全面建成小康社会决胜阶段,在世界遗产事业上,中国已经不仅仅是展现纵观丰富的自然资源、悠久灿烂的历史文化,同时也已成为中国可持续发展的重要资源,成为促进全球世界遗产事业不断发展、人类和平持续发展的重要力量。面对国内外新形势和新要求,在一个新的起点上,我们需要有新的思路。

▶ 习近平总书记指出:"传承中华文化,绝不是简单复古,也不是盲目排外,而是古为今用、洋为中用,辩证取舍、推陈出新,摒弃消极因素,继承积极思想,'以古人之规矩,开自己之生面',实现中华文化的创造性转化和创新性发展。"

习近平总书记指出:"传承中华文化,绝不是简单复古,也不是盲目排外,而是古为今用、洋为中用,辩证取舍、推陈出新,摒弃消极因素,继承积极思想,'以古人之规矩,开自己之生面',实现中华文化的创造性转化和创新性发展。"(《在文艺工作座谈会上的讲话》)短短几句话充满了哲理和智慧。我想这正是我们未来5年发展的指南。

一是要进一步加强理论和学术研究。理论是先导,有什么样的思想,就有什么样的行动。在加强世界遗产及古建筑保护事业的研究方面,要突出热点、难点,拓展思路,更新方法,跳出遗产看遗产,深入实际下功夫,挖深井,取甘泉,研究出一批有思想深度、理论高度、实践价值的学术论文,对本行业起到思想引领的作用。

二是要进一步加强各方面合作与交流。社会团体是政府与社会、行业合作交流的最佳平台之一,我们要继续发挥这方面的优势,认真承接好政府委托、购买的项目,切实加强与亚太世遗中心各分支机构之间的联系与合作,不断深化行业、学校、企事业单位的互动与合作,通过深化合作与交流,使古建联盟成为具有一定专业水平的交流平台。

三是要进一步加强品牌效应和服务水平。亚太世遗中心是一个具有国际影响力的金字招牌,联盟要充分运用好这个品牌,通过品牌运作,不断扩大其功能,为社会提供有品牌价值的特色服务。在这方面,我们既要坚持世界遗产原真性、完整性原则,又要注重活态保护，要注重从狭义的“世界遗产”概念中跳出来，走“世界遗产+”（如世界遗产与文化、教育、科技、旅游深度融合）之路，扩大品牌效应。还要在历史城市、街区的保护、规划、修缮、利用、建设、监测上，在非物质遗产保护上，在新农村建设和乡村振兴上，在工匠精神传承和发展上，在新技术、新成果研究和转化上，也可通过品牌运作来提高综合服务水平。

四是要进一步加强人才培训和世界遗产教育。人才已经成为未来发展的核心竞争力，联盟和研究会要继续配合亚太地区世界遗产苏州中心做好古建筑修复技术高级人才培训、古建筑工匠培训、青少年世界遗产教育等，为行业提供各类优质人才。

千里之路，始于足下，让我们携手共进！

（《世界遗产与古建筑》2018年第2期）

乡村振兴的新担当

本期编发的两篇文稿，一是关于重视申报农业全球重要文化遗产的建议，二是关于乡村振兴大背景下乡村遗产保护传承利用的研究报告。两篇文稿关注的是同一个主题，即乡村振兴和乡村文化遗产的保护。

我们已经走进了新时代。对于走在中国改革开放和现代化建设前沿的苏南地区，乡村振兴大背景下乡村遗产的保护、传承和利用显得格外重要。

改革开放40年来，中国社会经济发展发生了翻天覆地的变化。一方面，全球化、国际化、一体化趋势势不可挡；另一方面，走工业化、现代化、城市化、城乡一体化、新型城镇化的发展路子也势不可挡，成为践行中国特色社会主义理论的鲜明特征。党的十九大高瞻远瞩，提出了乡村振兴战略，习近平总书记指出，乡村振兴战略是新时代“三农”工作的总抓手。事关决胜全面建成小康社会和全面建设社会主义现代化强国全局。

乡村振兴与乡村遗产的保护、传承和利用息息相关，须臾不可分离。

乡村是社会结构中最基础、最具特色、最为广袤的区域、空间和阶层。乡村振兴了才算国家振兴。而散落在乡村田间的文化和自然遗产，既是文化和自然遗产大家族中不可分割的组成部分，又是中华民族优秀文化的组成部分，也是实施乡村振兴战略中不容忽视的问题。以农耕开国、饱受沧桑、历经变革，直至民族复兴、改革开放和现代化建设，我国至今仍保留着世界上最有价值的乡村遗产，这是中华民族的骄傲。

▶ 散落在乡村田间的文化和自然遗产，既是文化和自然遗产大家族中不可分割的组成部分，又是中华民族优秀文化的组成部分，也是实施乡村振兴战略中不容忽视的问题。

但是，应该看到，随着城市现代化的快速推进，这为遗产保护提供了现实的物质基础，但又不可避免对遗产保护带来了某些伤害，包括建设性破坏或破坏性建设，乡村遗产的毁坏严重，包括一部分很有特色的自然村落已经或即将消亡，一部分老旧建筑濒临倒塌，一部分物质与非物质文化遗产遭受生存环境威胁，等等。这些都迫切需要全社会继续重视和关注。亡羊必须补牢。经济可以振兴，文化遗产却无法重建。

所谓乡村文化遗产，既包括经相关国际组织审核批准设立的列入名录的项目，也泛指存在于城市建成区以外的一切文化和自然遗产的总称。如，各级文保项目；如，反映传统乡村风貌特征的空间形态、建筑结构、文化肌理、生活习俗，包括自然村落、民居建筑、河流、湿地、桥梁、湖荡、植被、水利灌溉设施、生产生活设施等物态形式以及有代表性和典型意义的乡村生活场景、种类及类型，耕作技艺，民间手工艺，民间风俗，语言，重要节气习俗，等等。

保护、传承、利用乡村文化遗产，是实施乡村振兴战略的新担当，是助推乡村振兴战略的新引擎。乡村振兴战略是解决我国社会主要矛盾的关键，乡村振兴不仅体现在物质层面，也体现在包括文化遗产保护等在内的精神层面。对曾经生养孕育人类的乡村，对先人和大自然留下的宝贵的精神和物质财富，我们要保持一颗敬畏和崇敬之心。通过回望历史、体验乡情、发现农耕智慧、保护文化传承，在重拾乡土传统中激发文化自信、提供精神滋养。乡村和乡村遗产，在城市现代化进程加快、城乡融合、城乡互动的视域下，更体现在农业生产、发展乡村旅游、创新乡村经济业态、优化乡

▶ 保护、传承、利用乡村文化遗产，是实施乡村振兴战略的新担当，是助推乡村振兴战略的新引擎。

▶ 对曾经生养孕育人类的乡村，对先人和大自然留下的宝贵的精神和物质财富，我们要保持一颗敬畏和崇敬之心。

村环境整治、拓展乡村发展实践过程中，扮演了不可替代的重要角色，是增强城乡人民群众对乡村振兴战略获得实惠、呼应城乡人民群众追求美好生活、新期待的重要抓手，在人类历史发展进程中承载着重要的历史使命。

乡村振兴大背景下乡村遗产的保护、传承和利用，必须走出一条可持续发展的路子。从苏州实际看，一是要以“系统性思维、规律性把握”的要求，把乡村遗产保护纳入实施乡村振兴战略的总体布局。二是要坚持保护性开发和开发性保护的有机结合，走出“不开发死路一条”“搞开发一条死路”的误区，遵循市场规律和遗产保护规律，大胆创新，精准发力。三是要以建设“特色田园乡村”为有效抓手，以点带面，分类指导，全域结果。四是要以积极申报全球重要农业文化遗产、世界灌溉工程遗产项目为机遇，实现乡村遗产保护的新突破。五是要加快破解影响古建筑、传统民居保护抢救、修复、利用的瓶颈障碍，既要“锦上添花”，更要“雪中送炭”，以真措施谋求真落实。

（《世界遗产与古建筑》2018年第3期）

历史文化名城的新名片

1982 年，国务院公布了第一批 24 座历史文化名城，苏州名列其中，苏州人既激动又羞涩。激动是因为这个荣誉含金量很高，羞涩是因为还有许多事不如人意，压力山大。

弹指一挥间，至 2018 年 5 月，国家历史文化名城已公布 6 批，总计达到 134 座。在江苏，除了连云港、盐城、宿迁，其他市均名列其中。苏州人颇有点不以为意，所谓历史文化名城，好像含金量已经稀释了。这些年，苏州各种各样的荣誉称号、品牌名片更是漫天飞舞，不胜枚举，让人眼花缭乱、见多不喜。

不过，有一个桂冠，让一些热爱苏州的人们感到肃然起敬，似乎挺起了胸膛。

2018 年 11 月 1 日，世界遗产城市组织（OWHC）第 3 届亚太区大会授予苏州“世界遗产典范城市”称号，苏州成为全国首个获此殊荣的城市。人们有理由为之振奋，也有必要掂量掂量其中的分量。

▶ 有一个桂冠，让一些热爱苏州的人们感到肃然起敬，似乎挺起了胸膛。

2018 年 11 月 1 日，世界遗产城市组织（OWHC）第 3 届亚太区大会授予苏州“世界遗产典范城市”称号。

这是何等亮丽和厚重的品牌。什么是世界遗产城市？通俗地说，就是世界级的历史文化名城，在国际上，入选世界遗产城市组织的城市已达 332 座，其中不乏巴黎、柏林、罗马、威尼斯、维也纳、莫斯科、京都等耳熟能详的国际著名城市。什么是典范？当然是指样本和范例。

应该指出，世界遗产城市组织说不上是重量级的国际组织，但它一定是在世界遗产城市的认定、保护、可持续发展等方面具有重要话语权的组织。长期以来，国人对世界遗产城市知之甚少。2004 年 6 月，在苏州召开的第 28 届世界遗产会议，为苏州人打开了一扇观察和关注世界遗产的窗，大大改变了苏州人对世界遗产的认识，这是世界遗产大会第一次落户中国，也是新中国成立以来我国承办的规模最大、规格最高的联合国教科文组织会议，有 100 多个国家 600 多名代表参加。从此，发掘、发挥世界遗产所蕴含的巨大价值，致力于服务提升城市功能与气质，优化苏州新的城市品牌影响力，成为苏州人新的使命。

目前，苏州的遗产门类已遍及以苏州古典园林、中国大运河苏州点段为代表的物质文化遗产，以昆曲、古琴、宋锦、缂丝、端午节习俗、香山帮营造技艺为代表的非物质文化遗产，以现代中国苏州丝绸样本档案为代表的世界记忆遗产。苏州还被联合国教科文组织授予“民间手工艺之都”称号，以及正在推进江南水乡古镇、海上丝绸之路和全球重要农业文化遗产申遗工作。更为可喜的是，14.2 平方公里的古城核心区，约 80% 的面积成为世界遗产区，联合国教科文组织世界遗产中心主任班德兰先生曾评价说：“苏州对世界遗产的保护为其他国家和地区树立了典范。”

▶ 更为可喜的是，14.2 平方公里的古城核心区，约 80% 的面积成为世界遗产区，联合国教科文组织世界遗产中心主任班德兰先生曾评价说：“苏州对世界遗产的保护为其他国家和地区树立了典范。”

基于上述认识和苏州实践，2016 年 4 月，我们撰写了《以世界文化遗产城市为核心品牌，整合苏州城市文化名片资源》的建议，市委书记周乃翔、市长曲福田均作了重要批示；2017 年，市委研究室又专题调研，撰写了《以打造“世界遗产城市”为抓手，推动世界文化名城建设的研究与建议》，市长李亚平又作了重要批示。其间，市文广新局雷厉风行抓落实，并派员赴韩国庆州市出席世界遗产城市组织第二次亚太区大会和第 14 届世界遗产城市组织大会，让世界进一步了解苏州，让苏州进一步走向世界。一步，一步，如今，已经从期待走向现实。

市委、市政府提出了“勇当两个标杆、建设四个名城”的战略

葑门塘和红板桥

目标，其中之一就是建设古今辉映的历史文化名城，这是苏州持续发展的“魂”和“根”。

“世界遗产典范城市”，对于苏州来说，无疑还有较大的差距，但肯定是一个崭新的起点，任重而道远。千头万绪，当前起码要做好三件事。其一，要有强烈的文化自信，统一认识，形成共识，以全球化的视野、国际化的标准、中国特有魅力的水准，充分发现发掘、张扬提升苏州作为“世界遗产典范城市”的品牌价值和国际影响力，使之真正成为凝聚苏州发展的不竭动力。其二，要有永无止境的奋斗精神，“典范”既是对过去的充分肯定，也是对当代发展的鞭策，奋斗永远在路上，要坚持与时俱进，创造苏州经验，制定苏州标准，形成苏州范例，积极发挥引领作用。其三，要脚踏实地，重在落实，强化资源整合、利用手段，凝心聚力，分解责任到位，典型引路，破解短板，攻坚克难，高品质地做好当下每一件事，让“世界遗产典范城市”这一品牌熠熠生辉。让我们携手努力！

▶ “典范”既是对过去的充分肯定，也是对当代发展的鞭策，奋斗永远在路上，要坚持与时俱进，创造苏州经验，制定苏州标准，形成苏州范例，积极发挥引领作用。要脚踏实地，重在落实，高品质地做好当下每一件事，让“典范城市”这一品牌熠熠生辉。

（《世界遗产与古建筑》2018年第4期）

再说传承与传播

世界遗产与古建筑的保护，需要传承，也需要传播。

传承是为了保护，传播是为了更大面积、更深远意义的保护。

这是一个老话题，也是一个新课题。

近期，一则新闻引起了我浓厚的兴趣：故宫被“网红”了。

有着600年历史的故宫，在人们脑海中一向是高冷、严肃、庄重的形象，遥不可及，可敬不可亲。而随着互联网时代的到来，故宫由内而外开始鲜活起来：先是《故宫》《故宫100》《我在故宫修文物》等一批纪录大片问世，随后，《国家宝藏》《上新了故宫》《开讲啦·故宫》等一批节目精美亮相，不仅揭开了故宫神秘的面纱，也让故宫变得亲切、让受众广为满足。更厉害的是，据称，2017年，故宫的文创产品突破15亿元；2018年，6款国宝色口红及“故宫美人面膜”引发市场哄抢；2019年，从“故宫里过大年”到“故宫下大雪”，火爆了“朋友圈”，让电商赚足了流量，也引发了人们用更高的热情、更多的方式欣赏故宫、回味故宫、关注故宫、尊敬故宫。

由此，我联想到传播的力量和魅力。故宫被“网红”，很大程度是科学而强大的传播力所具有的溢出效应的体现。多年来，我们致力于关于世界遗产和古建筑的保护利用，从口头呼吁、深度调研、寻访范例到突破短板、助推人才培训、举行专题论坛，等等。很投入，很辛苦，成绩斐然，这些工作，积小胜为大胜，贵在聚沙成塔，

▶ 世界遗产与古建筑的保护，需要传承，也需要传播。

传承是为了保护，传播是为了更大面积、更深远意义的保护。

值得鼓励，但我们常常为难以引起有效的连锁反应和“蝴蝶效应”而烦恼。宣扬者、守护者、旁观者、评论者，各行其道。中国世界遗产之多，门类之丰富，价值之厚重，抢救、保护、利用任务之紧迫，情况之复杂，让文化遗产的保护经不起折腾，容不得马虎。没有全社会的广泛热爱、参与、合力，没有全方位的措施予以保证，文化遗产的整体保护传承难成气候。

▶ 一些现象值得重视：当今职业技术人才青黄不接、后继乏人，一些优秀的技艺无力传承，行将失传；一些可行的法规政策，被束之高阁、藏在橱柜；一些成功的、成熟的经验、做法、案例，成为散落在民间的一朵朵“鲜花”和“盆景”；一些充满前瞻性、具有远见卓识的理念、主张，常常成为多种论坛、会议上小众的高谈阔论的精神食粮。

一些现象值得重视：当今职业技术人才青黄不接、后继乏人，一些优秀的技艺无力传承，行将失传；一些可行的法规政策，被束之高阁、藏在橱柜，既未入耳入脑，更难以落地落实；一些成功的、成熟的经验、做法、案例，成为散落在民间的一朵朵“鲜花”和“盆景”，赞美有余，践行不足；一些充满前瞻性、具有远见卓识的理念、主张，常常成为多种论坛、会议上小众的高谈阔论的精神食粮；等等。很显然，不注重传播，或传播手段单一、传播渠道不畅通，是重要的原因。

思想是行动的先导。任何事物，乃至事业，只有明白了其中的意义，读懂了其中的价值，才能激发出无穷的动力。我们需要“关键的少数者”的担当，我们也需要社会各界的“普遍”觉醒，其中，传承与传播力扮演了不可或缺的角色。习近平总书记多次指出，要像爱惜自己的生命一样，像爱护自己的眼睛一样，保护好历史文化遗产。改革开放以来，遗产保护事业得到了党和国家的高度重视，我国先后加入了《佛罗伦萨宪章》《保护世界自然和文化遗产公约》等一系列具有跨时代意义的国际公约。与此同时，我们又制定了一系列具体的法规、规范、制度和措施。全国各个地区、多个领域也出现了一些成功的、成熟的案例。但应该看到，文化遗产保护的现状与它应当释放的能量，还有相当的距离，应加大对其保护、传承、利用的传播力度，奋斗永远在路上。

实践证明，强化传播世界遗产保护、传承、利用的理念，形成共识，从而推广、借鉴、创新、运用到各个领域、各个层面，为建设富强、民主、文明、和谐的中国特色社会主义伟大实践服务，是时代赋予我们的使命。我们要从狭隘的传播观中解放出来，借助于传统的新闻媒体是一种传播，用好、用活新型媒体和其他文化手段，也是一种传播，勇敢地探索和创新理念、思路和机制，大面积地发现、发掘范例，多种形式总结、宣传、推广成功经验还是一种传播。

正是出于上述考虑，本次联盟暨研究会召开年会时，在总结部署工作的同时，以现场为典例，以"传承与传播"为主题，广泛议论，畅所欲言，并辅以新媒体与传统媒体强化传播力，其目的是进一步提升文化遗产保护的广度、深度和影响力。

（《世界遗产与古建筑》2019年第1期）

▶ 要从狭隘的传播观中解放出来，借助于传统的新闻媒体是一种传播，用好、用活新型媒体和其他文化手段，也是一种传播，勇敢地探索和创新理念、思路和机制，大面积地发现、发掘范例，多种形式总结、宣传、推广成功经验还是一种传播。

守护传统文化　彰显当代价值

4月份，是联盟与研究会忙碌而充实的日子：

4月16日，亚太世遗中心古建保护联盟会同苏州百年老校协会实地考察了常熟唯一仍在原址办学的“百年老校”——石梅小学，两代帝师翁同龢当年读书的游文书院是她的前身。

4月18日，国际古迹遗址日，联盟携手北京大学考古文博学院、文旅融合专委会等共同举行了名为“乡村遗产保护与文化延续”的主题沙龙。同日，我们还出席了由苏州风景园林投资发展集团有限公司启动的“香山帮”传统建筑营造技艺国家级非遗传承人的收徒仪式，联盟被集团公司聘为顾问单位。

4月22日，联盟以“湖州太湖溇港入选世界灌溉工程遗产对我们的启迪”为题，又召集部分专家赴吴江与当地领导就苏州塘浦圩田申报世界灌溉工程遗产的可行性进行了恳谈，并考察了相关现场。

4月23日，是世界阅读日，由联盟副主席单位——江苏远见集团策划建设运营的具有浓厚知识产业特征，以传统文化背景为源头，以优化文化产品供给和文旅深度融合为导向的“知旅街区”在常熟古里镇铁琴铜剑楼广场隆重试运营。这个月的活动，都有一个共同的关键词：传承。

▶ 中华文明经历了5000多年历史变迁，但始终一脉相承，积淀着中华民族最深层次的精神追求，代表着中华民族独特的精神标识，为中华民族生生不息、发展壮大提供了丰厚滋养。

中华文明经历了5000多年历史变迁，但始终一脉相承，积淀着中华民族最深层次的精神追求，代表着中华民族独特的精神标识，为中华民族生生不息、发展壮大提供了丰厚滋养。传承是一种古老的中国精神，传承也是伟大的时代使命。优秀的传统、灿烂的文化、精湛的记忆等等，无一不是在孜孜不倦的传承中延续、创新、发扬光大的。习近平总书记在畅谈传承与创新的关系时多次强调，优秀传统文化是中华民族的精神命脉，是最深厚的文化软实力。要把传承和弘扬中华优秀传统文化提升到中国的发展特色和发展道路，提升到增强文化自信和道德自信的层面，并强调，善于继承才能善于创新，在继承中创新，在创新中发展。

▶ 习近平总书记多次强调，优秀传统文化是中华民族的精神命脉，是最深厚的文化软实力。要把传承和弘扬中华优秀传统文化提升到中国的发展特色和发展道路，提升到增强文化自信和道德自信的层面，并强调，善于继承才能善于创新，在继承中创新，在创新中发展。

当今世界，从互联网时代到人工智能时代，社会开放、信息爆炸、科技进步，人们的需求呈现多元化、多样性。在这种大背景下，优秀传统的传承与发展无疑受到了前所未有的挑战。由此，唤醒弥足珍贵的文化记忆，收藏不可多得的文化碎片，发掘根植深厚的文化基因，尊重和守护源流绵延的文化传统，创造与创新喜闻乐见的现代文化语境和内容等等，显得特别重要。

常熟古里“知识旅游街区”的问世，堪称一种典范。

古里是中国历史文化名镇，因拥有清朝四大藏书楼之首的铁琴铜剑楼而闻名遐迩，不过，名气虽大，但始终是可敬不可亲，一副“曲高和寡”的形象。

在这个春天，我们在古里遇见了一种以知识的名义进行传承创新的方式。在不大的街区空间，原来的古里徽州会馆成为新古里艺术中心；北京大学考古文博学院·源流运动线下艺术展览空间长久落地；世界遗产青少年研学基地挂牌；护佑地方文风昌盛的文昌阁化身“大家书房”；后报亭时代和新媒体时代无缝对接成媒介资讯便利店。这里，还引入有旅行概念集成书店初见书房；有每一座城市的文化密码入口之称的初见阅酒店；有名曰UTALK的开放式空间，可长期举办沙龙、讲座、读书会等各种活动。这里，明堂美术馆和酒店结合，有了以中国美学生活为主题的微型艺术综合体，住在美术馆成了小镇新物种。在这里，知识是可以“吃”的，INK墨水餐厅答题打折用餐。这里有以俳句为IP的文学主题创意轻食料理春雨与渡船。在这里，不大的街区竟有5家书店。初见书房携手人民日报社打造的“未来大记者”研学计划正在招募中。这里，终将成为全国几十家知名出版、图书品牌策划机构共同打造的知识小镇。

从4月23日世界阅读日起，试运行后的一个月，这里已经举办了18场活动，有来自全国各地的名师名家，有热捧和参与的当地社区居民，活动现场人气高涨，正佐证了这样一种多元化、复合态的阅读场景，契合了人民群众对日益美好生活的向往。可以预见，文旅融合为日益释放名城名镇的生命活力提供了可能。被知识赋能的小镇，227岁的铁琴铜剑楼因此重生。

▶ 时代需要进一步唤起传承精神，时代也需要创新传承的方式，从而最大限度地彰显时代价值。这也是世界遗产和文化旅游发展未来需要更多深入研究和践行新课题。

时代需要进一步唤起传承精神，时代也需要创新传承的方式，从而最大限度地彰显时代价值。这也是世界遗产和文化旅游发展未来需要更多深入研究和践行的新课题。

（《世界遗产与古建筑》2019年第2期）

良渚申遗成功对我们的启示

2019 年 7 月 6 日，随着“良渚古城遗址”成功列入《世界遗产名录》，这个被誉为“中华 5000 年文明史的圣地”，一夜之间被世人知晓。

良渚隶属于杭州市。随着良渚入遗，杭州也为自己这座城市所拥有的这个新的文化丰碑而倍受人们的尊敬。

自 2011 年杭州西湖正式列入《世界遗产名录》以来，2012 年，杭州加入联合国教科文组织全球创意城市网络，成为“民间与手工艺之都”（比苏州早了 4 年）；2014 年，中国大运河（杭州段）正式列入《世界遗产名录》，点段达 11 处之多（比苏州多 4 处）；今年申遗成功的“良渚古城遗址”，是 8 年来杭州第三个世界遗产项目。

“杭州现象”不是偶然的。这是高起点打造文化品牌，提升城市软实力，推动城市创新驱动，全面升级的战略性举措。

▶“杭州现象”不是偶然的。这是高起点打造文化品牌，提升城市软实力，推动城市创新驱动，全面升级的战略性举措。

苏州与杭州，在城市赋能上有诸多不可比因素。杭州是浙江省省会，是全省的政治、经济、文化中心；苏州是个地级市，素有大上海的“后花园”之称，乘改革开放的东风，苏州的发展“一发不可收”，先是在市域内崛起“六只虎”，又诞生了苏州工业园区、高新区等一批国家级经济技术开发区，苏州俨然成了“大城市”，成了在全国具有重要影响力的经济重镇。

但万变不离其宗。苏州与杭州同属国家历史文化名城和重点风景旅游城市。历史上的苏杭，难分伯仲。古人言，上有天堂、下有苏杭。两地同称“丝绸之府、鱼米之乡、工艺之都”,在经济类型、文化形态、地理地貌、城乡空间布局等方面,各有千秋,互具特色,也有着惊人的相似之处。但不谦虚地说,在某些方面,杭州与苏州相比,还并不占优势。

比如,苏州历史文化遗产底蕴之深厚、门类之繁多,为世人认同;苏州与联合国教科文组织结缘较早,也有口皆碑。早在20世纪的90年代,苏州就开始“申遗”。1997年,苏州的拙政园、留园、网师园和环秀山庄等4个古典园林,被列入世界文化遗产名录。2004年,苏州又有沧浪亭等5个古典园林作为扩展项目列入名录。2011年以后的几年内,苏州进而有昆曲、古琴、宋锦、缂丝、苏州端午习俗、苏州香山帮营造技艺等被列入世界级非物质文化遗产名录。2004年,苏州通过积极争取,国家首次在地级城市承办第28届世界遗产大会,由此,在苏州刮起了一股世界遗产“旋风”。

然而,当我们还沉浸在那些喜悦场景时刻,杭州已蓄势待发,向新时代的遗产保护利用有规划地、有系统地扎实推进。

2009年,杭州国际城市学研究中心宣告成立。由浙江省委原常委、杭州市委原书记王国平担任理事长,该中心涉及遗产研究方面的领域包括西湖学、西溪学、运河(运道)学、钱塘江学、良渚学、南宋学等,从而为科学决策提供了强力的智力支持。

▶ 世界遗产是一块试金石,什么是世界遗产?要不要保护利用?如何保护利用?不同的世界观、价值观,不同的历史观、文化观、发展观,不同的领导力、执行力,会产生出不同的理念、思路和行动。

良渚申遗成功,给我们提供了许多启示。第一,世界遗产是一块试金石。什么是世界遗产?要不要保护利用?如何保护利用?不同的世界观、价值观,不同的历史观、文化观、发展观,不同的领导力、执行力,会产生出不同的理念、思路和行动。在教科文组织和遗产委员会看来,世界遗产是人类罕见的无法替代的财富,具有全人类公认的突出意义和普遍价值。只有知晓和读懂世界遗产,才会以一种仰望的心态,带着感情,以不同方式,倾尽全力,给予保护利用。在有些人眼里,所谓遗产,不过是与众不同的“老物件”,

网师园

一些文物、旧街、老宅、古建筑、景观等等而已，身在宝中不识宝。尤其对那些保护成本高、难度大的遗产和遗产地，还有些“弃之可惜，留之无味”的碍事之感，有点“多一事不如少一事”“踩着西瓜皮，滑到哪里是哪里”的心态。

第二，与任何事物同理，“天上不会掉馅饼”，美好愿景都是脚踏实地奋斗出来的。以“良渚古城遗址”为例，不少苏州学者曾认为，列入遗产名录是件不可能的事。要说良渚文化，苏州地区才是发祥地，才是中心。早在20世纪50年代至70年代，在苏州各县的昆山赵陵村，常熟罗墩村、莫城、尚湖，吴县唯亭草鞋山等地都陆续发现了一批良渚文化遗址，出土了大量玉器、玉镯、饰品等墓葬文物。“良渚”入遗，既是一个惊喜，又是一个奇迹。事实证明，没有高屋建瓴、深谋远虑的战略思维，没有尊重科学、敢于担当的使命感，没有埋头苦干、锲而不舍的忘我精神，没有各个方面通力合作、相向而行的态度，其结果只能是纸上谈兵，坐而论道。

▶ 事实证明，没有高屋建瓴、深谋远虑的战略思维，没有尊重科学、敢于担当的使命感，没有埋头苦干、锲而不舍的忘我精神，没有各个方面通力合作、相向而行的态度，其结果只能是纸上谈兵，坐而论道。

第三，遗产保护利用、传承创新优秀文化传统是一个系统工程。申遗仅仅是开始，只是保护利用的路径之一，全局性持续保护利用才是最终目的。从杭州西湖申遗，到中国大运河（杭州段）申遗，到良渚申遗，对杭州来说，仅仅是破题，他们正在筑梦的还有“西溪湿地”“钱塘江”“南宋遗址”的保护利用等等，从而构建重量级的、系列化的、含金量极高的城市文化名片，建设“东方品质之城”，升华城市能级。人们常说，城市是形，文化是魂。我们正在建设“四个名城”，遗产保护和文化建设，使命光荣、责任重大，必须确立大思路，形成大目标，形成大力度，围绕大品牌，在区域内整合资源，改变“多、散、小、乱”的文化品牌林立的现象，形成聚焦效应。

（《世界遗产与古建筑》2019 年第 3 期）

研究典范　典范研究

联盟暨研究会联合有关部门撰写的调研报告，市领导连续数次作出重要批示，一时间，同仁们倍感振奋，对日后多出优秀咨询研究成果、争创优秀社会组织增强了文化自信。

对此，有人建议，联盟暨研究会既然已汇集了一群以关注呵护文化遗产为己任、具有较强研究能力和咨政建言水平的专家、学者及企业家，何不趁热打铁，申报进入正在建设中的市级“新型智库体系”？他们还商定了库号，名曰“典范智库”，以及智库的宗旨：研究典范、典范研究。

热度仅维持了半天，便知难而退。对照文件规定，进入新型智库体系，条件似乎有点“短斤缺两”，像我们这类以发挥余热、追求公益、不图功利为特征的人才群落，只能算是编外的一支“轻骑兵”“游击队”，不是“主力军”“正规军”。我们的初衷是“添砖加瓦”“锦上添花”“尽其所能”，“入库”不必勉强。但这也给我们提供了重要启示，即“研究典范 ”“典范研究”，应当成为研究会今后遴选课题研究的基调。

所谓“研究典范”，讲的是研究对象。苏州是世界遗产城市组织第 3 届亚太区大会评为的世界遗产典范城市，建设什么样的苏州和怎样建设苏州，是一个大课题。研究典范，就是研究苏州，就是研究苏州的世界遗产，博大精深，仰之弥高，钻之弥坚。多年来，我们围绕苏州和世界遗产这个主题，聚力关注和研究古城、古镇、

▶ 研究典范，就是研究苏州，就是研究苏州的世界遗产，博大精深，仰之弥高，钻之弥坚。

古村落的保护、修复、更新、利用，以及古建筑营造修复技艺人才的培养，乡村振兴大背景下文化遗产的保护利用，世界遗产城市品牌的整合，世界遗产苏州园林品牌研究，世界遗产与文化旅游深度融合，青少年世界遗产教育，传统建筑营造技艺现代师徒传承方式及标准等问题。其中多数研究成果为领导决策提供了咨询服务，有些还获评省、市的优秀社科研究成果。尽管我们的努力非常有限，但很有意义，很有幸福感，很有成就感。

▶ 典范研究，指的是一种高质量研究的导向和态度。发现典范、学习典范、推广典范，是研究者的一种使命和责任。

所谓“典范研究”，指的是一种高质量研究的导向和态度。善于在事物发展过程中，发现、扶育处于萌芽状态的新生事物，善于总结和梳理典型与范例的基本实践、基本经验和时代价值，善于洞察某些影响当代甚至未来的社会或其他问题。每个人、每个组织、每个机构都在一定的社会关系中生活，发现典范、学习典范、推广典范，是研究者的一种使命和责任。研究典范常常可起到“解剖麻雀”、以小及大、小中见大，制定典范准则，提炼典范经验，形成典范榜样，产生连锁反应，最大限度地释放研究成果的作用。

▶ 典范研究是文化自信，是创新研究，是方法的求索，关键是成果的指导性、可操作性。

典范研究是文化自信。它反映了新时代思考研究问题所应当具备的历史观、时空观和价值观，应当具有的战略视野、开放意识、创新思维，从更高、更深、更远、更宽的角度着眼和审视事物，引领社会进步和发展方向。

典范研究是创新研究。常常选取具有典范意义的人与事，结合政策解读、实地调查和数据分析等多种角度，说明现状，提出不足，总结归纳，举一反三地实地论证，发现通向成功的路径并通过推动分类指导和不断创新，实现典范辐射效应。

典范研究是方法的求索。反映了掌握知识和运用知识的能力，常常用文献分析法、跨学科研究法、案例分析法、座谈研讨法、实地调查法等多种方法，交替综合运用、深度融合，真正掌握打开研究大门的一把把钥匙。

典范研究的关键是成果的指导性、可操作性。实践是检验真理的唯一标准。作为以老同志、老专家为主体的研究会的成员，我们固然在研究方向上有错位优势，在人生阅历上有经验优势，在研究和实践上有能力优势，在价值取向上有政治优势，但研究会毕竟不是专门的智库研究机构，我们也不是专门的咨询研究成员，我们怀揣的是一颗颗忠诚勤勉之心，要以习近平新时代中国特色社会主义思想为指导，定好方向，摆正位置，知己之明、扬己之长，求实务实、与时俱进，多做对社会有益的、个人擅长和喜欢的事，为推动国家治理体系和治理能力现代化，为建设我们美好的家园贡献微薄之力。

（《世界遗产与古建筑》2019 年第 4 期）

重温建会初心　坚持发展理念

2020年，是不平凡的一年。新年之际，我们经受了一场抗击新冠肺炎疫情的人民战争，胜利在望；2020年，又是我国全面建成小康社会，完成"十三五"规划的收官之年。面对新的挑战，联盟与研究会快速回归秩序、提振精神，调整到最佳的工作状态，朝着建会初心和目标，"撸起袖子加油干"，再出发，每个人重任在肩。

自2012年5月联盟揭牌，8月研究会得到批复，同年12月26日联盟暨研究会召开成立大会。8年来，我们砥砺前行，成果丰硕。但随着外部环境和内部结构的变化，有的成员难免在思想上、行动上发生一些变化，甚至出现一点波动。从内部情况看，队伍人员自然老化，知识结构退化，进取性、创新精神下降等，对高质量发展还是有一些影响的；从外部情况看，社会生态、人事变动、协力缺失，一些同志对世界遗产在认识、理念、思路上也产生了一些碰撞。在这种情况下，能否坚持建会时那份初心，这对于联盟可持续发展显得格外重要。有必要回顾一下初心，梳理一下我们走过的历程，努力解决从哪来、到何处去、为什么成立、成立后干什么、哪些该发扬光大、哪些该补短补缺等问题。

▶ 能否坚持建会时那份初心，这对于联盟可持续发展显得格外重要。有必要回顾一下初心，梳理一下我们走过的历程，努力解决从哪来、到何处去、为什么成立、成立后干什么、哪些该发扬光大、哪些该补短补缺等问题。

联盟成立时，我们曾开宗明义，强调指出："亚太地区世界遗产培训与研究中心落地苏州。这是国际组织对苏州世界遗产保护事业的充分认可，也是国际组织对苏州寄予的厚重而意义深远的希望。而对苏州来说,这是一个新的机遇,因为,一个城市国际化程度高不高,是否有国际机构的入驻是重要标志之一。联合国教科文组织的二类国际机构落地苏州,无疑是这个城市的一笔无形资产、一块金字招牌。”“充分利用联合国教科文组织的国际影响力,结合苏州在历史文化保护,特别是古城、古建筑、古典园林保护方面的成果,汇聚各方面的人才和技术优势。通过总结提炼苏州经验,形成标准和规范,为全国、亚太地区乃至世界所共享,同时也通过国际机构这个平台的不断交流,不断吸收国内外的经验,为人类的文化遗产保护事业不断做出贡献。”

我想,这大概就是我们的初心,也是联盟暨研究会广大同仁的心声,这就是我们常说的志同道合。联盟存在一天,我们就要坚持一天,倾心倾力一天,不辱使命。这不仅是对事业所为,也是我们这个群体每一位成员的职责所在。

联盟暨研究会成立以后,我们曾提出了一系列理念,包括指导思想、工作方针等。几年来的实践证明,这些想法、做法总体上是正确的,应当一以贯之、予以坚持。比如:

一个品牌,两个“扇面”:品牌就是联合国教科文组织、国际二类机构,我们就是要打国际品牌,这是“金字招牌”。两个扇面表示一手抓面向国际,坚持国际化,具有国际眼光、强化国际理念,面向亚太地区;一手抓立足苏州,努力做好苏州的事业,为世界遗产保护和利用提供苏州经验、苏州成果。

8 字方针:即联盟暨研究会是中心职能的“延伸、丰富、完善、创新”。

16 字精神:即“追求创新、务实推进、积极而为、彰显特色”。

两个“+”、三个“多”:两个“+”,即“世界遗产+”“秘书处+专委会”。三个“多”即多做添砖加瓦的事,多做锦上添花的事,多做有利于提升中心品牌影响力的事。

▶ 重温建会初心，坚持发展理念，新时期要有新作为，各项工作要上新水平，这是我们的新期盼。

重温建会初心，坚持发展理念，新时期要有新作为，各项工作要上新水平，这是我们的新期盼。

（《世界遗产与古建筑》2020年第1期）

为世界遗产事业新目标再出发

今年4月，正值新冠肺炎疫情转向初步控制之际，联盟暨研究会先后召开了“后新冠疫情时期世界遗产与古建筑保护的新认识”“后新冠疫情时期世界遗产与文旅发展的新认识”“后新冠疫情时期的青少年遗产教育”等三个主题座谈会，旨在为疫情之后迅速回归常态，理清思路、强势发力、重整旗鼓，为实现世界遗产事业新目标再出发。

我们深切地感到，突如其来的新冠肺炎疫情，不仅给世界经济和社会运行带来了严重冲击，对世界遗产的保护和利用也带来了前所未有的新情况、新问题、新趋势。随着新冠肺炎疫情的影响，遗产地的现场开放、体验按下了暂停键，一些遗产保护利用的重点和难点项目暂缓实施，一些人对文化遗产的敬畏之心和紧迫感发生了动摇。更为重要的是，随着新冠肺炎疫情引发的冲击，世界遗产作为当代人类文化的重要组成部分，其保护理念、利用路径、传播方式，有的亟待坚守，有的需要新的探索与创新，如何重塑形象，为促进人类确定可持续发展的价值观和人类社会的健康发展服务，这是新时代世界遗产事业必须回答的问题。

5月，习近平总书记选择到山西考察世界文化遗产大同云冈石窟，调研文化传承。他强调指出，保护好云冈石窟，不仅具有中国意义，而且具有世界意义。历史文化遗产是不可再生的、不可替代的宝贵资源，要始终把保护放在第一位。发展旅游要以保护为

▶ 习近平总书记指出，历史文化遗产是不可再生的、不可替代的宝贵资源，要始终把保护放在第一位。发展旅游要以保护为前提，不能过度商业化，让旅游成为人们感悟中华文化、增强文化自信的过程。

前提，不能过度商业化，让旅游成为人们感悟中华文化、增强文化自信的过程。这些话振聋发聩，掷地有声。

其实，习近平总书记将文化遗产作为考察调研的重要内容是一贯的，对文化遗产的重要批示和指示是系列的、系统的。而习近平总书记在特殊时期调研历史文化传承与交流，给我们传递了一个特殊信息，这就是文化遗产的背后，承载的是历史发展脉络、文化自信，彰显着文明的无穷魅力，任何时候都要清晰地感知保护她的重要性和紧迫性。

对文化遗产，苏州人民怀有深厚的情感，也在保护利用世界文化遗产的实践中真真切切地体会到了获得感。苏州之所以有资本迈向“现代国际大都市、幸福美丽新天堂”，文化和文化遗产是“护身符”。我们要像爱护自己的生命和眼睛一样，爱护文化遗产。

党的十一届三中全会以来，尤其是党的十八大以来，苏州文化遗产的软实力与经济社会发展的硬实力一样有了明显增长，文化遗产保护利用的投入明显增强、文化遗产的品牌影响力明显提升。市委领导指出，苏州不仅要做产业和创新的高地，也要做生态和文化的高地。与作为“文化高地”的苏州相比，丰厚的文化遗产显然是许多城市难以逾越的一座高峰。而要把它保护好、传播好、利用好，苏州同样要付出比其他城市更大的努力。一方面，苏州所拥有的世界遗产门类全、层次高，不仅涵盖已经被列入世界遗产名录的，包括古典园林、中国大运河、中国昆曲、古琴等在内的物质文化遗产和非物质文化遗产，还涵盖已经被列入国家申遗预备名单的江南水乡古镇、海上丝绸之路遗址等；不仅包括遍及城乡的古城、古镇、古村落、古建筑，还包括面广量大的各级文物和控制性保护单位；不仅包括文化遗产，还包括重要农业遗产、工业遗产、工程灌溉遗产、湿地遗产，还有档案记忆遗产、非物质文化遗产和民间手工业技艺。有些需要继续发现发掘，有些需要加大抢救保护力度，有些需要优化传播、推广、利用思路，有些需要在更大范围、更

虎丘

高层次体现其核心价值。另一方面，处于建设“现代国际大都市”进程中的苏州，如何坚持保护与发展、更新与利用的辩证关系，是一个永恒的课题。文化无疑是推动经济社会持续发展的不竭动力。把苏州建设好，把苏州文脉传承好，作为苏州的一员，不论是政府官员还是市民百姓，都承担着重要的历史使命。

▶ 我们必须认真践行习近平总书记文化遗产思想，要从历史文化遗产中感悟，增强文化自信，确定新目标，励志再出发，参与文化遗产的研究与交流，发现和总结文化遗产保护与利用的成功实践，讲好文化遗产的“苏州故事”，用文明和文化的力量推动苏州的可持续发展，为书写中华民族伟大复兴奉献苏州力量。

我们必须认真践行习近平总书记文化遗产思想，要从历史文化遗产中感悟，增强文化自信，确定新目标，励志再出发，参与文化遗产的研究与交流，发现和总结文化遗产保护与利用的成功实践，讲好文化遗产的“苏州故事”，用文明和文化的力量推动苏州的可持续发展，为书写中华民族伟大复兴奉献苏州力量。

（《世界遗产与古建筑》2020 年第 2 期）

文化遗产保护需要人文关怀

自2012年5月亚太世遗中心古建筑保护联盟揭牌成立以来，我们先后重点关注研究了苏州园林、苏州香山帮传统建筑营造技艺等物质与非物质世界文化遗产，关注研究了苏州古城、古镇、古建筑、古村落及传统村落的保护和利用，还关注研究了农业重要遗产、水利灌溉工程遗产的保护和利用。今年以来，我们把视角转向工业遗产的保护和利用。我们深深体会到，作为社会组织，其“助推”的力度和成效是微不足道的，之所以如此孜孜不倦地予以关注，主要是出于对文化遗产生存更新、保护利用的一种浓浓的情怀。

▶ 今年以来，我们把视角转向工业遗产的保护和利用。我们深深体会到，作为社会组织，其“助推”的力度和成效是微不足道的，之所以如此孜孜不倦地予以关注，主要是出于对文化遗产生存更新、保护利用的一种浓浓的情怀。

泱泱中华，历史悠久，文明博大，孕育滋润了我们民族的根和魂，以及我们共同生活的家园。纵观这960万平方公里的广袤大地，我们有着全球最多的文化遗产以及自然景观，还有数之不清、各种类别的其他历史文化遗产。有位资深文物专家说，我们不缺文化遗产，我们缺的是对遗产的人文关怀。

▶ 有位资深文物专家说，我们不缺文化遗产，我们缺的是对遗产的人文关怀。

改革开放以来，中国真正进入了尊重、关怀文化遗产的新阶段，保护和利用文化遗产为全社会所关注。1985年，我国正式加入《保护世界文化与自然遗产公约》的缔约国行列。1987年，中国成功申报第一批世界遗产。迄今，中国列入《世界遗产名录》总数已达55处，居世界第一。

文化遗产还是个广泛的概念，除了世界遗产，还应涵盖其他文化文物等遗存，包括社会创造的优秀的精神文化财富和大自然赐予人类的自然文化景观。保护好、传承好、利用好历史文化遗存是每一代人都不容推卸的使命和担当。

改革开放和现代化建设的快速发展，为我国文化遗产的保护利用奠定了坚实的基础，也必然遇到一些新的情况、新的矛盾、新的课题。走进新时代，习近平总书记发表了一系列关于文物和文化遗产保护利用的重要论述，作出了一系列重要指示批示，出席或见证了一系列文化遗产领域重大活动，这充分体现了以习近平同志为核心的党中央对文化遗产工作的高度重视和亲切关怀，为做好文化遗产工作指明了方向，提供了遵循的路径。前不久，习近平总书记在山西考察时，又针对文化遗产保护工作作出了重要讲话，强调指出，文化遗产是人类文明的瑰宝，要坚持保护第一，在保护的基础上研究利用好。

但毋庸置疑，文化遗产在保护的过程中，仍然存在着不平衡、不充分的现象。以物质文化遗产为例，有的亟待抢救，有的亟待保护，有的亟待利用。有些保护利用好一些，有些则差强人意；有些认为价值大、见效快的保护利用得好一些，有些认为难度大、周期长、见效慢的则缺乏热情；还有些历史文化遗存，要么对其若无其事，熟视无睹，要么任性"打扮"，以假乱真。这里，有一个重要原因，就是对文化遗产缺乏人文关怀。

▶ 孕育人文关怀之情，关键要读懂历史文化、生态自然文化遗产的人文价值，核心是一种文化观、历史观和保护观，只有读懂了，明白了其中的真谛，才能坚定文化自信，尊重文化规律，才能唤醒和养成文化自觉。应该清楚：历史给我们留下的文化遗产既是广博的，又是有限的；既是不可再生的，又是无法替代的；创新是必须的，利用是必要的，但传承保护始终是前提，是第一位的。

孕育人文关怀之情，关键要读懂历史文化、生态自然文化遗产的人文价值，核心是一种文化观、历史观和保护观，只有读懂了，明白了其中的真谛，才能坚定文化自信，尊重文化规律，才能唤醒和养成文化自觉。应该清楚：历史给我们留下的文化遗产既是广博的，又是有限的；既是不可再生的，又是无法替代的；创新是必须的，利用是必要的，但传承保护始终是前提，是第一位的。

当前，我们迫切需要关注文化遗产的生存情况，破解新难题，发现新经验，传播新理念，探索新路径，采取有效措施，尤其要从政策上、体制上，积极为文化遗产的科学保护和有效利用创造良好的社会环境。要加强文化遗产实物和资料的普查，做好发现和发掘工作，运用科学有效的激励手段，鼓励和支持各类社会机构和宣传媒体对保护工作进行积极宣传，普及科学知识，营造保护文化遗产的良好氛围。

苏州作为名副其实的世界文化遗产典范城市，对遗产的保护和利用，总体上走在全国前列。然而，在工业遗产保护利用方面还有较大的空间和值得破解的课题。作为文化遗产的重要组成部分，作为我国近代资本主义经济的萌芽地之一，作为改革开放以来我国乡镇工业的发源地，作为外向型经济和各级各类开发区的示范区之一，作为目前我国先进制造业重镇，苏州工业成长史的故事精彩诱人，苏州工业遗产的资源十分丰富，但与先进地区比，遗存状况并不理想，我们应当给予更多的人文关怀。工业遗产保护利用具有重要的文化价值，无论对于延续历史文脉，还是赋能城市更新和推动苏州的可持续发展，都具有重要意义。

▶ 苏州作为名副其实的世界文化遗产典范城市，对遗产的保护和利用，总体上走在全国前列。然而，在工业遗产保护利用方面还有较大的空间和值得破解的课题。

贯彻落实习近平总书记关于文化遗产保护的重要论述，加强文化遗产保护和人文关怀的统一，增强人民群众在文化遗产保护中的获得感，切实呼应人民群众对追求美好生活的新期待，不让文化遗产变成“文化遗憾”，以期更好地建设“现代国际大都市，美丽幸福新天堂”。

有鉴于此，本期以“工业遗产”为主题形成专辑，以期引起全社会的关注和关怀。

（《世界遗产与古建筑》2020 年第 3 期）

文化资源优势的转化与创新

▶ 著名作家陆文夫先生生前说过，不敢说苏州是全国最发达的地区，但有一点，苏州文化的综合实力在全国占有优势。文化资源优势是苏州的核心优势。

苏州是享誉中外的历史文化名城。著名作家陆文夫先生生前说过，不敢说苏州是全国最发达的地区，但有一点，苏州文化的综合实力在全国占有优势，文化门类齐全，从古到今一脉相承，只有发展，没有中断。可以说，文化资源优势是苏州的核心优势。

改革开放以来，苏州又迅速嬗变为经济强市。20世纪80年代，乡镇工业迅速在苏州异军突起；90年代，外向型经济腾飞和开发区群的崛起，使苏州成为令中外刮目相看的热土；进入新时代，"两个率先"的苏州当之无愧地成为中国特色社会主义建设的先行军和示范区；与此同时，民营经济也不甘示弱，成为苏州持续发展的生力军。一向温文尔雅、甘愿在大树底下种好"碧螺春"、作为"上海后花园"的"小苏州"，俨然位居中国制造业城市前列，成为长三角世界级城市群的核心城市。这同苏州具有底蕴丰厚的文化土壤、文化氛围，苏州人具有成熟的文化心理、文化追求，经久不衰的文化继承、文化传播，尤其是与苏州传统文化的创新性转化和创造性发展不无关联。

文化是民族的根，文化资源优势是独特的竞争优势。党的十八大以来，习近平总书记多次强调，要推动中华传统文化创新性转化和创造性发展。省委常委、市委书记许昆林最近在姑苏区文化产业和古城保护管理工作调研时也指出，要把文化资源优势转化为发展优势、产业优势，全面提升文化软实力和贡献度。

应该看到，没有优势，可以创造优势；有了优势，有可能失去优势，也可以激活、放大、转化、释放更大的价值优势。曾经，深圳被人们称为“文化沙漠”，然而，目前的深圳，被公认为“文化高地”“发展高地”，文创产业等多项指标均位居全国前列，城市文化影响力高居全国前6位。杭州与苏州在历史上齐名，“上有天堂、下有苏杭”，杭州文化资源还逊色于苏州。然而2001年起，杭州着力打造全国文化创意产业中心后，规模以上文创产业至今已达到2700多家，文创上市企业31家，永久落户杭州的国际和国家级重大文化节庆活动助长杭州人气、财气、商机，成为提升城市影响力的独特风景，杭州在文化资源的创新性转化和创造性发展的广度和深度令人刮目相看。当然，也有一些地方，捧着文化资源要饭吃，也屡见不鲜。这值得我们深思。

当前，我们正站在新的时代节点，肩负着新的历史使命，我们比任何时候都需要严肃地审视自身，展望未来。我们为自己生存在这块风水宝地而庆幸；我们为大自然和先人留下的绚丽多彩、数之不清的物质的、非物质的自然和文化遗产而骄傲；我们为曾经走过的辉煌历程、付出的不懈努力、取得的卓越成果而自信，但我们并不能由此而过度的沾沾自喜。着眼未来、环顾四周，前有标杆、后有追兵。用辩证唯物主义的观点观察苏州，我们在文化建设上，“一腿长、一腿短”的现象还比较明显：相对于苏州丰厚的历史文化资源，有效转化为城市影响力和竞争力的空间还很大；相对于传统历史文化遗产现状，对现代化、国际化、多元化的文化门类还应加强发掘与开发力度；相对于比较完善的公共文化服务体系，文化产业的发展还具有较大的潜力；相对于比较健全的文化活动设施，管理经营质量水平和体制机制的创新力度还不足；相对于文化建设投入的积极性，组织化程度还有待提高。所有这些说明，

▶ 没有优势，可以创造优势；有了优势，有可能失去优势，也可以激活、放大、转化、释放更大的价值优势。

▶ 我们正站在新的时代节点，肩负着新的历史使命，我们比任何时候都需要严肃地审视自身，展望未来。

▶ 用辩证唯物主义的观点观察苏州，我们在文化建设上，“一腿长、一腿短”的现象还比较明显：相对于苏州丰厚的历史文化资源，有效转化为城市影响力和竞争力的空间还很大；相对于传统历史文化遗产现状，对现代化、国际化、多元化的文化门类还应加强发掘与开发力度；相对于比较完善的公共文化服务体系，文化产业的发展还具有较大的潜力；相对于比较健全的文化活动设施，管理经营质量水平和体制机制的创新力度还不足；相对于文化建设投入的积极性，组织化程度还有待提高。所有这些说明，传统文化的创造性转化和创新性发展，文化优势转化为产业优势、发展优势，还任重道远。

传统文化的创造性转化和创新性发展，文化优势转化为产业优势、发展优势，还任重道远。

“双创”是互相联系、互为作用的探索性活动，也是坚持结果导向的保证和目标。归根结底要求我们坚持以习近平新时代中国特色社会主义思想为指导，用新的文化观、新的理念、新的路径、新的体制机制实现新的跨越。创造性转化和创新性发展是珠联璧合、相得益彰的有机整体。没有创造，就不可能有效转化；没有创新，就不可能持续发展。同样，没有转化，文化资源不可能形成产业优势和发展优势。

▶ 创造性转化和创新性发展是珠联璧合、相得益彰的有机整体。没有创造就不可能有效转化；没有创新，就不可能持续发展。同样，没有转化，文化资源不可能形成产业优势和发展优势。

“双创”既是理念问题，也是实践问题；既有一个要不要、能不能的问题，也有一个怎么办、怎么做的问题。比如：

如何从文化和文化产业发展的趋势和重点领域入手，加强催生新的文化业态、延伸文化产业链，形成包括数字产业、创意产业、文旅融合、文化制造业、文化金融、文化科技等方面的新的经济增长点。

如何从传统文化和现代化转化路径入手，创造一批城市文化场景，将文化要素、创新要素融入人们的经济社会活动之中，强化城市的吸引力、竞争力和影响力。

如何从满足群众对精神文化的多样性消费需求入手，创新文化产品供给和载体供给，打造更多的文化创意和文化融合项目。

如何从名城保护的薄弱环节入手，遴选包括工业遗产、农业遗产、湿地遗产在内的物质和非物质文化遗产的典型案例，探索一条活态保护利用的“苏州之路”。

如何从全市一盘棋的系统化要求出发，加快整合优质文化资源。克服“散装化”倾向，大幅度提高文化资源的组织化程度、利用效率和利用质量。

如何从激发文化内生发展动力出发，进一步深化文化领域、文化设施、文艺院团以及管理经营体制的改革创新力度，借助于“接轨上海、融入上海”的机遇，扶持和引进一批具有国内顶级、国际影响力的文化大师，领衔和提优做大苏州文化的层次和规模。

（《世界遗产与古建筑》2020 年第 4 期）

为什么是苏州古典园林?

2021年初,由中央电视台策划的文博探索节目《国家宝藏》第三季圆满落下帷幕,苏州古典园林再登文化殿堂。

本季携手共进的有中华大地的9处历史文化遗产,包括:600年的紫禁城,933年的西安碑林,1000年的苏州古典园林,1300年的拉萨布达拉宫,1654年的敦煌莫高窟,2200年的秦始皇陵,2500年的孔庙、孔林、孔府,3200年的三星堆,3300年的殷墟。

为什么又是苏州古典园林?苏州专场主持人那段大气回荡、字字珠玑的开场白,也许就是最好的宣告,原文是这样的:

▶ 泱泱中华,万古江河,
吴中大地,水润物阜,
文风鼎盛,艺匠天工,
孕育了苏州古典园林,
这株华夏文明的风雅之花,
它构天人之和于市井之内,
纳古今之恒于方寸之间,
走入苏州古典园林,
你才能叩响千年姑苏的门环。

泱泱中华,万古江河,
吴中大地,水润物阜,
文风鼎盛,艺匠天工,
孕育了苏州古典园林,
这株华夏文明的风雅之花,
它构天人之和于市井之内,
纳古今之恒于方寸之间,
走入苏州古典园林,
你才能叩响千年姑苏的门环。

自此,我们记住了这响亮的名字:国家宝藏·苏州古典园林。

时光回到1997年12月4日和2000年11月30日,联合国教科文组织世界遗产委员会先后批准苏州拙政园等9处古典园林列

拙政园一

入《世界遗产名录》。为什么是苏州古典园林？联合国教科文组织会议这样评价：

没有哪些园林比历史名城苏州的园林更能体现出中国古典园林设计的理想品质。咫尺之内再造乾坤，苏州园林被公认是实现这一设计思想的典范。这些建造于11—18世纪的园林，以其精雕细琢的设计，折射出中国文化中取法自然而又超越自然的深邃意境。

什么是世界遗产，什么样的宝藏可以成为世界遗产？联合国教科文组织的专家继续说：

世界遗产是人类罕见的、无法替代的财富，是全人类公认的具有突出意义和普遍价值的文物古迹和自然景观。其主要标准是：

1. 代表一种独特的艺术成就，一种人类创造精神的代表作。

2. 在一段时期内或世界某一文化区域内，对建筑、古迹艺术、城镇规划或景观设计的发展产生过重大影响。

3. 能为已消逝的文明或文化传统提供独特的或至少是特殊的见证。

4. 是一种建筑、建筑群及景观的杰出范例，展现历史上一个（或几个）重要阶段。

5. 是传统人类居住地或土地使用的杰出范例，代表一种（或几种）文化，特别是在不可逆变化的影响下变得十分脆弱。

6. 与具有突出的普遍意义的事件或传统、观点、信仰、艺术作品或文学作品有直接或实质的联系。

▶ 毫无疑问，苏州古典园林以及孕育、陪伴、滋润其成长、成熟的古城苏州，是苏州市最重要的国家宝藏和世界遗产，也是苏州市最重要的国家名片。

毫无疑问，苏州古典园林以及孕育、陪伴、滋润其成长、成熟的古城苏州，是苏州市最重要的国家宝藏和世界遗产，也是苏州市最重要的国家名片。苏州是苏州人民的，苏州也是国家的、世界的。在这片美丽的土地上，无论是创业、生活还是传承薪火，都是幸福的、幸运的。当今，新生活正在向我们招手，当我们畅想未来，读懂国宝，留住乡愁，努力地守护家园，让苏州“最江南”“最中国”“更现代”“更传统”，显得格外重要。名城苏州延年益寿，焕发青春，彰显活力，须臾不可分离。我们多么期待按照习近平总书记的指示，从历史文化遗产保护中感悟和增强文化自觉，以灿烂的文明之火点亮民族复兴之路。只有这样，才能在包括名园名城在内的世界遗产、国家宝藏面前，不断发现、发掘其美的真谛和核心价值，始终保持敬畏之心、大爱之情，开创新时代的保护、更新、发展之路。为国家做出更多的贡献，把家园建设得更加美丽，让生活在这里的人们更加幸福，履行我们神圣的使命。

▶ 为国家做出更多的贡献，把家园建设得更加美丽，让生活在这里的人们更加幸福，履行我们神圣的使命。

（《世界遗产与古建筑》2021 年第 1 期）

硬实力 · 软实力

《解放日报》报道，在党的百年华诞前夕，上海市委全委会审议通过了《关于厚植城市精神、彰显城市品格、全面提升上海软实力的意见》。《解放日报》评论员指出，用一次省级党委全委会专门讨论软实力议题，并通过文件，上海之举在全国开了先河。

上海之举，对于一贯以“学习上海、接轨上海、服务上海、融入上海”，期待“沪苏同城化”的近邻苏州，无疑提供了重要启示。

上海是中国乃至世界版图上最重要的经济中心城市之一，是长江经济带、长三角都市圈的龙头。上海强大的硬实力和软实力，苏州深得其益。“大树底下种好碧螺春”是苏州的一贯态度，同时在长期的发展实践中坚持兼容并蓄，形成了自己的鲜明特色，这种特色集中表现在人们常说的“双面绣”。有人说，在中国，堪称经济强市或经济重镇的地区可以排出一大串，堪称底蕴深厚的历史文化名城的城市和地区也可以排出一大串，而经济与文化综合实力同时排在全国各大城市前列的，苏州无可争议。

正因如此，一些人有点自我陶醉、沾沾自喜。其实，纵观苏州的发展结构，软实力与硬实力不匹配、不到位的现象还比较明显。更值得关注的是，历史的车轮滚滚向前，我们已经进入了新时代、新阶段，苏州和苏州人应该有更大的担当和作为。在全面开启社会主义现代化强国建设新进程中，“争当表率、争做示范、走在前列”，建设“最美窗口”是一种使命和担当；进一步把苏州打造成全球高端制造业中心城市，协同增强“长三角”在世界城市中的竞争力是一种使命和担当；精心打造令人向往的“创新之城、开放之城、人文之城、生态之城、宜居之城、善治之城”是一种使命和担当；把历史文化名城管理好、保护好、发展好，让人民群众在现代化进程中继续体验江南水乡美好生活，同样是一种使命和担当。

笔者学习摘录了一些来自上海的论述，毋庸赘述，仔细悟一下其中的涵义，与同仁分享，定大有裨益。

对这座城市而言，一路走到当下，无论是自身进一步前进、发展，还是同更大范围内的标杆对标、竞逐，尤其是参与国际合作与竞争，都到了需要深度比拼软实力、全面提升软实力的阶段。

硬实力让城市强大，软实力则让城市伟大。一座城市能够被记住、被尊重、被向往，能够真正彰显出自身的精神、品格和风范，能够产生持久的影响力、带动力，除了物质层面的体量、规模、能级，更要看是否有制度性的话语权，有规则的制定权，有个性鲜明的文化，有开放包容的环境，有富于活力、创造力、向心力的人。

让核心价值凝心铸魂，让文化魅力竞相绽放，让现代治理引领未来，让法治名片更加闪亮，让都市风范充分彰显，让天下英才近悦远来——六个“让”，概括了上海提升软实力的核心目标，亦道出了重要遵循。一座称得上伟大的城市，一座具有持久吸引力、影响力和独特魅力甚至魔力的城市，就需要在这些方面呈现出特别的作为。其背后凝练的，则是上海这座城市特殊的精神品格——海纳百川、追求卓越、开明睿智、大气谦和、开放、创新、包容。22个字间，蕴藏着上海这座城市赖以创造今天奇迹的全部密码。而要创造新的奇迹，无疑来自对它们的更深厚植、更大彰显、更好演绎。

软实力是城市竞争力的加速器。加速要奏效，需要一套不同一般的操作方式。软实力的提升，更要强调积淀、强调厚植、强调培育，当然也要强调个性的凸显。这意味着，除了传统的资源投入

▶ 精心打造令人向往的“创新之城、开放之城、人文之城、生态之城、宜居之城、善治之城”是一种使命和担当；把历史文化名城管理好、保护好、发展好，让人民群众在现代化进程中继续体验江南水乡美好生活，同样是一种使命和担当。

▶ 硬实力让城市强大，软实力则让城市伟大。

▶ 让核心价值凝心铸魂，让文化魅力竞相绽放，让现代治理引领未来，让法治名片更加闪亮，让都市风范充分彰显，让天下英才近悦远来”——六个“让”，概括了上海提升软实力的核心目标，亦道出了重要遵循。

外，更需着力的是一整套环境、土壤、氛围的培育，尤其要擅长用潜移默化、润物无声的方式来塑造一个好环境，让城市的活力、温情和创造力在其中自然迸发，持久生长。

软实力的提升，需要大处布局，同样需要细处落子，并且终究是要落到一座城市的最细微处、落到每一个人身上的。“人人都是软实力，人人展示软实力”，这是厚植城市精神、彰显城市品格、提升城市软实力这项宏大要务的细微落脚点。

充分回应人的体验、尊重人的创造、彰显人的价值，这座城市就可以不断刷新自己的品牌和形象，并且真正如预期的那样，让生活在这里的人引以为豪、让来过这里的人为此倾心、让没有来过这里的人充满向往。

（《世界遗产与古建筑》2021 年第 2 期）

精致提升 · 精细保护 · 精美呈现

最近,《苏州历史文化名城保护提升总体方案》暨11个专项工作方案印发实施,方案首次将姑苏区所辖范围分解为"古苏州、老苏州、新苏州",并实施精细化分层施政管理。这对姑苏区尤其是苏州的古城风貌、颜值、功能、气质的优化和提升,必将带来新的期盼。

苏州的古城保护,走过了一个长期实践和创新性发展的过程。自1982年,被国务院确定为中国首批24个历史文化名城之一后,1986年国务院又首次对苏州城市总体规划及城市性质批复定位,"全面保护古城风貌、重点建设现代化新区"的方针深入人心。正因为如此,古城水陆并行、河街相邻的双棋盘格局,粉墙黛瓦的苏州传统风貌,小桥流水人家的水乡特色,低平而富有韵律的天际轮廓线基本得到保持。与此同时,古建筑、古典园林、文物古迹、名人故居、主要历史文化街区、传统风貌区及物质与非物质文化遗产保护更新和利用,基础设施、民生工程、城市管理等都有了实质性的提升。

但是,伴随着苏州经济社会持续快速发展,一方面,为古城保护更新奠定了良好基础,另一方面,发展与保护也构成了一对新的矛盾,不同程度地产生了一些"城市病"。当前,我们已处在新时代新阶段。作为"双面绣"城市,苏州不仅是长三角世界城市群重要中心城市,也是世界级历史文化名城。我们必须以更高的站位、

▶ 我们必须以更高的站位、更宽的视野用心用情思考和践行苏州的发展战略和路径选择,思考和践行古城的保护和复兴,让古城精致化提升、精细化保护、精彩性呈现。

更宽的视野，用心、用情思考和践行苏州的发展战略和路径选择，思考和践行古城的保护和复兴，让古城精致化提升、精细化保护、精彩性呈现。

▶ 精致化提升。就是要走出一条具有苏州自身特色的、与时俱进的古城保护之路。精致化提升包括三个方面，一是功能提升，二是风貌提升，三是品质提升。精细化管理，一要精准到位，二要用心、用情发力，三要有工匠精神和绣花针功夫。

精致化提升。就是要走出一条具有苏州自身特色的、与时俱进的古城保护之路。保护是社会结构变化最小、环境能耗最低的更新方式。保护应以保留既有历史建筑为主，坚持“留、改、拆”并举的方针，实施微更新的保护模式，为历史建筑创造延年益寿、拓展功能的适宜空间，从而激活市民、游客和各类人群对老苏州的美好视觉冲击和情结依恋。按照姑苏区的构想，要放大古城“硬核”对老城、新城的辐射力；强化老城对古城在城市服务功能方面的重要支撑力；增强新城对古城在产业提升方面的反哺造血功能，形成三个区域产业融合、融合互促、互促共进的发展格局。精致化提升包括三个方面，一是功能提升。古城功能集中体现在它是文化硬核，应当把古城区策划成充分展示和体现江南古城风貌特征、典雅精致生活、文商旅业态深度融合的活态博物馆，依此定位，严守历史文化保护的红线，按“AAAAA”级景区的标准配置和供给各种资源要素。比如，交通组织及重大基础设施的完善，商贸中心、景区景点、历史文化街区、园林老宅之间的有机串联，等等。二是风貌提升。古城的风貌提升不是“整容”，而是按照原真性本色的特征“美容”“梳妆打扮”，从空中俯视、从陆上平视、从水上仰视，均能领略到别致的古城之美。三是品质提升。如果说，风貌是外在的，那么品质则是由内而外的提升，体现城市和人的魅力，要在城市设计、场景塑造、建筑营造、环境绿化等方面，处处凸显苏式元素和苏州品质，防止画蛇添足或随心所欲，公共服务、内容安排、政府效率，应充分体现城市与人的文明程度。

精细化管理。一要精准到位。笔者十分欣赏姑苏区把古城54个街坊按照模块化的办法，分类指导，更新整治，并细化为具体项目，把丰富城市肌理、优化社会治理的多项工作落到实处。二要用心、用情发力。应该看到，影响城市保护更新的痛点、难点、堵点还比较多，不仅涉及上下、左右、彼此间的责权利，还与各方面的利益息息相关，必须各司其职，和衷共济，形成合力。三要有工匠精神和绣花针功夫。精细管理贵在一个“细”字。细节反映的是管理者和市民的素质、效率和水平。

精彩呈现。最重要的是要把习近平总书记关于“争当表率、争做示范、走在前列”“建设最美窗口”的指示精神在古城保护上也得以贯彻。我们所期待的精彩，应当是名副其实的、世界级的历史文化名城示范区，是世界物质和非物质文化遗产创造性转化、创新性保护利用的典范城市，既是最江南、最苏州、最令人向往的人居天堂和创业乐土，又是完整展示江南古城特色、文化经典、“苏州制造”成果的名城都市旅游的最佳目的地。

（《世界遗产与古建筑》2021 年第 3 期）

▶ 我们所期待的精彩，应当是名副其实的、世界级的历史文化名城示范区，是世界物质和非物质文化遗产创造性转化、创新性保护利用的典范城市，既是最江南、最苏州、最令人向往的人居天堂和创业乐土，又是完整展示江南古城特色、文化经典、“苏州制造”成果的名城都市旅游的最佳目的地。

古城保护与城市更新的时代价值

最近一段时间，古城保护与城市更新的议题在苏州再一次引起了广泛关注：

2021年9月24日，苏州市第十三次党代会报告明确指出，要持续擦亮国家历史文化名城保护区金字招牌。

10月20日，苏州市资规局、姑苏区联合召开了苏州古城整体保护更新发展策划研讨会，诚邀各路专家集思广益，以古城更新为重要手段，促进古城在保护中高质量发展。

10月23日，苏州国家历史文化名城保护区与市属国有企业进行战略合作签约，苏州市领导明确，古城保护发展是百年大计、千年大计，要举全市之力做好古城发展工作。

10月19日，亚太世遗中心古建筑保护联盟也举行了一次由众多学者专家参加的文化沙龙，主题是：现代化进程中的“古老之美”与持续擦亮历史文化名城“金字招牌”。

尤其值得关注的是，11月5日，国家住房和城乡建设部发布《开展第一批城市更新试点工作的通知》，苏州被列为全国21个开展试点工作的城市之一。

▶ 国家、地方、社会、民众不约而同聚焦城市更新，对苏州历史文化名城来说，具有特别重要的时代价值。

国家、地方、社会、民众不约而同聚焦城市更新，对苏州历史文化名城来说，具有特别重要的时代价值。

应该充分感到，保护与更新须臾不分。苏州的古城保护走过了一个艰巨、执着，不断实践、探索、创新并且卓有成效的过程。在

“全面保护古城风貌、重点建设现代化新区”方针引领下，苏州的古城保护从“抢救性保护”“点线面保护”走向全面保护、常态保护；从注重空间布局、城市风貌保护走向基础设施、产业布局、交通疏导、河道清淤、背街小巷、公共事业等方面综合性整治更新、提升优化；从物质文化遗产和非物质文化遗产的保护发掘，走向文旅融合、保护与利用相结合，着力提升城市气质和品质，等等。正因如此，苏州实践、苏州经验得到了肯定，苏州被列为“国家历史文化名城示范区”，被誉为“世界文化遗产典范城市”。

由此，我想到一则旧闻。2005 年 10 月，《国家地理》杂志发起了一个题为“最美中国——中国最美的地方”大型评选活动。这个活动，集合了全国众多强势媒体、众多权威专家评委、众多民众参与，全方位对中国美景进行巡视。评选结果，最美城市有 5 处，其评语用词隽永，含义深刻，分别是：1. 厦门鼓浪屿——听罢琴声听涛声；2. 苏州——现代化包围的古老；3. 澳门历史街区——西方文化由此登陆；4. 青岛八大关——殖民者留下的风情；5. 北京什刹海地区——紧临中南海的时尚。

苏州的美，美在“现代化包围的古老”，也许这是一家之言。但必须承认，在中国经济最发达的长三角城市群，在现代化、工业化竞相快速发展的苏州各板块核心区域，有一方经历了 2500 余年沧桑风雨的“古老之城”，被自信而坚定地完整守护，并且氤氲柔美，风采依旧，这不能不被认为是一个奇迹，被称为“中国最美城市”之一，毫不过分。

▶ 苏州的美，美在“现代化包围的古老”，也许这是一家之言。但必须承认，在中国经济最发达的长三角城市群，在现代化、工业化竞相快速发展的苏州各板块核心区域，有一方经历了 2500 余年沧桑风雨的“古老之城”，被自信而坚定地完整守护，并且氤氲柔美，风采依旧，这不能不被认为是一个奇迹。

然而，面对随处可见的现代化城市新貌，有不少人认为，古城形象不那么“时尚”，功能不那么“到位”，与时代的节拍似乎有些“落伍”。尽管保护与发展成果卓著、有目共睹，但古城资源的利用和发展还有较大空间，从人民群众对古城的美誉度和满意度来说，总有一点不尽如人意，走更新发展之路的意愿油然而生。

我们正处在迈向建设“强、富、美、高”社会主义强市的新阶段，古城复兴面临着新的使命、新的要求。一方面，姑苏作为属地，面对比学赶超的各大板块，“为什么和如何持续擦亮历史文化名城保护区金字招牌”，这是必须回答的课题；另一方面，作为以建设“世界级文化名城”为目标的苏州，全市都应合力思考，如何以全球化的理念，学习借鉴国际先进经验，确立正确的保护观、历史观、更新观和发展观，从更高层次认知古城的时代价值，让高质量的经济社会发展与高水平的古城保护比翼双飞。

之所以赞同现代化进程中的“古老之美”，是因为这种美，既是原真原味的特色之美，又是与时俱进的创新之美。既体现在苏州古城所特有的空间布局，美丽和谐的天际线、双棋盘的水城格局，密集及错落有致的民居建筑群落，粉墙黛瓦及素淡雅致的城市风貌，保护完好的名胜古迹、名人故居、风景园林，等等。还体现在苏州这座城市和人所特有的人文气质，精工、治学的态度和生活方式，体现在繁华的文商旅业态和雅致宁静的宜居环境，等等。民众需像爱惜自己的生命一样，保护好城市历史文化遗产。

▶ 古城需要保护，也需要更新，更新是为了更高质量、更高水平的保护；保护有多种途径，有机更新是有效保护的重要途径。不管如何更新，“现代化包围的古城之美”值得坚守。有机更新有多重目标，最低目标是延年益寿，延长生命周期，并强身健体，提升生存质量，恢复、再现、扩大自身价值。

古城需要保护，也需要更新，更新是为了更高质量、更高水平的保护；保护有多种途径，有机更新是有效保护的重要途径。不管如何更新，“现代化包围的古城之美”值得坚守。有机更新有多重目标，最低目标是延年益寿，延长生命周期，并强身健体，提升生存质量，恢复、再现、扩大自身价值。对苏州而言，则提出了新的使命和课题。最重要的仍然是一以贯之地坚持《苏州城市总体规划》和《古城保护规划》，坚持以“全面保护古城风貌”为前提和基础，并按“古苏州”“老苏州”“新苏州”分类指导，审慎、科学而有担当地组织实施。

城市更新，具有全方位的目标指向，包括做美城市形象、优化古城品质，强化古城功能，提高古城生态，改善民生环境，彰显城市生机活力，全面凸现城市软实力，推进城市新时期古城的高质量发展。要遵循古城演变规律和现有肌理特征，对组织结构、组合模式

东方之门

进行科学谨慎的创新和活化，把现代城市建设管理的新理念、新工艺、新技术、新形态精准引入古城，锻造自我造血功能，把爱古城资源转化成资本，强化城市能级，构建文化、旅游、商业、宜居、旅游结合的活化复兴模式和新场景，提升苏州古城在国际上的品牌影响力。以此为目标，按照国家的要求，结合苏州的实际，探索与古城保护与城市更新发展相匹配的统筹谋划机制、可持续发展模式和配套制度政策，实现苏州历史文化名城在新时代的巨大价值。

(《世界遗产与古建筑》2021 年第 4 期)

献给新年的礼物

本期《世界遗产与古建筑》，以较多的篇幅介绍了由古吴轩出版社出版的《十年之筑·苏州世界遗产与人文研究（2011—2021）》的资讯，这本书集中汇编了联盟团队10年来的主要研究成果，是联盟在2021年末献给新年的礼物。

著名电视人刘郎著文道，这部书“将宏大的世界遗产论题当做背景，将具体的苏州遗产当做前景，并将一个个实体的遗产当做特写，精心解构、放而大之，最终由细密的分析提炼为明确而坚实的‘苏州经验’。”

▶“将宏大的世界遗产论题当做背景，将具体的苏州遗产当做前景，并将一个个实体的遗产当做特写，精心解构、放而大之，最终由细密的分析提炼为明确而坚实的‘苏州经验’。”

——刘郎

著名学者居易则指出，这部书是“地方著作、国家品质”，“既是全方位综述苏州世界遗产与人文研究的精彩报告，又是具有国际意义的世界遗产保护研究的启示录”。

故宫博物院原副院长晋宏逵则指出，把苏州保护遗产的过程准确地记录下来，让更多的人体验和领悟遗产保护的意义，共享苏州保护的经验和成果，就是这部书的作用。

…………

联盟成立于2012年，可以说，是沐浴着党的十八大、十九大的春风孕育成长的。10年来，我们在习近平新时代中国特色社会主义思想指引下，认真学习领会习近平总书记关于世界遗产、中华文化传承发展、文旅融合等方面的一系列新思想、新观点、新要求，致知力行、踵事增华，以苏州经验、苏州实践为样本，聚焦文化遗产和文旅发展，按照“世界眼光、国际视野、中国特色、苏州典范”“不忘初心、牢记使命”“服务大局、把握重点”“量力而行、积极有为”“求真务实、彰显特色”等理念和方针，做了大量的社会调查和学习、研究、思考工作，撰写了一系列决策咨询报告和调研文稿，内容遍及名城、名镇、传统村落和古建筑保护、更新、利用，苏州古典园林、苏州大运河、苏州香山帮营造技艺等世界物质文化和非物质文化遗产的传承保护发展和品牌运用，农业、工业、水利灌溉工程项目申遗以及世界遗产青少年教育、文化旅游融合及文化产业发展等各个方面。为领导和有关部门提供了许多有价值的资讯、建议和参考。

▶ 回眸联盟成立10年的心路历程，以及我们曾以微薄之力倾心所做，又十分有限的这些添砖加瓦的工作，心里十分欣慰。展望未来，我们将以更加积极的文化自觉的心态砥砺前进，迈向全面建设社会主义现代化强国的新征程，激情满怀。十年之筑，筑的是一种初心，一件作品，也是一个过程。

回眸联盟成立10年的心路历程，以及我们曾以微薄之力倾心所做，又十分有限的这些添砖加瓦的工作，心里十分欣慰。展望未来，我们将以更加积极的文化自觉的心态砥砺前进，迈向全面建设社会主义现代化强国的新征程，激情满怀。十年之筑，筑的是一种初心，一件作品，也是一个过程。

我们也清醒地看到，我们正处在快速发展的伟大时代，新事物、新思想、新技术、新情况层出不穷，从辩证与发展的眼光看，选入该书的多数文稿，有些至今对经济发展和社会进步仍具有一定的助推、借鉴和参考意义；有些文稿中提出的思路建议早已进入决策、化为实践；有些文稿相较于目前的情况，看似十分平常，甚至滞后于客观实际，但对推动当时的发展具有一定的价值。当然，也有一些文稿，由于我们的认识研究水平有限，以及其他原因，难免有这样那样的偏颇和不足，见仁见智。之所以保持“原始状态”，是因为我们认为这是历史唯物主义的态度。

作为长三角世界城市群重要中心城市的苏州，已经从全面建成高水平小康社会跨入了向世界展示全面建设社会主义现代化“最美窗口”的新时代，“争做表率、争先示范、走在前列”是中央的重托，也是人民的期盼。经济社会发展是这样，文化遗产保护也是这样，使命光荣、责任重大。我们有理由深信，未来苏州将更加美丽，我们理应为之奋斗。

（《世界遗产与古建筑》2022 年第 1 期）

走高品质古城保护和创新利用之路

今年是苏州获批国家历史文化名城40周年，也是姑苏区、保护区成立10周年。今年以来，来自苏州古城保护更新的重要信息不断。

2月9日，苏州市召开国家历史文化名城保护专家咨询会；4月1日，苏州市政协十五届一次会议，把《关于加快苏州国家历史文化名城保护更新的建议》列为1号提案；4月29日，市委常委会召开会议，专题调研姑苏区、历史文化名城保护区工作；5月6日，市委宣布组建苏州名城保护集团，明确集团为市属一级国有企业，旨在探索古城保护融资新模式；5月7日，市委、市政府主要领导专程调研虎丘地区综合改造工程推进情况，会办解决存在的困难和问题；5月9日，苏州市政府召开常务会议，审议并原则通过了《关于进一步加强历史文化名城保护工作的指导意见》；5月19日，市委常委会召开会议，研究部署历史文化名城保护等工作，强调更大力度、更大范围、更高水平谋划推进古城保护与更新，把2500多年的古城更好地交给下一代。

市委、市政府如此密集地围绕古城保护和更新作出决策和部署，十分少见。改革开放以来，尤其是进入新世纪以来，苏州对历史文化名城的保护与发展经历了一个不断深化和自觉践行的过程，正因为如此，奠定了苏州作为全国“经济强市、文化名城”的地位，成为全球知名“世界遗产典范城市”。新举措也带来了进一步的新思考。

1. 唯一性决定重要性。对古城保护和更新的重要性的认识，对于苏州人来说，称家喻户晓、深入人心，并不过分。为什么要经常讲、反复讲，而且要常讲常新？关键有三条：一是由苏州历史文化名城所具有的资源优势和唯一性特点所决定的；二是由苏州对历史文化名城保护的质量水平和影响力所决定的；三是由苏州历史文化名城应该凸显的时代价值，以及对国家、社会所发生的长远作用所决定的。我们常说，古城是文化之魂、城市之根，是先人留下的瑰宝，把它保护好、传承好、利用好，是每一代人的责任和义务。一代人有一代人的使命。我们已进入新时代、新阶段，理应伴随高质量发展的时代步伐，高质量、高品质做好古城保护，有所作为。

▶ 古城是文化之魂、城市之根，是先人留下的瑰宝，把它保护好、传承好、利用好，是每一代人的责任和义务。一代人有一代人的使命。我们已进入新时代、新阶段，理应伴随高质量发展的时代步伐，高质量、高品质做好古城保护，有所作为。

2. 艰巨性带来紧迫性。苏州古城保护成果，有目共睹。但用比较的方法、发展的眼光看，新情况、新问题、新期待层出不穷。一方面，随着经济社会的发展以及对城市发展规律，特别是古城保护规律的深化认识，苏州已逐步走出一条保护更新古城的路子，尤其是优化城市功能和气质的基础性工作已经初见成效，人民群众的获得感、美誉度在提升。但是也要看到，保护更新没有休止符。一些应该做的、必须做的、能够做的老百姓普遍关注的实事、好事，基本或多数正在实施，而余下的大都是一些难啃的甚至未知的“骨头”，包括一些久拖不决的重大项目，包括需要持之以恒，天天做、日日做的，面广量大的“精细活”。这就需要我们拿出“攻坚”的精神和手段，以及“绣花”的技艺，下苦功夫，用大力气。还有一些正在实施的、事关民生的和强化城市功能的地标性项目，由于需要一定周期和过程，在相当长的一段时间内可能对城市的“颜值”和民众生产生活带来影响和不便，既需要各方理解、配合，也需要加强管理，提高效率。这些都是我们在城市保护更新中必须考虑的。

3. 全局性要求系统性。市领导提出的用“大苏州”理念加强全域保护，这充分体现了整体化、系统化思维。我们理解，这里应

▶ 要统筹协调把握大市全域经济社会发展与生态文化、农业文化、水域文化、工业文化以及各类文化特色优势的资源，创造性转化利用，全方位展示太湖山水、运河风光、长江风采、水乡风貌、古城明珠，百花争艳、城乡繁荣、安居乐业的美丽图景。

包括三个圈层：一是作为行政区范畴的苏州，要统筹协调把握大市全域经济社会发展与生态文化、农业文化、水域文化、工业文化以及各类文化特色优势的资源，创造性转化利用，全方位展示太湖山水、运河风光、长江风采、水乡风貌、古城明珠、百花争艳、城乡繁荣、安居乐业的美丽图景。二是在苏州核心区域，全面覆盖规划意义上 19.2 公里“历史城区”“四角山水”自然系统，并延伸至园区、新区、吴中、相城、吴江等 6 个城区。三是对于国批历史文化名城保护规划中所特指的“一区二片三线”，则严格体现“全面保护方针”，重点深化历史文化保护和历史街区的微更新。

4. 目标性呼唤实践性。我们认为，对于苏州来说，古城保护更新总体上目标明确，理念到位，思路清晰，重点措施精准，关键是要狠抓落实到位。尤其是要抓住“示范区”“典范城市”这些唯一性特点，对上多争取相应政策。要坚持一级抓一级、层层抓落实，以更高效率、更高质量、更高品质，开创古城保护和经济发展新局面。

（《世界遗产与古建筑》2022 年第 2 期）

点赞“双城记”

苏州与常熟同属中国历史文化名城。苏州获批于1982年，迄今已40周年；常熟获批于1986年，迄今也有36周年。

报载：在苏州全域一体化的浪潮中，作为国家历史文化名城保护示范区的姑苏区与作为国家历史文化名城的常熟市举行了“双城联袂”的签约仪式。共同商定推动两座名城，尤其在主城区进一步加强保护更新、活化利用、文旅消费、民生改善、延续历史文脉、彰显时代价值，提升文化软实力，将名城保护更新发展全面融入城市建设和社会经济大局。这个签约仪式意义格外深远。

什么是历史文化名城？《中华人民共和国文物保护法》指出：“保存文物特别丰富并且具有重大历史价值或者革命纪念意义的城市”。显然，苏州也好，常熟也好，实至名归，当之无愧。但历史文化名城外延、内涵十分丰富，不同的时空观、文化观、价值观，会有不同的判断标准。历史文化名城可能是具有地理属性的一座城市，可能是一个行政区域，比如，一个市，或一个县、区。对于苏州和常熟人来说，最牵肠挂肚的可能还是历经2500余年风雨沧桑，至今仍充满生机与活力的、坐落在苏州和常熟中心城区的这两座古城的前世今生。

常熟因“土壤膏沃，岁无水旱之灾”得名，是江南有据可考的得名最早的一座都市。2500年前，孔子三千门徒中唯一的南方弟子——常熟人言偃，为这里带来了弦歌教化、礼乐治国的思想。常熟，古称“琴川”，素有“七溪流水皆通海，十里青山半入城”之说，城内街巷民居与宅第园林紧密相连，城外十里虞山与千顷尚湖相映生辉，形成了山水城园融为一体的独特城市风貌。

苏州则更不用说了。有人说，这是世界上仅有的一座2500年没有迁移挪动过的城市：“河街并行”“双棋盘”的城市格局，54个完整有序的历史街坊，保护完好的会馆、衙署、寺观、古典园林、老宅民居，粉墙黛瓦的城市风貌，平缓起伏的城市天际线，小桥流水人家的生活状态。更可贵的是，即便被现代化、工业化“重重包围”，古城依然坚守着那份江南难得的低调和宁静，经济不管发展到什么程度，城郭不管扩展到什么模样，“一体两翼”“古城新区”“四角山水”“组团发展”那种独特的形态布局清晰可见。

▶ 如果以更高的站位，按照新时代新要求，用比较的方法、开放的视野，探源溯流，回顾过去、观察现状、展望未来，每一个地区的进步发展都是：天外有天，山外有山。

但是，如果以更高的站位，按照新时代新要求，用比较的方法、开放的视野，探源溯流，回顾过去、观察现状、展望未来，每一个地区的进步发展都是：天外有天，山外有山。两城之间在历史文化名城保护更新利用方面也是如此，任重道远。两地古城虽特色各有千秋，但整体性、美誉度还有较大的提升空间，经济发展对古城保护和功能性提升的机制和力度还需加强，文商旅资源的碎片化倾向需要进一步整合优化。常熟市在历史文化保护规划中也指出，遗迹丰富但整体保护不够，风貌犹存但文化内涵不足，基础良好但实际影响不大，规划已定但具体措施不力。其实，纵观祖国各地，无不都在积极探索具有各地特色的传承历史文脉、实现高质量发展的新路径。建设部专家载文举例称：苏州老城整体保护，新旧建筑风貌协调，物质与非物质遗产协同保护；平遥长期坚持整体保护，保存了最完整的古代县城；北京崇雍大街采用传统营造修缮建筑，保留社区记忆，激发社区活力；青州采用多种方式鼓励公众参与，积极引导原居民参与到古城保护中来；南京颐和路坚持整体保护，维持历史空间的真实性；天津五大道注重对公共历史建筑的活化利用；上海衡山路采取微设计、微更新、微治理，长期坚持精细化管理；云南巍山最大限度延续原住民和原业态，让古城活在当下。这些，都值得我们在实践中学习和借鉴。

常熟和姑苏区联袂古城保护，是一个好兆头。有利于深化两地间的合作交流，形成互帮、互学、互补、互扬的工作机制；有利于进一步深挖和放大两地间的历史文化名城资源，依托现有古城、园林、山水、生态等丰富的物质和非物质文化，携手共同推进文商旅发展，形成经济社会发展大繁荣的新局面。历史文化名城是人类文明的结晶，不仅见证了物换星移的沧桑历史，也体现了当代人的智慧和创造。每一方民众都有责任和使命自觉保护好、传承好、发展好。我们正处在新的伟大时代，立足新的发展阶段，就要贯彻新发展理念，融入新发展格局。党的二十大即将隆重召开，我们要认真学习贯彻落实习近平同志在迎接党的二十大专题研讨班的重要讲话精神，紧紧抓住解决不平衡、不充分的发展问题，着力在补短板、强弱项、固底板、扬优势上下功夫，研究提出解决问题的新思路、新举措，延续历史文脉，保护文化基因，积极创造新的伟大文明成果，建设更加幸福、富强、美丽的新家园。

▶ 历史文化名城是人类文明的结晶，不仅见证了物换星移的沧桑历史，也体现了当代人的智慧和创造。每一方民众都有责任和使命自觉保护好、传承好、发展好。

（《世界遗产与古建筑》2022年第3期）

遗产保护永远在路上

▶ 党的二十大报告指出，坚持和发展马克思主义必须同中国具体实际相结合，同中华优秀传统文化相结合。这为文化遗产保护提供了根本遵循。

习近平同志关于文化遗产的系列讲话是习近平新时代中国特色社会主义思想的重要组成部分。党的二十大报告指出，坚持和发展马克思主义必须同中国具体实际相结合，同中华优秀传统文化相结合。这为文化遗产保护提供了根本遵循。

党的十八大以来，习近平总书记的"文化足迹"遍及全国各地，对中华历史传统文化、文化遗产、自然遗产的保护和发展发表了一系列重要论述，作出了一系列重要指示和批示。他语重心长地说："要保护好、传承好、利用好中华优秀传统文化，挖掘其丰富内涵，以利于更好坚定文化自信、凝聚民族精神。""历史文化是城市的灵魂，要像爱惜自己的生命一样保护好城市历史文化遗产。""保护好传统街区，保护好古建筑，保护好文物，就是保存了城市的历史和文脉。对待古建筑、老宅子、老街区要有珍爱之心、尊崇之心。""要敬畏历史、敬畏文化、敬畏生态，全面保护好历史文化遗产……守护好前人留给我们的宝贵财富。"

苏州是全国首批国家历史文化名城，也是我国典型的文化遗产资源大市、资源强市。苏州文化遗产与自然遗产数量之众多、分布之密集、品类之齐全、底蕴之深厚，在全国地级市遥遥领先，不仅拥有古城、古典园林、中国大运河、昆曲、古琴、香山帮营造技艺、近现代中国丝绸样本档案、湿地等世界级文化遗产和自然遗产群落，而且，各级文物保护单位、重要史迹代表性建筑、近现代工业、农

太湖

业、水利工程遗产项目以及太湖山水、塘浦圩田、古镇和传统村落等自然文化遗存遍及市域城乡。这些遗产，承载着中华民族和江南文化的血脉，蕴含着中华民族特有的历史价值、艺术价值、科技价值、社会价值、文化价值，体现了中华民族的生命力和创造力，是不可再生、无法替代的宝贵资源，保护利用好这些历史遗存，并世代传承下去，是当代人不可推却的历史责任，也是我们为新时代中国式社会主义现代化强国建设发挥更大作用的磅礴力量。

▶ 保护利用好历史遗存，并世代传承下去，是当代人不可推却的历史责任，也是我们为新时代中国式社会主义现代化强国建设发挥更大作用的磅礴力量。

值得我们自豪的是，党的十一届三中全会以来，尤其是党的十八大以后，苏州比较早地清醒地认识到了“经济发展和遗产保护”的辩证统一关系。经过实践、探索、认识，再实践、再探索、再认识，逐步走出一条经济发达地区“保护古城、建设新区”和“在工业化、现代化、城市化”大背景下实现经济发展与古城保护“相得益彰、相映生辉”的新路子，受到了专家与社会的普遍肯定。正因为如此，世界遗产城市组织授予苏州“世界遗产典范城市”称号，国家建设部确定苏州为“历史文化名城保护示范区”。

党的二十大的召开，标志着我们已经迈上了全面建设社会主义现代国家、向第二个百年目标进军的新进程，“高质量发展”已成为时代的最强音，对高水平的文化遗产保护也提出了新要求。文化遗产保护，内涵十分丰富，外延非常广阔，全方位、多层次、宽领域，涵盖了中华优秀传统文化、人与自然和谐同生、促进物质的全面丰富和人的全面发展，满足人们物质、精神文化消费需求的方方面面；涉及理念、体制、内容、手段、场景、渠道等保证和创新；贯穿寻根探源、发现发掘、保护利用、传承发展等各个层面。对文化遗产事业，虽然我们做了许多卓有成效的工作，但同其他领域一样，不平衡、不充分的现象依然存在。如何最大程度地激发和释放文化遗产潜在价值的联动效应？如何让样式多异、内容广博的文化遗产实现创造性转化、创新性发展？如何让文化遗产为新时代中国式现代化国家添砖加瓦、锦上添花？这是一个长期的事业，伴

▶ 如何最大程度地激发和释放文化遗产潜在价值的联动效应？如何让样式多异、内容广博的文化遗产实现创造性转化、创新性发展？如何让文化遗产为新时代中国式现代化国家添砖加瓦、锦上添花，这是一个长期的事业，伴随着建设中国式现代化国家的全过程，永远在路上。

随着建设中国式现代化国家的全过程，永远在路上。

应该看到，当今国际环境复杂多变，遗产事业也出现了许多新的情况、新的问题，遇到了严峻挑战，如何保持战略定力，让文化遗产得到全人类的普遍尊重、有效保护、充分展示和传播，是迫切需要深入思考和努力解决的一个议题。从我们的实际看，由于文化遗产和自然遗产价值的多重性，厚此薄彼、顾此失彼、急功近利的情况也屡见不鲜。有些文化遗产，由于容易融于现代生活，常常可以在文化旅游中创造巨大价值，乃至成为喜闻乐见的旅游目的地；有些文化遗产，由于主题鲜明，具有很强的观赏性，往往可成为公众科普和传媒的热土。但有些文化遗产，虽然价值连城，但与现代生活格格不入，仅为“小众青睐”，甚至常常藏在“深闺”无人识，被人淡忘遗弃，无所作为、无能为力，如此等等。我们要认真学习习近平总书记关于文化遗产的系列重要讲话精神，胸怀“敬畏之心”，拒绝“急功近利”、片面追求经济利益的心态。文化遗产不可能都是“旅游产品”，不可能都成为大众追捧的“网红打卡地”。要唤起全社会的公众保护意识，在政府、企业、社会、公众之间凝聚成强大的合力，从我做起，从现在做起，以对先人、当代人、后人负责的态度，自觉行动，保护文化遗产、热爱文化遗产、传播和利用文化遗产，让文化遗产“活”起来，让文化遗产成为中国式现代化的亮丽名片。

▶ 我们要认真学习习近平总书记关于文化遗产的系列重要讲话精神，胸怀“敬畏之心”，拒绝“急功近利”、片面追求经济利益的心态。

（《世界遗产与古建筑》2022 年第 4 期）

下卷

秋日行思

绪言　墨池余味

蒋忠友

《三知斋余墨》分上下两卷。上卷名为《秋日之礼》，是汪秘书长在联盟内刊《世界遗产与古建筑》撰写的39篇“卷首语”，而我们手中的这部下卷名为《秋日行思》，我理解是他退休后边游历、边行走、边思索、边写作的成果，也就是他10余年来零零碎碎撰写的札记、随笔、游记、言论、书评等小品文，共计38篇。

上卷与下卷的文章相比较，既有相同点，也有不同之处。相同点是文章都不长，形式上短小精悍，在内容上都是围绕文化遗产保护和人文建设这一主题，都是着眼现实、问题导向、有感而发。不同之处也很明显，除了“卷首语”与“小品文”的文体上差异，写法上存在较大不同外，还有一个明显的不同点，上卷均未公开发表，而下卷中的绝大多数文章曾见诸报端，发表在《苏州日报》《苏州杂志》等媒体报刊上。整体上看，下卷《秋日行思》中文章所体现出来的文学性更强、生活气息更浓厚、感性色彩更为明显，呈现出一种激情奔放、游目骋怀的艺术效果。我通读后进行了初步的概括，这本书在写作上反映了这么几个让人印象深刻的特点。

▶ 上卷与下卷的文章相比较，既有相同点，也有不同之处。相同点是文章都不长，形式上短小精悍，在内容上都是围绕文化遗产保护和人文建设这一主题，都是着眼现实、问题导向、有感而发。不同点是下卷中的绝大多数文章曾见诸报端，文章所体现出来的文学性更强、生活气息更浓厚、感性色彩更为明显，呈现出一种激情奔放、游目骋怀的艺术效果。

这不是公文，而是一位职业秘书在公文之外的一种有益探索。汪秘书长经常说的一句话是：“我是职业秘书。”作为职业秘书，他主要职责是起草公文，为领导当好参谋助手，提供决策服务，一辈

▶ 公文写作常常被认为是“苦差事”，要求规范准确、严谨刻板、中规中矩，既锻炼人又考验人。

▶ 在学习、研究中，偶尔把所思所想形成一种公文之外的文字，公开发表在报刊媒体上供人们欣赏、阅读、交流，这是一种积极的、有益的探索和实践。

▶ 在他心目中，“舞文弄墨”不是操劳，而是一种人生享受，“爬格码字”不算辛苦，而是一种享受人生。

子以默默无闻为荣。公文写作常常被认为是“苦差事”，要求规范准确、严谨刻板、中规中矩，既锻炼人又考验人。写公文时间长了，于是他产生了练习写作一些与公文风格有所差异的文章的想法，一方面是想调节一下文稿写作节奏、丰富一下业余生活方式，另一方面也是想看看自己会不会写出公文之外的、令读者喜闻乐见的文字。回答应该是肯定的，这种练习不仅成为职业生活的补充，还对他提高公文写作的水平非常有帮助，形成了一种别样的行文风格。本书下卷中的文章就是这样的一些小品文，在学习、研究中，偶尔把所思所想形成一种公文之外的文字，公开发表在报刊媒体上供人们欣赏、阅读、交流，对此他很有成就感。应该说，这是一种积极的、有益的探索和实践，从中我们能看到一位退休公务人员的公文写作的某种风格与特质。

这不是学术性著作，而是一位文字热爱者与文字相伴的精神享受的产出。汪秘书长经常说的另一句话是：“我对文字有一种与生俱来的感情。”他数十年如一日地坚持着学习、研究、思考和写作，可以说一辈子“与文字为伴”，这已经成为他的一种难以割舍的生活习惯和方式，上班时间如此，业余时间也是这样；工作期间如此，退休之后还是这样。熟悉汪秘书长的人都知道，他把“工作当学问来做”。与其说这本书是学术成果，还不如说就是他退休之后持续坚守“与文字为伴”生活方式的一种精神享受的产出，是他作为职业秘书在业余生活中所追求的兴趣爱好的一批文化成果。在他心目中，“舞文弄墨”不是操劳，而是一种人生享受，“爬格码字”不算辛苦，而是一种享受人生。从这本书中，我们可以看到他对某些问题、某种现象、某个趋势的所思所想都是有感而发的，而且心情始终是快乐的，是乐在其中、乐此不疲的。

这不是高大上的专家研究，而是一位老人在桑榆之年的行思记录。退休之后的汪秘书长，有了足够的自己能够掌握的时间“走南闯北”，到各地去走走看看，特别是到一些世界遗产地和古城、古镇、古村落去学习参观。特别是他 2014 年因眼疾手术后，看书伏案的时间大大地减少了，而走出书斋案头，调研苏州城乡建设、饱览祖国各地大好河山的时间大大增加了。他边行走边观察、边学习边思考、边消化边写作，这本书里的大部分文字就是这样产生的。一方面让他的退休生活不再显得枯燥乏味，另一方面也是为了让眼睛得到充分休息，还有一方面同时做好了世遗中心和研究会的事情，以“作文立说”的方式推进工作。那么，这到底是一位专家在研学，还是一位老人在做一些行思记录？对此，我的理解则更倾向于后者。

▶ 他边行走边观察、边学习边思考、边消化边写作，这本书里的大部分文字就是这样产生的。一方面让他的退休生活不再显得枯燥乏味，另一方面也是为了让眼睛得到充分休息。

这不是作者自己一个人的写作，而是与众多读者情感交流的对话表达。汪秘书长写作非常认真与投入，因工作原因我比较了解他的写作过程，可分为三个阶段。一是写作前的构思阶段，包括最初的选题、实地调查、提纲概要等，他会将自己的想法尽可能地去征求更多人的意见，听取更多人的建议，主要是求证自己的想法、补充自己的材料、完善自己的思路、提炼自己的观点，这一阶段相对较慢，不想好了不会动笔。二是写作中的起草阶段，一旦进入了起草状态，谋篇布局讲究精辟，造句用字讲究绝妙，就是全神贯注、一气呵成，这一阶段相对较快。三是写作后的琢磨阶段，包括修改、润色、校对、订正，每每都是精雕细琢，又开始与许多人讨论交流，有时说到会心处，洋溢着一脸的幸福表情；有时得到别人的称赞，陶醉着一脸的自豪笑容。我想，在这本书的文章中，他虽然是一个人在动笔，但绝不是一个人在“战斗”，而是有一群爱文化 、爱遗产、爱江南的人在与他并肩作战。奇文共欣赏，有了好观点、好句子、好文章，就希望说给别人听，得到别人的认可，这是情感的共鸣，这是心灵的对话，这更是“众乐乐”的表达。所以，我特别地期待透过书中文字，能够激发出与更多书友对话和交流的兴趣。

▶ 我想，在这本书的文章中，他虽然是一个人在动笔，但绝不是一个人在“战斗”，而是有一群爱文化 、爱遗产、爱江南的人在与他并肩作战。

这不是有意识地在记载，却也无意间书写了很多值得珍藏的时代华彩。岁月之路，值得记忆、值得纪念、值得珍藏的东西有很

▶ 他经常这么说，他是在党培养下成长的一员，理应尽己所能，撰写一些文章记录时代发展，抒发心中情感，为党的事业、经济发展与社会进步做些添砖加瓦的事情，奉献一些微薄之力。

多很多，然这十年尤为不平凡。对于一个国家、一个地区、一个城市，人们耳闻目睹、共同见证了党的十八大、十九大以来，在以习近平同志为核心的党中央的坚强领导下，在以习近平新时代中国特色社会主义思想指引下，中华民族在迈向伟大复兴的伟大征途上，取得了历史性的成就，发生了历史性的变革，谱写出一幅幅无比精彩的伟大篇章，在党史、新中国史、改革开放史、社会主义发展史、中华民族发展史上都具有里程碑意义。对于汪秘书长个人来说，虽淡出"江湖"，但他经常这么说，他是在党培养下成长的一员，理应尽己所能，撰写一些文章记录时代发展，抒发心中情感，为党的事业、经济发展与社会进步做些添砖加瓦的事情，奉献一些微薄之力。在这些文章中，有的讲述了身边的新变化，有的描绘了城乡的新面貌，有的讴歌了文化的新景观，有的抒写了社会的新进步，有的礼赞了国家的新发展，当然也有面临的新问题、新挑战，虽说是他自己的一些看法和体会，却也从侧面反映了时代前进的脚步和历史的回声。

有了上述写作特点的理解，我们就能更从容、更自由地进入文章内容的阅读了。从内容上看，紧紧围绕着世界遗产保护及利用中的遗产地、遗产传承人和遗产事项，总体上分为三类：

第一类是记游的，主要是感悟一些文化旅游胜地之美妙、神奇和特别。每个人都有自己独特的旅游观，有的人是在寻找和搜求与众不同的美妙；有的人是在慢慢地品读和欣赏那一份美好；有的人立足于探究或领略其中的真谛；有的人为的是增加一份社会阅历或是生活体验；有的人是在做强身健体的事情或者说是在挑战自我，享受开心与快乐；还有的人是出于自身的职业的需求。而作者则是在用心感悟——

在云南腾冲品味审美，作者写道："腾冲之美，体现在它的和谐、和顺，少有在商品社会那种常有的喧闹和浮躁，天地人之间、自然与文化之间、人际之间，共生共存、和谐相处。这在现代社会是难得的景象。”

在陕西汉中品味历史，作者写道：“这次旅行已经了却了我多年的夙愿，尽管浅尝辄止，走马观花，却仿佛穿越到达了那个曾经‘引无数英雄竞折腰’的岁月，使我们不得不对在这块众多英雄成就盖世功业的土地，乃至孕育我们这个伟大民族的地方肃然起敬。”

在黑龙江哈尔滨品味人生，作者写道：“最抹不去印记的要数那些散落在哈尔滨大街小巷的教堂、建筑物和那条中央大街，所谓‘东方莫斯科’‘东方小巴黎’的称号可能就来源于那种浪漫欧式风情及欧式建筑风格……”

在苏州葑门横街品味市井，作者写道：“‘跟着时令吃吃吃’，是苏州人生活方式的重要内容，而横街正是苏州人追逐时令美食的天堂，四季分明、月月变化。横街的商品以满足市民基本消费为主体，品质正宗而价格公道，横街的美食以‘名特优’著称，人无我有、人有我优、人优我特，从司空见惯的大众商品，到难得一见的特色点心，概不例外。”

在广东韶关品味禅宗，作者写道：“可喜的是，如今佛教已有走向现实人间、走向世界之趋势，期望它在现代市场经济社会，继续成为利益人生、开导人心、积德行善、排除私心、避免恶性冲突的一种精神利器。”

在母校香花桥畔品味乡愁，作者写道：“唯有那老态龙钟的香花桥，顽强而自信地活着，好像在向人们诉说着曾经的风姿、沧桑，期待美好的向往。是的，当我们尽情地创造和享受现代化与社会进步成果的同时，多么希望努力抢救那些正在消逝的乡愁，请当代人多留下一些历史的印记，让后代人延续甜蜜的记忆。”

在重庆品味“苏州香山帮”，作者写道：“香山建筑技艺是文化宝库，读懂、弄通、践行并不容易。‘捧着金饭碗没饭吃’或‘捧着金饭碗讨饭要饭吃’的情况还时有发生，香山建筑人才青黄不接、年龄老化、结构不合理也是普遍现象。全社会需要强化使命感、责任感，和衷共济、共同发力，携手走向更加灿烂的明天。”

在浙江富春江畔品味唐诗，作者写道：“对于浙西来说，唐诗是中国文化艺术的瑰宝，是历史馈赠给我们的丰厚的自然遗产，山水则是大自然馈赠给人类的珍贵的自然遗产；被山水浸润的这块土地上，劳动人民创造的生活生产方式和文化积累，则是难以忘怀的非物质文化遗产。”

第二类是记人的，主要是珍藏那些始终放在心里的文化人物及其举手投足。每个人总有一些不容易忘记甚至终生难忘的人，有的是工作单位的老领导，有的是曾经一起战斗过的老同事，有的是默默无闻的民间文艺工作者，有的是大名鼎鼎、令人敬佩的企业家，有的是生活中难得的兴趣爱好的知音，有的是一些观点观念不谋而合者，有的是因为读了他的书才心有灵犀的作者，等等。有名人大家也有小人物，有熟悉的也有不熟悉的，有志得意满者也有遗憾的，还有的却是未曾谋面、心向往之的“陌生人”，而作者在书中一个个地与他们倾心对话——

▶ 每个人总有一些不容易忘记甚至终生难忘的人，工作单位的老领导，一起战斗过的老同事，默默无闻的民间文艺工作者，令人敬佩的企业家，兴趣爱好的知音，观点、观念不谋而合者，等等，作者在书中一个个地与他们倾心对话。

对话邬大千先生，作者写道：“大千先生寡言少语，少到有时半天不与你交流一句话；然而他又总能语出惊人，幽默而诙谐，他平易近人，只是对同事的爱、对部属的关心、对朋友的信赖、对工作的理解，常常埋在心里，挂在脸上，很少用言语表达。尽管如此，在他身边，人们明显感觉到有一种无形的温暖在感染着你，使你不得不努力工作，不得不抛弃不应有的私心杂念。”

对话衣学领先生，作者写道：“学习是一个人永恒的主题。建设学习型社会，我们多么需要学习型领导人才乃至学者型领导人才的群起，尤其是在快餐文化泛滥、社会心态较为浮躁的状况下，透过《园耕》这本书，好好悟一下职业军人‘华丽转身’的学习之道，不无益处。”

对话马汉民先生，作者写道：“当代社会，不缺时代英雄，不缺精彩故事，关键是如何让时代英雄的精神发扬光大，见诸行动；也不缺讴歌和讲述故事的人才，我们迫切需要构建鼓励讴歌英雄、发现故事、激励人才脱颖而出的社会环境和舆论氛围，大力弘扬正气，抵制浮躁，让社会主义核心价值观内化为人们的精神追求，外化为人们的自觉行动。”

对话詹刚先生，作者写道：“人们眼中的天堂苏州，应该是这样一种情景：名城风采依旧，更加熠熠生辉，文脉延续、薪火相传，传统文化和现代文明相得益彰、相映生辉，社会风清气正、风物清嘉、商贾云集，人民安居乐业，生活更加富有苏州情调，山温水软、蓝天白云、晶莹柔情、静谧唯美、柔婉清新。”

对话刘郎先生，作者写道：“利用《苏园六纪》的良好基础和刘郎先生的名人效应，把苏州园林的传播推向新的高峰，用国际化的理念和认识，用国际化的手段和形式，在电视艺术片的基础上再创作、拍摄以苏州园林为主题的、‘十年不过时’的、具有国际冲击力的电影纪录片，以满足国际市场和最广大人民群众对高质量文化产品的需求，从而最大限度地提升苏州园林的国际品牌影响力。”

对话居易先生，作者写道：“人们喜爱园林，更多的是敬畏那些看得见、摸得着的精美绝伦的经典场景和绝佳技艺，但很少去关注与园林相伴共存、须臾不离的社会历史、文化内涵和深邃理念；人们追捧园林，其兴奋点常常落脚在被揭开神纱后的旧时江南文人墨客、官宦豪绅的雅玩文化、风花雪月的浪漫情调，以及生活方式上，而较少思考和问津苏州园林对于陶冶清雅文化情操、文化品质及以锻造工匠技艺、追求美好生活的良好境界。”

对话尹占群先生，作者写道：“文物保护不能仅仅是文物部门的事，应当把它变成全民的事业。只有当政府、文物及相关职能部门、专业机构和专家、利益相关人、公众五种力量形成共识，凝聚合力，保护才能真正走上良性的可持续的发展轨道。文物工作者既不能曲高和寡，又不能妄自菲薄，既要敢于坚持原则，又要善于磋商交流。”

第三类是记事的，主要是探讨文化苏州的建设与发展这件有意义的事情。苏州是个非常独特的城市，文化是其独特的一个重要品牌，文化苏州的建设与发展是人们时常议论、非常关心的一个重要话题。这一话题的内涵极其丰富，有传承深厚的历史文化底蕴，有增创强烈的新时代文化气息，有激发强大的文化改革发展活力，有营造更加开放的文化建设心态，还有集聚和利用好诸多特色鲜明的文明要素，等等。对于这些，作者总是真心地娓娓道来——

▶ 文化苏州的建设与发展是人们时常议论、非常关心的一个重要话题。这一话题的内涵极其丰富，有传承深厚的历史文化底蕴，有增创强烈的新时代文化气息，有激发强大的文化改革发展活力，有营造更加开放的文化建设心态，还有集聚和利用好诸多特色鲜明的文明要素，等等。对于这些，作者总是娓娓地真心道来。

在《江南研究的文化心态》一文中，作者写道：“江南研究应始终坚持历史唯物主义与辩证唯物主义相统一的世界观和方法论；坚持理想主义与现实主义相统一的文化观；坚持继承与扬弃、坚守与发扬相统一的历史观；坚持融合创新、扬长避短、共研共享的发展观。防止研究的碎片化、经院式、自恋化、排他性以及各自为战、夜郎自大、厚此薄彼、自娱自乐的倾向。”

在《“苏州制造”品牌内涵要有新提升》一文中，作者写道：“从文化视角来看，制造业不仅是国民经济的基础，也是科学技术的基本载体，制造业的发展水平和发达程度，既凝结着全社会精益求精、务实创新、勇攀高峰的精神特质，又承载着先进生产力的魂魄，代表科学原理、设计技术、制造工艺与文化艺术为一体的完美融合。纵观我国和全球制造业强国发展历程，不仅有技术、装备、人才和资金等方面的‘刚性推动’，也蕴含文化力量的‘柔性支撑’。”

在《苏州城市可持续发展与园林文化》一文中，作者写道：“坐落在苏州城市的一座座园林，不仅是一种样式、一种物质、一种艺术品，更是一种能触摸的、可视的世界观和价值观，是苏州这座城市和人的一种优雅精致的生活方式和情绪凝练，其基因和元素已进入苏州经济社会可持续发展的方方面面，苏州园林就是苏州这座历史文化名城的图腾，苏州园林之精神、苏州园林之精髓，是苏州城市最璀璨的文化符号。”

环秀山庄

在《为培养“香山帮工匠”创造“苏农”样本》一文中，作者写道：“农职院香山工匠学院的设立，为我们打开了一扇‘窗户’，进入了豁然开朗的良好境界，它的最大特点就是把分散的优势转化成整体的优势、把分散的积极性形成了综合的积极性，使学校、企业、政府部门、社会组织的资源凝聚成综合实力，形成了一种香山帮传统建筑营造技艺人才培训的机制、平台、模式的命运共同体。”

在《乡村振兴背景下的乡村遗产保护利用》一文中，作者写道：“通过创新乡村经济业态，活化乡村旅游，推进文旅融合，发掘发现、做优做特乡村文化和自然遗产保护利用项目，优化遗产资源，将遗产的潜在价值转化为现实价值，使乡村遗产文化旅游成为推动乡村经济繁荣、产业转型、环境保护提升、文化建设、社会治理的重要抓手。”

在《“后新冠肺炎疫情时期”文化遗产保护新认识》一文中，作者写道：“全面辩证地看待新冠肺炎疫情对世界遗产的影响，重新提升社会关注度，需要对世界遗产价值继续进行深度挖掘，凸现世界遗产的稀缺性，凸现其经济价值的创造性。”

在《苏州古城保护与发展若干问题的哲学思考》一文中，作者写道：“重点加强以下六个方面的工作落实，一是构建保护区政策创新落实体系、更好发挥示范作用的问题，二是关于古城资源的可持续开发利用的问题，三是关于重点项目、重大事项的攻坚克难问题，四是关于加快建立反哺机制的问题，五是关于古城保护发展的整体设计问题，六是关于构建高效社会治理格局的问题。”

▶ 一是他这十几年来“与文字为伴”的精神成果，二是他对身边人、身边事的有感而发，三是他作为一名退休公务人员的“非公文写作”，四是他期待透过书中的文字，激发与书友对话和交流的兴趣。所以，他希望书名能诠释和体现这么几层意思。

最后，我想讲一讲《三知斋余墨》这个书名的来龙去脉。关于书名，如同给新生儿起名，既要能概括其来处，又要能明确一个未来的美好走向，确实是有点难。为此，汪秘书长除了自己苦思冥想，还请教过一些专家、好友。他非常谦虚地跟我谈起这本书背后的小故事，一是他这十几年来“与文字为伴”的精神成果，二是他对身边人、身边事的有感而发，三是他作为一名退休公务人员的“非公文写作”，四是他期待透过书中的文字，激发与书友对话和交流的兴趣。所以，他希望书名能诠释和体现这么几层意思。

著名图书设计家周晨先生和苏州市职业大学蔡斌先生均建议他沿用“三知斋”的命题。两位先生均是汪秘书长的忘年之交、知心文友，蔡先生建议用“三知斋余渖”，还对“余渖”释文解义，“渖”即为“余墨”。马述伦先生曾有大著称《石屋余渖》《石屋续渖》。这本书名为《三知斋余渖》，既可视为三知斋的“理念”“知识”在延续和增长，又紧扣退休之后的所思所想，是一种余热的发挥。汪秘书长觉得言之有理，但为了让读物更通俗一些，大家一致考虑改为《三知斋余墨》。

既然这本书最后定名为《三知斋余墨》，那我这篇导读词就叫《墨池余味》吧。

2022 年 11 月

腾冲归来话审美

去腾冲旅游,缘自两院院士周干峙先生的一句话。去年的一天,我与周老先生共进晚餐,席间我问:“周老,祖国各地您跑了无数,您觉得哪个地方最该去?”他稍加思索了一下,说:“我以为腾冲应该去。”接着又补充了一句:“当然苏州也是不能不来的。”

对腾冲这个地方,其实说不上陌生。凡是懂点抗战历史的人都知道,腾冲是抗战时期中国远征军和中国驻印度与美英盟军歼灭日本侵略者的战场,是中国近代历史上第一次将侵略者赶出国门的浴血奋战的地方。靠近腾冲4公里左右的和顺古镇,2005年被CCTV评为中国十大魅力名镇榜首,并获得唯一的年度大奖。一批有影响力的电视大片,如《中国远征军》《我的团长我的团》《北京爱情故事》等都以腾冲为背景。然而,腾冲到底什么模样?我并没有切身感受。

7月的一天,我们三人结伴而行,踏上了去腾冲的路。7月的云南正是雨季,在昆明机场,刚换上去腾冲的登机牌,便听到广播,说是由于天气原因,当地无法降落,为了稳妥起见,我们在昆明住了一夜,隔日改乘去芒市的飞机,绕道驱车2小时再赴腾冲。踏上腾冲的土地,映入眼帘的是极具气魄和意味深长的8个大字:“天下腾冲,世界和顺。”腾冲真是个神奇的地方,按照官方的表述,腾冲的特色主要体现在“六个一”:一是有一座世界名山。即高黎贡山,它的著名之处在于这座山所具有的文化属性、自然属性和经济属性，高黎贡山是宝贵的物种基因库，被联合国教科文组织列为“生物多样性保护圈”，被世界野生动物基金会评为A级保护区。二是有一个独特的地热奇观。腾冲是中国内地唯一的火山地热并存地区，火山地热规模庞大，据说有90座火山、80处温泉，著名景点神柱谷、樱花谷、腾冲湿地、热海、叠水河瀑布都是火山活动的产物。三是有一条走向南亚的通道。这里曾经是2400年前中国先民开辟的南方丝绸之路，经缅甸抵达印度等南亚国家。腾冲被徐霞客誉为“极边第一城”。1899年，英国就在这里设立领事馆，1902年，清政府设立腾越海关。目前，在腾冲境内有国家一类口岸，两条国际公路通往缅甸克钦邦。四是有一块百看不厌的翡翠。翡翠原产于缅甸，但是腾冲人最早发现了翡翠的商业价值，翡翠加工已有600年历史。2005年，腾冲被亚洲珠宝联合会授予“中国翡翠第一城”称号。目前，大大小小的翡翠商行遍及全城。五是有一段荡气回肠的历史。1942年5月，日军侵入缅甸，切断滇缅公路，占领了怒江以西包括腾冲在内的大片国土，腾冲成为滇西抗战的主战场。1944年9月14日，远征军经过127天血战，全歼日军，成为全国沦陷区中第一个光复的县城。为缅怀英烈，1945年7月7日，腾冲人民修建了国殇墓园，现成为全国文物保护单位。六是有一部边地的汉书。腾冲与国内许多边境县最大的不同之处，就是汉文化始终处于主导地位，中原文化与边地少数民族文化、异域文化相融合，形成了以和谐、和顺为核心内容和以开放性、包容性为基础特征的腾冲文化，涌现了国民党元老李根源、马克思主义哲学家艾思奇等一批知名人物。腾冲总人口不过60多万，而腾冲籍华侨华人、港澳知名同胞达35万人，分布在23个国家和地区。

▶ 踏上腾冲的土地，映入眼帘的是极具气魄和意味深长的八个大字：“天下腾冲，世界和顺。”腾冲的特色主要体现在“六个一”：一是有一座世界名山。二是有一个独特的地热奇观。三是有一条走向南亚的通道。四是有一块百看不厌的翡翠。五是有一段荡气回肠的历史。六是有一部边地的汉书。

凡此种种，足以说明腾冲之博大精深。然而，所谓期望越大，失望越大。腾冲归来的路上，我一直在思考一个问题，该如何读懂腾冲？如何欣赏腾冲的美？在腾冲，尽管秀美的自然景观深深吸引着我们，天空高远辽阔，湛蓝如洗，山峦起伏，绿树环抱，尤其那和顺古镇，魅力无限，全镇住宅从东到西，环山而建，渐渐递升，绵延两三公里，一座座古刹、祠堂、明清古建疏疏落落地围绕着这块小坝子。乡前一马平川，清溪绕村，垂柳拂岸，夏荷映日，金桂飘香，足以让人流连忘返。美是客观的，又是十分主观的。有一种美，具有强烈的个性，仁者见仁，智者见智，那完全是主观对客观的一种感受和理解；有一种美，那是由内而外散发的气息，拥有极大的气场，给人愉悦，它会像磁场一般深深吸引着人们；有一种美，那是大众美，称不上有什么特色，但符合多数人的审美情趣与习惯，具有普遍的认同感；有一种美，则是人们需要用心品味、需要仔细感悟才能领略得到的。腾冲就是最后一种。初看腾冲，并不觉得它有什么过人之处，祖国之大，名山大川、江河湖海、名镇古村、名胜古迹，真是星罗棋布、各具千秋，令人目不暇接。腾冲的自然景观虽美，然终究抵不过黄山、张家界、九寨沟，小桥流水也未必赶得上江南的周庄、同里、甪直，边城风情与丽江、凤凰相比也逊色许多。尤为缺憾的是，腾冲有自然之长，却也有人工之短；虽有历史的辉煌，却不乏现实的差距，粗放的旅游经营模式，吃、住、行、游、购、娱，短缺不全的旅游要素；起伏不平、低效不便的交通网络，相形见绌的城市建设，使得这座城市有点让人缺憾。

▶ 有一种美，那是由内而外散发的气息，拥有极大的气场，给人愉悦，它会像磁场一般深深吸引着人们；有一种美，则是人们需要用心品味、需要仔细感悟才能领略得到的。

我想，欣赏腾冲、品味腾冲，不必急躁、不要浮躁，如果将它当作一部书来慢慢阅读，也许更有感觉。以我之见，腾冲之美，就在于不同的人都可以在那里找到可供自己欣赏、仰望甚至感动的场景，生态、地质、丝路、翡翠、抗战、乡村等等，各有所归。腾冲之美是一种质朴之美、和谐之美、内涵之美、文化之美。腾冲之美，体现在它还没来得及被人任意摆弄，堪比一块尚未雕琢的天然翡翠，如果遇到大师，必将创造价值连城的精品。腾冲之美，体现在它的和谐、和顺，少有在商品社会那种常有的喧闹和浮躁，天地人之间、自然与文化之间、人与人之间，共生共存、和谐相处。这在现代社会是难得的景象。

▶ 欣赏腾冲、品味腾冲，不必急躁、不要浮躁，如果将它当作一部书来慢慢阅读，也许更有感觉。

▶ 腾冲之美，体现在它的和谐、和顺，少有在商品社会那种常有的喧闹和浮躁，天地人之间、自然与文化之间、人与人之间，共生共存、和谐相处。这在现代社会是难得的景象。

腾冲之美固然视而可见，但更体现在它的内涵和深邃，这种美需要人们用心去发现发掘。比如，对于有“一路沿溪花覆水，数家深树碧藏楼”迷人景致的和顺小巷，对于堪称中国文化界乡村图书馆第一的和顺图书馆，对于作为边城腾冲数百年所出现的人才辈出的社会现象，如果不作一番深入的探究和品味，是很难发现其中真谛的。腾冲的美是一种文化之美，就像赏景与看人一样，自然山水景观往往展示的是外露的美貌，文化底蕴展示的则是它内在的气质和高雅。谁想读懂腾冲，谁就应当先读懂腾冲的文化。

（刊《苏州日报》2012.8.8）

走进汉中

到汉中看看，是向往已久的事了。苏州人都知道，2004 年和 2006 年，苏州曾被中央电视台评为“中国最具经济活力城市”和“中国魅力城市”，评委会给予的颁奖词也是耳熟能详：“一座东方水城让人们读了 2500 年，一个现代园区用 10 年时间磨砺出超越传统的利剑。她用古典园林的精巧布局出现代经济版图；她用双面绣的绝活，实现了东方与西方的对接。”与此同时，陕西省的汉中荣获了“中国最具历史文化魅力城市”，评委会的颁奖词同样颇具魅力：“汉中位于中国版图的中心，历经秦汉唐宋三筑两迁，却从来都是卧虎藏龙；这里的每一块砖石，都记录着历史的沧海桑田，这里的每一个细节，都印证着民族的成竹在胸。”著名学者余秋雨对汉中的感慨更是直截了当，他说：“我是汉族，我讲汉语，我写汉字，这是因为我们曾经有一个伟大的王朝——汉朝。而汉中是汉朝的一个重要地方。汉中这样的地方不来，那就非常遗憾了。”

▶ 著名学者余秋雨对汉中的感慨更是直截了当，他说：“我是汉族，我讲汉语，我写汉字，这是因为我们曾经有一个伟大的王朝——汉朝。而汉中是汉朝的一个重要地方。汉中这样的地方不来，那就非常遗憾了。”

真可谓诱惑挡不住。2013 年 5 月 17 日，我们踏上了汉中之旅。从地图上看，汉中北依秦岭，南屏巴山，地貌复杂，地形多变，四周均为高山、亚高山，中部乃丘陵和盆地，横亘于北部的秦岭山脉，构成了北方黄河流域与南方长江流域的地理分界线，南部的巴山山脉在四川盆地与汉中盆地之间建起了一道屏障，长江最大的支流汉江在秦岭、巴山之间贯穿而过，形成了大片冲积平原，构成了狭长的盆地。很难想象，大自然如此鬼斧神工地孕育了这块神奇的土地，我们的祖先是怎样在这里繁衍生息、薪火相传的。从春秋时起，面对群山环围、四塞险固的地形，先民们由内向外开辟、修凿了通往域外的条条古道，竟然有了"栈道北来连陇蜀，汉川东去控荆吴""万叠云峰趋广汉，千帆秋水下襄樊"的说法，但这终究是文人们的艺术夸张，事实上，人们要进出这块土地并非易事。而如今，天堑变通途，我们从西安出发，踏上赴成都的高速公路，穿越秦岭山脉大大小小数十条隧道，只需差不多两个多小时的车程，便进入了那块被誉为"金瓯玉盆"的冲积平原，那块素有"西北江南"之称的山清水秀、风光旖旎的广袤土地。说真的，在这里，就好像置身于自己的家乡，难以置信，这就是西北的一隅。

与其说去汉中旅行，不如说到汉中去寻访那些曾经发生在那里的可歌可泣的故事，不如说到那里去重温和回顾那段曾经反复阅读的史书。《史记・秦本纪》载，公元前312年，秦惠王曾取天汉之意设汉中郡，汉中一词从此出现；公元前206年，刘邦攻取关中，项羽背弃约定封刘邦为汉王，统汉蜀、汉中之地。刘邦对此极为不满，萧何以"语曰天汉，其称甚美"为理由，说服刘邦偏居汉中，后来刘邦在汉中期间韬光养晦，采用张良"明修栈道，暗度陈仓"的策略，拜韩信为大将，逐鹿中原，完成统一大业，特以"汉"为号，建立西汉王朝。三国时期，蜀汉丞相诸葛亮在汉中屯兵八年，六出祁山，鞠躬尽瘁，归葬定军山下。

▶ 与其说去汉中旅行，不如说到汉中去寻访那些曾经发生在那里的可歌可泣的故事，不如说到那里去重温和回顾那段曾经反复阅读的史书。

汉中作为中华汉人称号的古发源地，留下了大量汉朝时期的文物古迹，但历史久远，在汉中，我们努力地寻找着先祖留下的足迹和印记，时而兴奋，时而遗憾。褒斜道、石门及其摩崖石刻等一批遗址、遗迹已冠以"国家级重点文物保护单位"的称号，尤其那定军山下的武侯诸葛亮的墓地冈峦起伏，历经千年风霜，四季如春，20余株汉柏双桂与古建文物相映生辉……只是相传当年刘邦驻跸汉中的行宫汉台，目前在遗址上建起了陈列史迹的博物馆，传说中规模恢宏的汉中城郡目前仅残留少量城垣，作为"历史文化名城纪念地”；史称汉高祖“饮马池”为八景之一，有“东塔西影”之说，目前虽是汉中的文物保护单位，但汉中人说，由于城市高层建筑，“东塔西影”的景色从未有过；当年汉高祖刘邦拜韩信为大将的拜将台，遗址上出现了仿古建筑群与园林景观配置的旅游景区；历史上著名的“明修栈道、暗度陈仓”故事中的“栈道”早已由于兴建水库而被淹没，如今复原了3公里的仿古栈道和一个四星级景区；至于因作为三国时魏、蜀两军交战的古战场而誉满古今的定军山，只能让人们留下浮想和回忆。

这次旅行已经了却了我多年的夙愿，尽管浅尝辄止，走马观花，却仿佛穿越到达了那个曾经“引无数英雄竞折腰”的岁月，使我们不得不对在这块众多英雄成就盖世功业的土地，乃至孕育我们这个伟大民族的地方肃然起敬。尽管来去匆匆，浮光掠影，却让我们实实在在地触摸到了西北江南所特有的山水之美、人文之美、和谐之美，这一切已经足够了。每个人都有自己的旅游观。有的人把旅游作为审美，领略和享受自然的美、人文之美；有的是习惯于“品”，对大千世界普遍存在的自然文化景观，习惯于慢慢地品读，慢慢地欣赏，立足于琢磨，认真探究其真谛，在品读、琢磨、探求、欣赏中寻找美和快乐；有的把旅游作为谋求新需求的一种体验，包括吃、住、行、游、购、娱六要素，每一次旅游都成为对需求的新的体验和尝试；有的已经把旅游作为完善生活方式、彰显生活态度的组成部分，或健身强体，或挑战自我，或放慢生活节奏、陶冶情操休养生息以恢复脑力、精力与体力；有的则作为增强阅历的一种实践和旅程，所谓“读万卷书，行万里路”；有的旅游其实是一种工作、一种职业，具有很强的被动性；等等。我的旅游观很简单，且不说大千世界就是自己的祖国，名山大川、人文景观、历史遗迹星罗棋布，作为一个普通人，如果有条件尽其所能选择其中的一些“到此一游”，足矣。像汉中这类在中华民族发展史上非常重要的地方，到那里走一走、看一看，将脑海中的记忆与现实的模样“对

▶ 每个人都有自己的旅游观。有的人把旅游作为审美，领略和享受自然的美、人文之美；有的是习惯于“品”，对大千世界普遍存在的自然文化景观，习惯于慢慢地品读，慢慢地欣赏；有的把旅游作为谋求新需求的一种体验，包括吃、住、行、游、购、娱六要素；有的已经把旅游作为完善生活方式、彰显生活态度的组成部分；有的则作为增强阅历的一种实践和旅程，所谓“读万卷书，行万里路”；等等。

号入座”，激发出强烈的自豪感，定能找到一种不一样的感觉。

我赞成余秋雨先生的一个建议，把汉中当作自己的家，每次回汉中当作回一次老家。

（刊《苏州日报》2013 年 7 月 3 日）

▶ 汉中这类在中华民族发展史上非常重要的地方，到那里走一走、看一看，将脑海中的记忆与现实的模样“对号入座”，激发出强烈的自豪感，定能找到一种不一样的感觉。

安仁纪事

安仁是一个古镇，始建于唐朝，地名取“仁者安仁”之意而命之，出成都西行40公里便是，隶属四川省大邑县。2005年被建设部、国家文物局命名为“中国历史文化名镇”。

年轻一点的人对大邑县，尤其是安仁古镇也许鲜为知晓，但从那个时代走过来的人，因为那里出了一个名叫刘文彩的，安仁古镇可谓家喻户晓、尽人皆知。

▶ 现在到安仁古镇考察旅游的人们，常带有明显的倾向差异，有的纯属是选择一个没有去过的地方，体验一种新的感受；有的则是为了追寻当年发生在那里的一段段带有传奇色彩的历史和故事；有的则是为着尽情地领略和欣赏川西地区别具特色的风土人情和美轮美奂的建筑。

现在到安仁古镇考察旅游的人们，常带有明显的倾向差异，有的纯属是选择一个没有去过的地方，体验一种新的感受；有的则是为了追寻当年发生在那里的一段段带有传奇色彩的历史和故事；有的则是试图打开那段尘封多年的记忆，回味某种不堪回首的经历；有的则是为着尽情地领略和欣赏川西地区别具特色的风土人情和美轮美奂的建筑。

因为筹备“新型城镇化与古镇古村落保护修复”高层论坛，经成都文旅集团隆重推荐，我们亚太世遗中心古建筑保护联盟秘书处一行开始了安仁之旅。

安仁古镇本来名不见经传，自从当年出了一个刘氏家族，小镇开始被世人熟知。刘氏家族本来亦非名门望族，孰料到了民国初期，风云突变，一个氏族竟涌现了刘文辉、刘湘、刘文彩。其中，刘文辉曾主政西康省10年之久，为国民革命军二级陆军上将，1949年12月率部起义，新中国成立后曾出任国家林业部部长；刘湘乃刘文辉之侄，是四川近代一世枭雄、川军首领，去世后被国民政府追认为一级上将；刘文彩本是“大地主、土老帽”，“中国地主阶级压迫平民阶级的无恶不作的总典型”，以他的“事迹”撰写的《收租院》一文曾被收入小学教材。这个刘氏家族还出了3位军长、8位师长、15位旅长，县团级以上军官近50名，被称为“3军9旅18团”，营长、连长数不清。刘氏之势力可见一斑。

在安仁古镇旅游考察，应当用心去聆听导游或地陪成员讲述的传说、故事、历史、文化。对于我们这个时代的人来说，一路听来，感受最深的是，就像在回放历史镜头。

我们来到刘文彩于1941年捐资200万美元建造的公益学校原址，现称为“安仁中学”。那气度之宏大、环境之优美，就是在当代大城市也少见，令人叹为观止。最亮眼的是，校区分成各片区，由许多矮墙、花窗和不同风格的8个拱门分开，拱门两侧题写了8副对联，如：“同德门”，对联为“玉石皆成器　桃李尽吐香”；“致远门”，对联为“挟风云于翰墨　罗经纬在心胸”；“至善门”，对联为“勿以善小而不为　勿以恶小而为之”；“集雅门”，对联为“以正气为天地　有大功于国家”；“励志门”，对联为“栽培心上地　涵养性中天”；“修身门”，对联为“书山峥嵘甘为人梯搭乘攀路　学海浩瀚愿作舟楫架渡桥”；“树德门”，对联为“与有肝胆人共事　从无字句处读书”；“博撷门”，对联为“读书先在虚心　求学将以致用”。

▶ 安仁中学的8个拱门两侧题写了8副对联，对联分别为：“玉石皆成器 桃李尽吐香”“挟风云于翰墨 罗经纬在心胸”“勿以善小而不为 勿以恶小而为之”“以正气为天地 有大功于国家”“栽培心上地 涵养性中天”“书山峥嵘甘为人梯搭乘攀路 学海浩瀚愿作舟楫架渡桥”“与有肝胆人共事 从无字句处读书”“读书先在虚心 求学将以致用”。

走进安仁古镇，现在的人们多数不会去追忆那种已经逝去的年代和岁月所发生的叱咤风云，却会毫不犹豫地去细细地品赏那些以川西民居风格与西洋建筑风格巧妙融为一体、庄重而典雅、美丽而大方的一道精美绝伦的风景线。我们惊奇地发现，在那里，历史街区、古街、古道、古巷、古建筑，特别是拥有号称中国罕见的地主庄园公馆建筑群落，保存得竟如此完整、完好、完美。据介绍，安仁古镇目前尚有住宅古建筑群多达30万平方米，庄园公馆多

▶ 走进安仁古镇，现在的人们多数不会去追忆那种已经逝去的年代和岁月所发生的叱咤风云，却会毫不犹豫地去细细地品赏那些以川西民居风格与西洋建筑风格巧妙融为一体、庄重而典雅、美丽而大方的一道精美绝伦的风景线。

达27座。树仁街、裕人街、红星街3条老街连成一线，树仁街是当年权势人群的一条“官街”，有8位军政要员在此修建有公馆或者铺面，独门独户、两进院落、中西合璧、风格迥异。刘氏庄园占地面积达7万平方米，建筑面积2.1万平方米，房间共545间，由5座公馆和1处刘氏祖居构成。如今，当人们在老街上悠闲游走，踩在青石板路，随时会被路旁那种错落有致的建筑样式所吸引，高大的门楼，显示出轩昂庄重的伟岸气质；驼峰形、猫拱形、三角形等，各式烽火墙又凸现出别样气质；青瓦灰墙、黑漆大门、深栗色的柱窗、点缀成金的色彩，精致的雕刻，无不展现其川西民居的特有风格，让人为此神韵和魅力而啧啧称道。

▶ 作为以保护世界遗产与古建筑为己任的社会组织，我们为遍布祖国各地的优秀文化瑰宝而骄傲，为安仁古镇喝彩。

安仁古镇的过去、现在和未来给我们留下了太多的遐想，让我们收获了意外的惊喜，作为以保护世界遗产与古建筑为己任的社会组织，我们为遍布祖国各地的优秀文化瑰宝而骄傲，为安仁古镇喝彩。

（刊《苏州日报》2014年5月11日）

怀旧哈尔滨

单位组织赴哈尔滨旅游，我毫不犹豫地报了名。说是旅游，对我来说是一种怀旧、一场还愿。

1969年3月，怀着一个并不十分高尚却又十分现实的梦想，即“当兵改变命运”，我应征入伍了。当时，一方面，中苏关系处在敏感时期，军队大量补充兵源；另一方面，“文化大革命”呈现一片乱象，全国高校停止招生，我们这批“老三届”高中毕业生普遍存在迷茫的心情。参军入伍自然是一个不错的选择。

农村的孩子见识少，幼稚无知。接兵的首长告诉我们，即将去的是沈阳军区空军部队。可当时多数人并不清楚沈空管辖的是辽宁、吉林、黑龙江三个省份所有的空军部队。运载我们这群江南小伙的交通工具，是一种平时主要用来载货，只有春运紧张时才载人的“闷罐列车”，列车走走停停，经过两天两夜，过了沈阳，又走了将近一天，才到达目的地哈尔滨。3月的哈尔滨，一片冰天雪地，白茫茫一片，银装素裹，似乎看不出有什么美感，伙伴们一片茫然。

军营在哈尔滨市郊，是个雷达兵团部机关所在地。到达那里是上午，第一顿饭端上来的是热气腾腾的白米稀饭外加白馒头，大伙儿喜出望外，十分满意。但从第二顿开始，一种江南人从未见过的高粱米饭端上来了。老战友告诉我们，以后大家要常吃这种东西了，基本上每天一顿粗粮、一顿细粮，粗粮就是高粱米，细粮是大米饭和面食交替供应，想想日后要面对这种难以咽下的粗粮，大家又一下子傻眼了。

第二天，我们继续坐车，到达几百公里以外的新兵训练营地。这时大家基本清楚，我们的兵种叫雷达兵，这次新兵集训后还要再分配至各个雷达站，这个部队的雷达站基本上分散在全省各地，大多位于深山老林或各地区最高处的山峰上。第三天，新兵连连长挑选了包括我在内的十余名身强力壮的新战士，说让大家先去看看自己的"家"。其实，当时新营房还未建起，我们在连长的带领下，冒着零下二十多摄氏度的低温，戴着大皮帽和口罩，只露出两只眼睛，脚穿大头鞋，身上裹着十几斤重的皮大衣，站在形似坦克的履带式大卡车上，沿着地处深山老林的一条防火山路向上爬行。路上的积雪足足有半米厚，两侧则是参天的红松，爬行了 2 个多小时，前进了还不足十公里，汽车戛然停止，连长宣布因为积雪太厚，车上不去了，让大家在森林里找点木头下山烤火用。就这样，战友们连抬带扛，把倒在路两侧的树木抬上车，待我们回到营地时，每个人的眼睛、眉毛、鼻子全都挂满了霜，大头鞋里的袜子与红肿的脚已经黏住了。不过，尽管如此，谁也没有叫苦怕累，因为大家都明白，"一不怕苦，二不怕死" 是军人的本色，今后的日子还长着哩！军旅生涯就这样开始了。

高中毕业生，那时算是 "知识分子" 了，新兵集训四个月后，我被分配到了团部机关，来到了从此伴我起步、成长的哈尔滨，入党、提干，直至调至上一级政治机关，我在哈尔滨生活、战斗了将近 6 年，不过，真的是当兵改变了命运。

哈尔滨当时就是全国十大城市之一，素有"东方莫斯科"之称。对于我们这些来自农村的孩子来说，营地在大城市，可说是一种幸运，许多年过去了，我总是视哈尔滨为第二故乡。

曾经的太阳岛，在我的印象中是貌不惊人的，灌木丛生，不过是松花江中的一个冲积岛，也是令我不堪回首的一个地方。因为我曾身患结核性胸膜炎，在那里的空军医院住院四个半月，对那里的一草一木格外熟悉。

曾经的“动力之乡”，我时常路过，也常常对家人、对朋友炫耀，那 1.5 公里的长街，并排坐落着哈尔滨电机厂、锅炉厂、汽轮机厂三家国家大型装备工业企业，每逢上班时刻，上万名身穿蓝色服装的工人，从沿街不同的大门齐刷刷地涌进厂区，场面颇为壮观。

值得肃然起敬的还有那个哈尔滨军事工程学院，校园之大、气势之恢宏，令我们这群求学无门的士兵们羡慕不已，总是去参观。哈军工被称为全世界最大的军校，汇集了陆、海、空、核、导弹等诸多兵种。

最抹不去印记的要数那些散落在哈尔滨大街小巷的教堂、建筑物和那条中央大街，所谓“东方莫斯科”“东方小巴黎”的称号可能就来源于那种浪漫欧式风情及欧式建筑风格……

可是，40 年过去了，时过境迁，旧时的状况怎样了，曾经的记忆还在吗？这是哈尔滨之行我急切想知道的。

一切都在意料之中，一切又都在意料之外。踏上哈尔滨的土地，第一感觉显然是它变大了、变美了、变得更有风情了。那个不曾让我心动过的太阳岛现在已经被打造成哈尔滨唯一的、游客们必去的 5A 级景区。只是那个曾经为哈尔滨人自豪的“三大动力”，虽然仍是全国重要的装备工业企业，已合并为哈尔滨电站集团，但似乎早就藏在“深闺”，少有人关注，更没有多少人为之津津乐道。那个曾经为人仰慕的“哈军工”现在也已成了哈尔滨工程大学校址，只是全国众多重点高等学校中的一所，风光不再。倒是那条中央大街，更加浪漫、更具风情、更有魅力，令人流连忘返。华灯初上，我们步入了那条被人们称之为“中国第一步行街”的大街，夜幕下的哈尔滨露出种种动人之美：那座典型的索菲亚东正教教堂显示了一股神秘色彩；那鳞次栉比的独具俄罗斯风情的建筑在荧光灯的折射下，洋溢着欧式气质；那独具个性的店招店牌，要不是有中文标识，一定被人们误认为进入了异国他乡；脚下的那种长宽各

▶ 曾经的“动力之乡”，我时常路过，也常常对家人、对朋友炫耀，那 1.5 公里的长街，并排坐落着哈尔滨电机厂、锅炉厂、汽轮机厂三家国家大型装备工业企业，每逢上班时刻，上万名身穿蓝色服装的工人，从沿街不同的大门齐刷刷地涌进厂区，场面颇为壮观。

▶ 最抹不去印记的要数那些散落在哈尔滨大街小巷的教堂、建筑物和那条“中央大街”，所谓“东方莫斯科”“东方小巴黎”的称号可能就来源于那种浪漫欧式风情及欧式建筑风格……

▶ 夜幕下的哈尔滨露出种种动人之美：那座典型的索菲亚东正教教堂显示了一股神秘色彩；那鳞次栉比的独具俄罗斯风情的建筑在荧光灯的折射下，洋溢着欧式气质；随处可见的哈尔滨啤酒大排档更使这条大街显示了青春、浪漫与活力。

约十余厘米、排列得整整齐齐、面包形状的花岗石被磨得溜光跌滑；随处可见的哈尔滨啤酒大排档更使这条大街显示了青春、浪漫与活力。行走在这条街上，即使不带钱包，也是一种享受，令人心旷神怡。

当然，重返哈尔滨，我最牵挂的还是那个曾经生活、战斗了近6年的部队。汽车还未进入营区，我已感受到昔日的市郊已完完全全融入了城市，刚进入营区，就有一种今非昔比的感觉，旧时的印象荡然无存。我试图寻访曾经朝夕相处的机关办公楼以及小礼堂、指挥连、营卫排、卫生队、干部灶、大食堂、汽车队、家属宿舍等等，竟找不到一点影踪。原先一排排的小平房已被错落有致的楼房所代替。整个营区花丛草木茂盛，绿树成荫，当年栽下的那些行道松树格外挺拔，我们仿佛置身于公园之中，又显得格外宁静、简洁，格外精致、美丽……

时光荏苒，岁月流逝。哈尔滨之旅，算是还了我一个小小的心愿。我为自己的军旅生涯而骄傲，为曾经战斗过的部队而骄傲。

（刊《姑苏晚报》2013年9月8日）

葑门横街

20世纪80年代初，我从部队转业，单位在葑门横街葑溪河南岸的西肖堡场给分配了一处住宅。打那以后，走进横街，关注横街，变成了我生活中不可或缺的组成部分。几十年间，我的家搬了多次，离横街越来越远，但这个横街情结始终割舍不断，隔段时间总要找个理由过去看看。

八、九月间，秋高气爽，忽然想到，该是江南水乡品尝水红菱的时节，不由自主又踏上了横街之路，果然没让人失望，这里时令佳品应有尽有，煞是喜悦。

我有时想，苏州人真的应当向葑门横街致敬。横街，原来地处城乡接合部，它并不显眼，只是江南地区水乡集镇常有的那种“前街后河”“河街并行”“小桥流水”“枕河人家”的风貌特征，在这里尽收眼底。自古以来，葑门横街就是苏州城里城外、城里人与乡下人人流、物流、信息流的集散地，集市、店铺、茶楼、饭庄、书场、小吃店等，在这里一应俱全，尽显江南市井风情。改革开放以后，苏州发展之快、变化之大，令人有些始料未及，许多颇有特色的小集镇寿终正寝，一直被上海人说成“乡下”的“小苏州”，一举成为大城市，横街周边地区也是高楼林立，一派现代化氛围。苏州古城内的几条百年名街，如观前街、山塘街、平江路，虽然保护完好，但不少人发现，这只是旅游者的天堂，苏州人想用“吴侬软语”的方言与人通畅交流，已是一件很难的事情。唯有葑门横街：风貌犹在、

▶ 我有时想，苏州人真的应当向葑门横街致敬。改革开放以后，苏州发展之快、变化之大，令人有些始料未及，苏州人想用“吴侬软语”的方言与人通畅交流，已是一件很难的事情。唯有葑门横街：风貌犹在、风姿犹在、风情犹在。难怪有人说：到了葑门横街，才看到了苏州人的生活；读懂苏州葑门横街，才算读懂了苏州的市井文化。

风姿犹在、风情犹在。难怪有人说：到了葑门横街，才看到了苏州人的生活；读懂苏州葑门横街，才算读懂了苏州的市井文化。

对于葑门横街，人们总有一种又爱又恨的感觉。横街终究老了，老得有点邋遢。原本错落有致的老房子，现在蓬头垢面，破旧不堪、斑斑驳驳；原本鳞次栉比的店铺、小摊，偏偏又不大守规矩，随意摆放、私搭乱建，安全隐患不断；原本的基础设施，随着超负荷运转而难以为继，环境安全得不到保障。商家、市民怨气重重，管理者也伤透了脑筋。

不过，不少人对这种“无序”和“乱象”就是恨不起来，甚至认为，看似“无序”胜“有序”。这的确也是事实。老归老，葑门横街依然健康地“活”着，渗透着常人难以窥见的生机与活力。久未光顾横街的人，只要踏进这个地方，会油然而生一种久违的怀旧之心和亲近感、亲切感，苏州百姓更是如此。旧时江南水乡集镇，不就是这般模样吗？房子临水而筑，街巷是窄窄的，店铺小小的，一个挨着一个，商品琳琅满目，应有尽有。清晨，四面八方的买卖人云集而来，熙熙攘攘的人群里一片喧嚣声和吆喝声，嘈杂而又质朴，做生意，讨价还价，也是那样温文尔雅、斯斯文文。一到下午，人们逐渐离去，横街变得安静起来，生意人不再风风火火，游人这时慢慢悠悠，一副欣赏享受的神态。晚上是横街最为宁静的时候，忙碌一天的商家，各自按自己的方式享受一天中的平静生活，偶然也发现，有人在毫无目标地数着路灯，慢慢地前行，或谈情说爱，或散步休闲。

▶ 旧时江南水乡集镇，不就是这般模样吗？房子临水而筑，街巷是窄窄的，店铺小小的，一个挨着一个，商品琳琅满目，应有尽有。

人们对葑门横街的喜爱，说到底是苏州人对苏式市井生活的一种喜爱。“跟着时令吃吃吃”，是苏州人生活方式的重要内容，而横街正是苏州人追逐时令美食的天堂，四季分明、月月变化。横街的商品以满足市民基本消费为主体，品质正宗而价格公道，横街的美食以“名特优”著称，人无我有、人有我优、人优我特，从司空见惯的大众商品，到难得一见的特色点心，概不例外。难怪一些老苏

▶ 人们对葑门横街的喜爱，说到底是苏州人对苏式市井生活的一种喜爱。“跟着时令吃吃吃”，是苏州人生活方式的重要内容，而横街正是苏州人追逐时令美食的天堂，四季分明、月月变化。

葑门横街

州，常常不计路程，非要赶到这里，买几件横街货带回家：手工豆腐、油余肉皮、手工蛋饺、芋艿、板栗、鸡头米、水红菱、水磨米粉、青团子、脱壳童子蟹、甜酒酿、乌米饭……

前不久，有朋友告知我，葑门横街环境整治结束了。街宽了些、路干净了些、店铺也整洁了些，老房子也擦了一把脸，只是感觉缺了点什么，就有点像当年十全街那样，原本枝叶茂盛的梧桐树，被剪掉叉枝叶子以后，只剩下枝干的感觉。我对他说，只要土壤还在，根系还在，生命力还在，只要用心呵护，老树迟早还会枝繁叶茂起来。但愿葑门横街永远成为苏州市井风情老街的代表作。

（刊《苏州杂志》2017 年第 5 期）

古典园林：苏州的文化图腾

“江南园林甲天下，苏州园林甲江南”，在无数赞美江南的诗文中，这可能是最耳熟能详的了。

千百年来，作为一种创造性的杰作，苏州古典园林已经成为东方园林的代表，形成了苏州独有的园林文化。苏州园林咫尺之内再造乾坤，代表着一种独特的艺术成就，具有无可估量的内涵与价值。

在我看来，苏州古典园林承载着中国传统思想文化精华，储存了大量的历史、文化、思想、科学和信息，物质内容和精神内容都极其深广。苏州古典园林不仅仅是精美绝伦的艺术佳作群落和美的样式，它所承载的以人为本、天人合一、追求卓越、精耕细作的理念，是苏州持续繁荣与发展的动力与精神内核，是可触摸的“世界观”和“价值观”。苏州古典园林是苏州的文化图腾。

▶ 苏州古典园林不仅仅是精美绝伦的艺术佳作群落和美的样式，它所承载的以人为本、天人合一、追求卓越、精耕细作的理念，是苏州持续繁荣与发展的动力与精神内核，是可触摸的“世界观”和“价值观”。

1997 年，苏州古典园林成为世界文化遗产，被赋予了全新的认识，它不仅是中国的优秀历史文化遗产，而且衍化为世界级品牌，成为全人类文化艺术宝库中的珍宝。对苏州社会经济发展的历史作用与时代价值，自然也更加凸显出来。

苏州园林之唯美　360 个职业就有 360 种苏州园林

苏州园林博大精深。作为浓缩的自然景观和珍贵的人文景观，它是国人心目中最诗情画意之所在，引无数人品读与探秘。不同的人、不同的职业对苏州园林，有着不同的解读。在文学家眼里，苏州园林就是一首流动的诗词，他们赞美园林是风雅之花，留下了很多脍炙人口的诗词歌赋，如“君到姑苏见，人家尽枕河”“清风明月本无价，近水远山皆有情”……为园林赋予了极大的文学价值；建筑与规划学家看园林，看的是建筑样式、亭台楼阁，理水叠山、近景与远景，中意的是线条、布局；艺术家眼里看园林，关注的是国画、书法、雕刻以及文房四宝；社会学家看园林，想到的是《红楼梦》以及人物、变迁；老百姓看园林，体验的是美以及具有创意的旅游产品。

如果说1000个读者就有1000个哈姆雷特，那么360个职业就有360种苏州园林。苏州园林作为苏州最具代表性的标志与符号，是苏州辉煌的见证与智慧的浓缩，不同的人各自从中体味到了他们所寻觅的线条、哲理、诗情和韵律。

苏州园林具有无可比拟的综合价值，历史的、文学的、艺术的……而且在现有的经济条件与生活方式下，苏州园林还是个独特的、具有极大吸引力的旅游产品，给苏州带来了人流、商机、收入，促进了苏州经济社会的发展。

苏州城市的发展、文明与进步，离不开“园林之城”这个重要载体和文化品牌。苏州成为中国社会、文化及思维的典范样本之一，得益于历史悠久、艺术精湛、影响深远的众多苏州园林。苏州园林作为天堂苏州的宝库与金矿，极大地提升了苏州城市核心竞争力。

苏州园林之精髓　一切优秀的文化传统都能从中找到本源

苏州园林不仅是一种物质形态，还是一种生活方式、生产方式。作为苏式生活与苏式智慧的集大成者，苏州园林的背后有追求极致、追求美的精神存在。在苏州，一切优秀的文化传统都可以从这里找到本源、找到基因。

▶ 作为苏式生活与苏式智慧的集大成者，苏州园林的背后有追求极致、追求美的精神存在。在苏州，一切优秀的文化传统都可以从这里找到本源、找到基因。

比如城市结构变化，“古城新区”“一体两翼”“四角山水”“五区组团”，苏州城市的变迁深深打着苏州园林的印记。当初，中国与新加坡合作开发苏州工业园区之前，李光耀看到苏州的精致秀美，对网师园以及精湛的苏作技艺留下了深刻的印象，遂决定选择在苏州合作开发园区。

20多年过去了，苏州工业园区已经成为一块充满活力的非凡之地，成为中国开发区建设发展的样板。苏州城市也因此获得盛赞：全国最佳活力城市、李光耀世界城市奖……

再比如说产业发展，苏州产业结构走创新之路，追求高端，这深深地镌刻着苏州园林的特点、特色和特质，追求卓越与精益求精。就连苏州生态文明建设也与苏州园林有着不能分割的联系，两者异曲同工、一脉相承。苏州园林名副其实成为园林苏州。

尤其苏州园林背后所体现出的工匠精神的精髓——精雕细刻、精耕细作、精致生活，反映在城市建设、社会发展、市民生活的方方面面，更加具有力量。

苏州园林之价值　国际化的眼光与视野展现魅力

认识苏州园林，需要保护苏州园林。我们不仅要欣赏阅读它的样式，更重要的是发现和发掘它的品牌价值。苏州园林是苏州文化的图腾，是苏州精神的核心与苏州发展的动力。苏州城市精神说到底就是苏州园林精神，其作为城市之魂、情怀之至、生活之作，是智慧大成、心田之托、艺术范本的重要载体。

▶ 苏州城市精神说到底就是苏州园林精神，其作为城市之魂、情怀之至、生活之作，是智慧大成、心田之托、艺术范本的重要载体。

如何提升苏州园林品牌的影响力？我以为，在国际化的大背景下，就是要用国际化的眼光、理念，世界级的视野看待苏州园林，发展利用苏州园林。我们的眼光不能只是瞄准一个个园子，更不能只是关注“门票经济”，而应该将她看作是一个整体，下功夫打响一个世界级的品牌。因此我们建议：

举办国际园林文化艺术展。这方面苏州具有独特优势。由苏州牵头，举办大型国际园林文化艺术展会，将园林文化艺术方面的资源、要素集聚在一起，展示、碰撞、交流、学习，促进行业发展，吸引社会关注，会产生意想不到的聚变效应。

扩大利用国际机构的品牌影响力，争取苏州国际话语权，提升苏州园林的影响力。如联合国教科文组织亚太地区世界遗产培训与研究中心（苏州），这是全国地级市中唯一的国际二类机构，应充分发挥它的作用，提升它的价值。以此向世界宣传苏州的成功实践，分享世界遗产保护与监管经验。

让苏州园林更加深入地走进老百姓的心田。借助文创的方式、产品、载体，让苏州园林走向老百姓、旅游者的生活，给他们带来新体验，让苏州园林所蕴含的生活方式成为老百姓的生活方式。其中特别是针对青少年群体，要进行多方位考虑，让他们走进、喜欢苏州园林。

围绕苏州园林拍摄一部记录电影，最好是国际大片。通过电影的方式，增加苏州园林视觉冲击力，展现其独特魅力。

（刊《现代苏州》2017 年特刊）

南华寺与禅宗六祖

到广东，有必要去一下韶关，远离发达地区的喧闹，体验欠发达地区的幽静，会有一种别样的感受；而到韶关，不能不去地处曹溪河畔的南华寺，那可是佛教禅宗六祖慧能弘扬"南宗禅法"的道场，是广东省首屈一指的佛教圣地。

初知南华寺，是那则流传已久的佛教故事和那首千古绝句。据说，唐代初年，南华寺五祖弘忍准备传宗，要众弟子作一首超脱生死苦海的偈，谁若悟意，就将衣钵传给谁。大弟子神秀博学多才，人品也高尚，深受五祖和众弟子喜爱和尊重，他率先在门前写了一偈，曰："身是菩提树，心如明镜台。时时勤拂拭，勿使惹尘埃。"按现在的意思是说，众生的身体就是一棵觉悟的智慧树，众生的心灵就像一座明亮的台镜，要时时不断地将它掸拂擦拭，切不要让它被尘埃玷污而失去了光明的本性。众弟子齐声称好，开始念诵起来，当时的慧能和尚在跟随众僧做些杂务活，又不识字，别人朗诵后，他知道神秀的偈虽然写得不错，但并没有真正悟出佛性，便请人代他也写了一偈，曰："菩提本无树，明镜亦非台。本来无一物，何处惹尘埃。"他的意思是说，菩提原本就没有树，明亮的镜子也不是什么台，本来就是虚无没有一物，哪里会染上什么尘埃。弘忍看后大喜，认定慧能悟出了佛性，当晚向慧能密授真传《金刚经》，并传衣钵，告回岭南继续修炼。后来慧能成了真正的佛教禅宗祖师。神秀也为此失去了弘忍的继承人的资格，却成

▶ "身是菩提树，心如明镜台。时时勤拂拭，勿使惹尘埃。"

▶ "菩提本无树，明镜亦非台。本来无一物，何处惹尘埃。"

了北宗一派的开山祖。这是后话。

这首千古绝句，曾经让笔者反复吟思过。南华寺作为佛教禅宗六祖慧能弘扬“南宗禅法”的发祥地，慧能在此传授佛法37年之久，法眼宗远，传承世界各地，如今已有1500多年历史。1983年，南华寺最早一批被国务院列入国家重点寺院，并在2001年被列为第五批全国重点文物保护单位，让人仰慕。

南华寺一行，仿佛将那段尘封已久的故事和千古绝句又重新过了一下电影。对于今人来说，也许神秀的偈语更有道理，“时时勤拂拭”方可“勿使惹尘埃”，这是唯物主义的观点。人世间的诱惑太多，如果不主动地保持清醒的头脑，保持洁身自好的心灵，不随时洗拂各种尘埃和杂念，是很难保持洁净的肌体的。毛泽东同志不早就说过，扫帚不到，灰尘不会自己跑掉。然而，佛教作为一种哲学思想，博大精深，见仁见智。在慧能看来，“本来无一物，何处惹尘埃”，众生皆有佛性。“心地无非自成我，心地无痴自性慧，心地无乱自性定”“心平何劳持戒，行直何用修禅”，他所开创的神宗讲究的是明心见性，顿悟成佛。修行方式也是无念、无住、无相，佛法无处不在、人心皆有，无须到处寻觅，人的本心即是佛教里所谓的性，是清明无碍的，如受尘识蒙蔽，就见不到性。慧能开创的禅宗还认为，“愚人”和“智人”，“善人”与“恶人”，他们与“佛”之间没有不可逾越的鸿沟，从“迷”到“悟”，仅在一念之间。这无疑带有强烈的主观唯心主义色彩，过于“玄秘”，而正是这种“见性成佛”的思想，对中国佛教的演变产生了影响。

▶ 人世间的诱惑太多，如果不主动地保持清醒的头脑，保持洁身自好的心灵，不随时洗拂各种尘埃和杂念，是很难保持洁净的肌体的。

说实话，尽管拜谒了南华寺，但其实真正理解慧能法师的那个佛教精髓不是一件容易的事。中国的佛教，源远流长，派别众多，择其要者，就有性、相、台、贤、神、净、律、密等8大宗派，佛教信众更是多得惊人。佛教之魅力，无疑是人们劝善救难、修身善心、规范德行的精神信仰和导向。尽管真正懂得佛教所隐含的哲学思想和精髓的人少之又少；尽管多数民众感知佛教的信号不外乎来自

▶ 佛教之魅力，无疑是人们劝善救难、修身善心、规范德行的精神信仰和导向。尽管真正懂得佛教所隐含的哲学思想和精髓的人少之又少；尽管多数民众对佛理知其然不知其所以然；尽管一些信众在持戒修行、求神拜佛方面，存有某些功利特征，但它并不妨碍中华佛教的惊人生命力和美好的憧憬。

寺庙黄墙、佛殿，和尚、法师，袈裟、佛号，对佛理知其然不知其所以然；尽管一些信众在持戒修行、求神拜佛方面，存有某些功利特征，尚违背佛教之本质，但它并不妨碍中华佛教的惊人生命力和美好的憧憬。可喜的是，如今佛教已有走向现实人间、走向世界之趋势，期望它在现代市场经济社会，继续成为利益人生、开导人心劝人积德行善、排除私心，避免恶性冲突的一种精神利器。

（刊《苏州日报》2014 年 12 月 23 日）

最忆香花桥

江南地区叫“香花桥”的地方不胜枚举。母校吴县黄埭中学，现已更名为“江苏省黄埭中学”，就坐落在黄埭老街最西端的香花桥畔。

黄埭，地处苏州城西北，因楚相春申君黄歇以水筑埭而得名，是远近闻名的商埠重镇，自古以来就有“金荡口、银黄埭”的说法。

黄埭老街久负盛名。据历史记载，老街全长1372米，分为东街与西街，俗称“三里长街”。清同治、光绪乃至民国年间，这里店铺林立，以米业、茶业为代表的各类商家有303家，门类齐全，分别有28爿米行，近百家茶馆，8爿棉布店，6爿酱油店，11爿肉店，6爿南货店，9爿书场。还有19爿大大小小的饭店、面店和点心店，比如埭川饭店、大雅、周记、永兴及东兴、元兴、长兴、新兴春、如来春、香花饭店等。其繁华热闹可见一斑。

香花饭店坐落在人称“黄埭十八景”之一的香花桥堍。清末，由田少云创作、弹词名家马如飞改编、朱恶紫整理的传统开篇《黄埭十八景》如是说：世上桃源足自豪，黄埭小镇乐逍遥。宜人景物知多少，古迹重重仔细瞟。三层牌楼今尚在，小桥杨柳间枝桃。万笏朝天高墩上，卖度乡人闹一朝。威灵显赫庄严相，双竖旗杆城隍庙。金钩钓鱼兴国寺，钉镕栏杆香花桥……

▶ 传统开篇《黄埭十八景》如是说：世上桃源足自豪，黄埭小镇乐逍遥。宜人景物知多少，古迹重重仔细瞟。三层牌楼今尚在，小桥杨柳间枝桃。万笏朝天高墩上，卖度乡人闹一朝。威灵显赫庄严相，双竖旗杆城隍庙。金钩钓鱼兴国寺，钉镕栏杆香花桥……

这香花桥貌不惊人，很不起眼，却大有来头。史载，香花桥建于南宋嘉定七年（1214），清同治年间重修，为武康石、花岗石混砌单孔梁桥，因旧时正对兴建于东吴年间的兴国寺山门，寺内有一胖和尚常去香花桥乘凉，将东侧桥梁上的石头坐断后用一个“钉锴”予以加固，故称“钉锴栏杆香花桥”。到底是史实，还是传说，难以考证。不过2010年，古桥边竖起了一块石碑，称“区级文物控制保护单位”，保护范围为桥身周围2米。可见古桥的确是有文物价值的。

有些情况往往这样，有的事貌似无比精彩，却熟视无睹；有的事微不足道，却魂牵梦绕。令我心心念念的那座香花桥，还有桥之畔的那家香花饭店，就是这样。

▶ 有些情况往往这样，有的事貌似无比精彩，却熟视无睹；有的事微不足道，却魂牵梦绕。令我心心念念的那座香花桥，还有桥之畔的那家香花饭店，就是这样。

1965年夏季，我结束初中学业，考上黄埭中学，香花桥、香花饭店，便成了我们的校邻居，冥冥之中成就了一份情缘。

我是常熟人，说起报考黄埭中学，这是我人生成长的一个拐点。我的家在贯通常熟至苏州的周塘河善长泾下塘的东姚家桥村，位于吴县与常熟两县交界处。我们村南行约2公里有个小镇叫“石桥”，北行约2公里有个小镇叫“洞港泾”，都是当地颇有影响力的集散中心。但村民自古以来偏喜石桥，虽属常熟管辖，却自诩为“苏州齐门外人”，我的父母也不例外，还偏执地认为，往苏州方向发展更有出息。当我在村里读完初小毕业时，即1960年，正值三年困难时期，村上年龄与我相近的小伙伴全部辍学，我则面临两种选择，要么上本县的洞港泾中心小学，要么上吴县的石桥中心小学，好在当时对学区、择校没有严格规定，作为一个外县人，我带着成绩单，顺理成章地在吴县读完了小学和初中、高中。

黄埭对于当地农民来说是个“大码头”，黄埭中学在当时百万人口的吴县，是仅有的5所完全中学之一。收到高中录取通知书的那一天，颇有点让人喜出望外。但黄埭在哪里？黄埭中学什么模样？很有点神秘感。我们几个小伙伴聚在一起，决定在开学前结伴而行，来一个先睹为快。

这是一个炎热的日子，我们从石桥小镇的一个同学家里出发，带着掩饰不住的几分喜悦，怀揣“书包翻身”的梦想，哼着小曲，沿着事先考量的方向上路了。时而行走在乡间小路上，时而徜徉在宽阔沟渠上，时而穿越小桥与机耕路。先在一个叫“芮埭”的渡口摆了渡，涉过治长泾河，到达黄埭境内后，又经过卫星村、倪汇村、永昌村等自然村落，黄埭镇终于到了。紧接着就是三里长街，从最东端走到最西端，一睹芳容。究竟走了多少时间，不清楚。反正，年轻人有的是力气。这是我们的初识：与江南常见的水乡小镇一样，黄埭面街枕河，依水而筑，古色古香，两岸皆街，斑驳的外墙，碎石铺成的路面，店铺、民居一个挨着一个。只是格外陌生，格外新鲜。快到学校的时候，我们停止脚步。只见一幢独立的临水建筑，三开门面，香花饭店映入眼帘，走进去一看，七八张方桌，我们瞧了下菜单牌，上面密密麻麻写着各种菜名，什么清炒虾仁、红烧排骨、大蒜炒猪肝等等。堂内稀稀拉拉坐着几位农民模样的客人。吃饭的时候到了，我们越看菜单肚子越饿，口水快淌出来了。可叹囊中羞涩，几人一合计，各花了一角钱，每人点了一碗米饭，一碗猪头肉豆腐菠菜汤。哇！出奇地美味。这是我从未有过的感觉。从此，我记住了黄埭的这家香花饭店，记住了这家饭店的猪头肉豆腐菠菜汤，以至于在多少年以后，我还一直回味，认为此菜最正宗。

▶ 与江南常见的水乡小镇一样，黄埭面街枕河，依水而筑，古色古香，两岸皆街，斑驳的外墙，碎石铺成的路面，店铺、民居一个挨着一个。只是格外陌生，格外新鲜。

黄埭中学的同班同学，有街上人、乡下人、走读生、寄宿生，有本地人，也有来自吴县木渎、光福、浒关、枫桥和无锡、常熟等地的外乡人。虽然读书时已处于三年困难时期恢复阶段，但生活依然比较清苦，每月伙食费只有7元5角钱，国家按家庭经济情况发给学生助学金。乡下的孩子懂事早，开窍晚。我就属于这类人，整个求学期间，都小心翼翼、腼腆、拘谨、听话、用功，又易于满足，给点阳光就灿烂，只是觉得有点“贪嘴”，常常留恋香花饭店这些饭菜。小时候，我家境不算好，但也说不上穷，在那个时代，其实每家每户只是温饱程度的差异。我父亲还算比较活络，农忙之余做一些“鸡毛换糖”的小生意，补贴家用。母亲属于“再苦不能苦孩子”的这种类型。我每次寄宿后回家，两样礼物是必须有的。一是两瓶小菜，其中一瓶是自制咸菜，一瓶是红烧咸带鱼。二是5角钱零用钱，算是很知足了。每当下午课外作业完成，就心心念念想起那家香花饭店、那碗猪头肉豆腐菠菜汤，口袋里仅有的几角零钱就是全部的资本。后来，“文化大革命”开始了，转入了“停课闹革命”阶段，我们这群农村寄宿生回家待命，有一天收到通知说要复课了。回到学校，老师给我发了4元助学金现金。我不假思索，驰向香花饭店，饱餐了一顿，这一次，外加了一道“名菜”：大蒜炒猪肝。

许多年以后的一天，我故地重游，回到母校。今非昔比，学校已成为本地首屈一指的现代化学校，省级重点中学，“高端、大气、上档次”。只是通往香花桥的那个南大门已禁止通行，赫然注明：城隍庙山门——相城区文物控制保护单位。而之前让我流连忘返的香花饭店已被夷为平地，荡然无存。我不由自主地站在香花桥上，凝望四周。儿时的记忆虽然模糊，但若隐若现。仅有一些斑驳的墙，依水而筑的民居、商铺，依然能让人感觉到曾经的风华；水中小舟、老街喧闹、商贾云集、河埠洗刷，场景已不再，那熟悉的美食佳肴也只能他处另觅。发展的背后伴随着诸多的遗憾、惋惜、怀念、叹息、伤感油然而生。唯有那老态龙钟的香花桥，顽强而自信地活着，好像在向人们诉说着曾经的风姿、沧桑，期待美好的向往。是的，当我们尽情地创造和享受现代化与社会进步成果的同时，多么希望努力抢救那些正在消逝的乡愁，请当代人多留下一些历史的印记，让后代人延续甜蜜的记忆。

▶ 站在香花桥上，凝望四周。儿时的记忆虽然模糊，但若隐若现。仅有一些斑驳的墙，依水而筑的民居、商铺，依然能让人感觉到曾经的风华。当我们尽情地创造和享受现代化与社会进步成果的同时，多么希望努力抢救那些正在消逝的乡愁，请当代人多留下一些历史的印记，让后代人延续甜蜜的记忆。

（刊《苏州日报》2020年4月4日）

香山建筑文化的西南首秀

▶ 在数千里之外的重庆四川美术学院美术馆，一场名为“见微知著 方寸之间——中国建筑艺术之美”的展览隆重开幕。这是苏州香山帮建筑文化在西南地区的“首秀”，只不过，策划主办方是重庆的文化机构。所见所思，除了增添了几分敬意，还有点感动和惭愧。

苏州香山帮传统建筑技艺作为列入联合国教科文组织“人类非物质文化遗产名录”的瑰宝，原本我以为，只有生于斯、长于斯的苏州人，才更能读懂香山帮，更加钟爱苏式建筑。

今年7月16日，在数千里之外的重庆四川美术学院美术馆，一场名为“见微知著　方寸之间——中国建筑艺术之美”的展览隆重开幕。这是苏州香山帮建筑文化在西南地区的“首秀”，只不过，策划主办方是重庆的文化机构。所见所思，除了增添了几分敬意，还有点感动和惭愧。

抗疫获得阶段性胜利后，我们一群人开始思考，如何在保护世界文化遗产方面奉献一点苏州智慧和苏州力量。5月的一天，我接到朱华明先生的电话。我们称他“香山小木匠”，其实他也已50岁开外了。朱先生在苏州似乎名不见经传，但因为技艺好，又喜好古建构件收藏，在圈内很有影响力，还担任亚太世遗中心古建筑保护联盟常务执委。2013年4月9日的《苏州日报》专门讲述了他为著名影星成龙修复古建筑的故事，引起了人们的关注。他告诉我，重庆有个机构拟在四川美术学院举办一个以“香山帮传统建筑”为主题的展览，请求他作为“香山匠人”和“古建收藏家”支持配合，朱华明与他们并不熟悉，但一口答应，还向主办方推荐，应邀请亚太世界遗产中心古建筑保护联盟及苏州世界遗产与古建筑保护研究会参与。我心想，由数千里之外的异地宣传推广苏州建筑文化之美，一方面说明苏州香山技艺之魅力，也表明主办方具有足够的胸怀和学识。紧接着双方开始了密切的接触。6月9日，我请联盟周苏宁、程宏、朱颋等几位在园林、文旅、营造方面有研究和实践的专家，在苏州会见了一位名叫邓良军的策划人。面前的这位邓先生，年轻、瘦小，一副文弱书生、谦谦君子的模样，操一口不太流利的南方普通话。简单寒暄后就切入了主题。看得出来，来者是备了课的，虽说不上十分专业，但已查阅了大量关于传统建筑、苏州园林、香山文化等方面的史料、文献、著作，眉宇间流露出对苏州香山文化及苏州古典园林之美的尊敬、畏服之感。我们当即表示全力支持，并就我们的实践和认识给对方提供了广泛、善意和针对性的建议，并推荐对方再重点考察一些苏州的企业和项目，又协调相关企业及朱华明先生提供能够成为策展亮点的展品。之后，邓先生又专程来苏州与周苏宁先生单独进行学术交流切磋。

7月16日，展览如期开幕，场地设在风景如画的四川美术学院，我们也如期赴约。我们惊喜地发现，一个由“外乡人”策展、承办的展览，对苏州香山传统建筑文化竟揭示得如此淋漓尽致，油然而生一种敬意。周苏宁先生在我们一行中算是资深园林文化与古建专家，他用“专业、新颖、意境”予以评价。

说专业，是因为中国建筑博大精深，上下数千年，跨域东西南北中，榫卯结构独步世界，艺术风格精美鲜明，地方流派多姿多彩。面对如此博大精深、文献浩瀚、实物缤纷的艺术门类，此展能在不大的空间里，总揽有序，开阖有度，恰到好处地将中国建筑历史、文化、艺术、流派展示在观众眼前。浏览此展，犹如一次中国建筑千年史的穿越和文化洗礼。

▶ 中国建筑博大精深，上下数千年，跨域东西南北中，榫卯结构独步世界，艺术风格精美鲜明，地方流派多姿多彩，面对如此博大精深、文献浩瀚、实物缤纷的艺术门类，此展能在不大的空间里，恰到好处地将中国建筑历史、文化、艺术、流派展示在观众眼前。

说新颖，是此展的展出手法，不仅有文字、图片、模型、工具，还收集了珍贵的典籍、著作、手稿、书画、邮票，还有可供参观并动手拼装的榫卯结构，形式多样，新颖独特，出人意料，令人惊喜。

说意境，是说此展注重“建筑美”的渲染和表达，不是泛泛地展示，而是精心选择，巧妙布置，注重意境，突出建筑美主题，用美展的艺术手法，构著了一篇优美的“中国建筑美”画卷，让人在潜移默化的浏览中获得美的享受，意犹未尽，流连忘返。

▶ 唯有香山帮那样，不离不弃地扎根在深厚的历史积淀中，生长出自己的特质，才能成为当地文化的有机部分，堪为实用与审美相融合的典范。无论香山帮走到哪里，从没真正离开过太湖边的那座小山，所以历经沉浮，又总能枯木逢春。

重庆人对这个关于苏州题材的展览，也广受好评，有两条网友留言是这样说的：

来自苏州香山的能工巧匠，一代接着一代，踏遍千山万水，把六百多年的历史堆砌到了我们的眼前，建筑要有独特性，应该让设计和所处的环境发生对话，当一门技术可以当做艺术来欣赏的时候，他同时承载的还有文化。

唯有香山帮那样，不离不弃地扎根在深厚的历史积淀中，生长出自己的特质，才能成为当地文化的有机部分，堪为实用与审美相融合的典范。无论香山帮走到哪里，从没真正离开过太湖边的那座小山，所以历经沉浮，又总能枯木逢春。

西南之行，在与朋友交流中，我们形成了一种印象，重庆人对苏州传统建筑及项目如数家珍，对香山匠人之尊重，对香山建筑之敬佩，是由衷的、发自肺腑的，甚至有点膜拜。在重庆似乎大凡一些重要的标志性传统建筑，都有苏州香山帮匠人的身影。有一个重庆房地产公司，竟打出了这样的宣传广告语：“感谢苏州的香山帮为重庆造一座桃花源。”并撰文说：“香山帮，是受人尊重的历史传统，也是值得信赖的明星团队。在这个传统难以为继、心浮气躁的时代，香山帮让我们看到了一种历久弥新的理想。”

是谁在西南地区刮起香山传统建筑的旋风？又是谁在西南地区塑造苏州香山传统建筑文化的品牌？我们紧接着考察了来自苏州风景园林发展集团在渝的两个案例。

弹石子街地区是重庆集人文历史、观光休闲、娱乐购物于一体的大型文商旅居综合体。其核心区弹石子老街始于 19 世纪初，是江南有名的水码头，也是重庆开埠最早的地区。但随着历史的变迁，原有的弹石子老街已经毁坏消失。重庆市为了留住历史记忆，

怡园

▶ 江南建筑风格与川渝地区差异很大，但苏州的香山匠人们素有一种敢于创新、追求卓越、一丝不苟、精益求精的精神，凭着“绣花功夫”，在落差 80 米的施工地段与重庆朋友共同精心打造老街“一街两埠四院十景”。专家们普遍反映，这才是香山匠人的功夫，弹石子老街已成为重庆新的文化地标景观。

保护近代建筑，传承开埠文化，让人们在原址上重塑和品味筑台、悬挑、吊脚、梭箱等川渝地区建筑营造艺术，重现当年山城之美。经大范围遴选，重庆甲方将古建最重要的木结构、油漆、屋面、石材、青砖铺设、栏杆、水洗面等传统技艺的重任托付给了苏州园林发展公司的香山匠人们。其实，江南建筑风格与川渝地区差异很大，但苏州的香山匠人们素有一种敢于创新、追求卓越、一丝不苟、精益求精的精神，凭着“绣花功夫”，在落差 80 米的施工地段与重庆朋友共同精心打造老街“一街两埠四院十景”。2018 年 6 月 1 日开街后，广受好评。专家们普遍反映，这才是香山匠人的功夫，弹石子老街已成为重庆新的文化地标景观。

位于黔江区濯水古镇风雨廊桥的重建则是香山工匠名扬重庆的另一个代表作。2013 年 11 月 28 日，原风雨廊桥工程被一场大火烧毁。濯水是中国历史文化名镇，廊桥古镇又是濯水的地标性文化建筑，当地党委、政府痛定思痛，决定重建，并承诺百姓再造一座更加灿烂的文化景观。当地甲方四处寻觅，郑重地邀请苏州园林发展集团参与复建。现在我们目睹的这座风雨廊桥，全长 751 米，水上部分 303 米，宽 5 米，横跨于阿蓬江上，分桥、塔、亭三部分，巍巍壮观。一层可供游人、市民通行，二层可供观赏和休闲娱乐。桥身为纯木结构，据说用的木材达 2500 立方米，全部为俄罗斯樟子松，建筑材料之间用榫头、卯眼互相穿插衔接，直套斜穿，结构牢固精密。桥建有三层塔亭，两侧有约百扇可自由开合的雕花木窗，桥内摆放有红漆长凳。而木结构、油漆、屋面、石材、钢结构均由苏州香山匠人担纲。中国为廊桥之国，只要有河，就会有桥；只要有桥，就有可能加个廊。许多地方的廊桥也成为当地的建筑文化地标，比如福建省泰宁市被称为“廊桥之乡”，浙江省泰顺廊桥堪称“世界最美的桥”。重建的濯水廊桥，则被列入大世界吉尼斯之最，称为“世界第一风雨廊桥”。苏州园林发展集团因此获得了重庆市建筑工程最高荣誉奖——“巴渝杯”优质工程奖。

重庆之行，让我们实实在在看到了苏州香山建筑文化的品牌影响力；重庆归来，我也一直在思考。香山帮建筑奇才云集在苏州，精美绝伦的优秀传统建筑群落户在苏州，这是苏州人民的福祉，不仅要保护好，更要传承好。作为当代苏州人，理应更加尊重、更加热爱香山建筑文化，为香山建筑的生存、发展、再创辉煌，创造更好的环境，从而将香山建筑文化和营造技艺更加完美地交到下一代。联合国教科文组织公约说得好，文化遗产是全世界共同的财富。因此，无论是香山传统建筑营造技艺，还是苏州古典园林等非物质和物质文化遗产，我们都应以最好的业绩、最佳的状态予以发扬光大，为全人类共享。这是使命，也是义务。我们可以为自己的努力和取得卓越成果而称道，但没有资本沾沾自喜；我们可以承认自己优秀，但绝不能坐井观天。重庆的见闻告诉我们，天外有天，山外有山。我们已经迈向新时代，现代化快速发展，我们比任何时候都更需要热爱传统、坚守传统、尊重传统，更需要读懂包括建筑文化在内的中国传统文化。只有读懂，才能明白为什么坚定文化自信，才能明白历史的伟大、文化的魅力、美的真谛；才能孕育文化情怀，培养发现传统的中国元素，发掘精神内核，不遗余力地保护传承中国血统。香山建筑技艺是文化宝库，读懂、弄通、践行并不容易。“捧着金饭碗没饭吃”或“捧着金饭碗讨饭要饭吃”的情况还时有发生，香山建筑人才青黄不接、年龄老化、结构不合理也是普遍现象。全社会需要强化使命感、责任感，和衷共济、共同发力，携手走向更加灿烂的明天。

▶ 无论是香山传统建筑营造技艺，还是苏州古典园林等非物质和物质文化遗产，我们都应以最好的业绩、最佳的状态予以发扬光大。我们可以为自己的努力和取得卓越成果而称道，但没有资本沾沾自喜；我们可以承认自己优秀，但绝不能坐井观天。

（刊《苏州日报》2020 年 8 月 25 日）

期待新苏州园林代表作问世

第九届江苏省园艺博览会落户苏州太湖之滨，将于 2016 年之春与世人见面，这是在有着“园林之都”美誉的苏州家门口举办的一次园艺盛会，给人惊喜，令人期待。

期待什么？

作为世界闻名的苏州，历史上就以“满城半庭院”而著称，造园历史可追溯到春秋吴国时代的皇家园林，汉唐时代已出现私家造园的记载。苏州文人写意山水园林起始，兴盛于宋元，成熟于明清，终成彪炳于世的文人写意山水园林造园体系，被当代世界公认为“中国园林是世界造园之母，苏州园林是中国园林的典型代表”，是中国 11—19 世纪造园艺术的最高水平，其数量之多(据记载，苏州明清时代就有园林 300 多处)，造园艺术之精湛，文化根底之深厚，足以傲视群峰，让后人累代仰慕。

然而，由于各种因素，苏州园林毁坏严重。新中国成立以来的三次普查资料显示，苏州古城区范围 1959 年有古典园林 91 处，1986 年减少到 69 处，2007 年仅存 53 处。园林数字的衰减，足以给我们当代人一个警示。园艺博览会在苏州召开，无疑强化了全社会尊重、珍爱苏州园林的信念和决心。苏州市委、市政府高瞻远瞩，提出了“坚持保护第一，现存古典园林一个不能少”的决策部署，并于最近公布了第一批《苏州园林名录》，以形成全面保护、科学保护的新局面，也给我们这一代人保护和利用好苏州园林确定了新的定位。

事实上，苏州人素有一种“园林情结”。古人云：“盛世修园，盛世造园。”经历了改革开放的洗礼，作为有责任感、自豪感和勇于担当的苏州人，常常在思考一个问题：先人给我们留下了以苏州园林为代表的精美绝伦的传世经典之作，我们除了要传承下去，是否也应该给后人留下些什么？我们能否在百年之后，也形成一批属于当代人营造的“世界文化遗产”？走近城里城外，新城旧郭，以古典园林为范本的造园之风早已悄然兴起，逐步形成“人工山水城中园，真山真水园中城”的生态园林城市格局，无论是机关、学校、企业、会所，还是茶楼、酒店、住宅小区、商业大厦，只要有空地，就有一批有心人悉心打造心目中的“深深庭院”，尽管有些是模仿，有些是按个人性情随心所欲地建造，有的甚至变形走调，但其中不乏具有新时代特色的精品佳作，只是“藏在深闺无人识”。

▶ 先人给我们留下了以苏州园林为代表的精美绝伦的传世经典之作，我们除了要传承下去，是否也应该给后人留下些什么？我们能否在百年之后，也形成一批属于当代人营造的“世界文化遗产”？

于是，让一批延续传统文脉、具有当代造园水平、与古典园林交相辉映的新苏州园林问世，让一批代表作引领当代造园事业，就成为人们的一种期待。园博会为苏州提供了一个千载难逢的极佳机遇和平台。一个名为“小筑春深”的作品正在园博会园址上破土动工。

▶ 让一批延续传统文脉、具有当代造园水平、与古典园林交相辉映的新苏州园林问世，让一批代表作引领当代造园事业，就成为人们的一种期待。

这个临太湖而建的园林，“以现代园林之形，传古典园林之神”，虽无高墙相围，却有园林水墨之色，游人一入园，既可感受到苏州园林所特有的曲径幽深、高低错落、虚实有致、轩楹高爽的韵味，又可感受到令当代人赏心悦目的现代气息。其中有借鉴古典园林精髓的沐春堂，置身其中，移步换景，犹如观赏一幅唯美的山水园林长卷；有以环秀山庄海棠亭为蓝本的景观亭，采用新型材料而建，在新与旧之间展现苏州园林艺术的独特魅力；有模拟自然山水形态的鸣泉涧，设计多条流水走线，呈现出饶有情趣的跌水景观；有追求自然生态之美的杜鹃山，依托地形片植杜鹃，形成“一路山花不负侬”的意境，同时配以红枫、乌桕、鸡爪槭等，五月时节，红叶流丹，层林如染，令人陶醉。

可贵的是，“小筑春深”适应当代的特点，在造园材料和工艺上注重生态、节约和创新相结合，驳岸、峰石，不采一块湖石，基本采用现代造园材料和工艺；建筑承重构件，均采用工业化的钢结构代替木材榫卯结构，屋面则采用双层玻璃或环保金属瓦代替小青瓦；在植物配置上，注重植物文化性与生态性的结合，根据植物耐阴喜阳、相生相克等生物学特性进行配置，提高园林生态的科学性。

▶ 在“四变”“四不变”中寻求传统经典与现代潮流相融合的新理念，“四变”即：服务对象改变，由传统的为少数人服务，变成为公众游客服务；功能要求改变，由传统的居家生活为主，变成休闲生活为主；用地规模改变，由传统的小块土地上精雕细刻，变成在较大土地上精耕细作；建筑技术改变，由传统的材料和工艺为主，变成以新材料、新技术为主。而“四不变”则是：造园思想不变，山水格局不变，造景手法不变，建筑风格不变。

更让人耳目一新的是，设计者还在“四变”“四不变”中寻求传统经典与现代潮流相融合的新理念。“四变”即：服务对象改变，由传统的为少数人服务，变成为公众游客服务；功能要求改变，由传统的居家生活为主，变成休闲生活为主；用地规模改变，由传统的小块土地上精雕细刻，变成在较大土地上精耕细作；建筑技术改变，由传统的材料和工艺为主，变成以新材料、新技术为主。而“四不变”则是：造园思想不变，山水格局不变，造景手法不变，建筑风格不变。这些有益的探索，不仅回答了新苏州园林“新”在哪里，还回答了新与旧如何对接的问题。

传承历史文脉，又具有时代风范，新苏州园林的意义和价值就有了更深的含义，它反映的不仅是形式、材料、工艺等物质形态，更是一种具有浓郁氛围的文化形态，是技术、技艺与文化的交融，折射出当代人渴望用营造园林来反映生活情趣的种种新思路和新实践，反映出当代人在现代社会转型中如何从封闭型、内向型转为开放型、辐射型，去创造出符合现代生活的优美环境。

诚然，这些概念要形成和完善，成为现实，还需要不断探索、研究和深化。毕竟，苏州园林是一个包含多种学科的综合艺术，需要文理兼容，需要外形与内涵的完美结合，这就须得通过创新实践、理性思考、归纳总结，把零星、局部的实践上升到一定的理论层面。但不管怎么说，一个新事物的出现，总是要有引领者的，总是要有一批代表作品的。所谓时代佳作、代表作，就是在传承中重在创新，并可以作为我们这个时代的一个标志，流传下去。试想，一百年后，具有代表性的园林作品不就是一个值得后人品鉴的文化遗产吗？

从历史长河看，只有那些勇于创新、突破自我的作品才能留传于世。苏州园林何尝不是如此？从宋元至明清又至民国，每个时代的园林在整个造园体系中不都因其各自鲜明的个性而流芳百世吗？而也正是这些个性，使苏州园林这一群体显得多姿多彩，让后人愈感珍贵。

一代人有一代人的追求，一代人有一代人的责任，一代人有一代人的辉煌，但一代人也有一代人的局限。无论如何，人们期待在江苏省园艺博览会这个平台上让代表当代最高水平的新苏州园林作品问世，为延续、传承、光大、创新苏州园林设计和营造技艺做出新贡献。

（刊《苏州日报》2015年9月1日）

▶ 一代人有一代人的追求，一代人有一代人的责任，一代人有一代人的辉煌，但一代人也有一代人的局限。无论如何，人们期待代表当代最高水平的新苏州园林作品问世，为延续、传承、光大、创新苏州园林设计和营造技艺做出新贡献。

传统唤醒与乡村遗产的复兴

浙西大山深处，新安江至富春江畔，有一条闻名遐迩的山水长廊、诗歌长廊，有人称之为“唐诗走廊”。据研究，曾有孟浩然、李白、刘长卿、杜牧、白居易、杜荀鹤等126位唐代诗人在那里留下了500余篇不朽诗作。有一家苏州企业，则以振兴乡村、唤醒传统为宗旨，以犀利的眼光和美学发现的理念，以保护性开发乡村遗产的文化自觉，将视角瞄准这条充满诗情画意的“唐诗走廊”，精心打造“唐诗小镇”“唐诗驿站”，让更多的人走进和领略曾被唐诗充分浸润过的那片土地，以及那片土地所呈现的洒脱而浪漫的气息，实现了文化洗礼与旅游体验深度融合的新境界。这在当地被传为佳话。

▶ 成功的本质在于发现。发现美、发现内涵、发现价值、发现路径、发现使命，发现如何为使命去奋斗、去坚持。

成功的本质在于发现。发现美、发现内涵、发现价值、发现路径、发现使命，发现如何为使命去奋斗、去坚持。从浙西山水发现唐诗走廊，从“旅游体验”发现“传统唤醒”，从“乡村振兴”发现“乡村遗产的保护性开发”。这种用心发现的态度，看似带有某种职业偶然性，实际上有其客观必然性。

2018年4月18日，是浙西唐诗小镇视觉预告发布会举行的日子。各路媒体纷至沓来，问得最多的是：唐诗小镇为何物？亮点在何处？据我理解，这个被称之为“唐诗小镇”的项目，就本质而言，它是一个集乡旅博览、乡旅体验、乡旅创投于一体的乡村旅游产业园区化的诗化阐释，是洋溢唐诗生活、梳理唐诗风情、拥抱山水风景、覆盖旅游诸要素的田园休闲产业综合体。在一个3平方公里左右的山体间，经当地政府批准规划，按照山体现存机理和水溪，依据现有美景，适度调整布局，恢复和重塑功能，试图以乡村美学观撬动农业和农村经济，把青山绿水的资源顺势转化为产业资源，在优质的生态资源和难得的历史文化渊源进行有机融合中，一方面深挖唐诗所特有的文化内涵，再现“大隐隐于市”的唐诗风韵生活状态，一方面细分当代人群对美好生活的向往与需求，重塑和再造当代中国最具诗意特点的休闲产业形态和美丽乡村意境，从而让当地农村、农民在这种新型的乡村旅游开放过程中最大限度地在物质、文化、社会、生态等各个方面实现“振兴”的最高境界。

乡村振兴，时下是个热词。乡村振兴战略是个大战略。把投资的目光瞄准乡村，大凡有远见的企业家绝不会错失这种机遇。问题是，乡村振兴，振兴什么？切入点在哪里？不同的群体、不同的组织有不同的回答，都可以有所作为。在我们看来，乡村的振兴必须以建设美丽乡村，以乡村遗产的有效保护、开发、利用为前提。“看得见山，望得见水，记得住乡愁”，这是习近平总书记对乡村文化遗产的最好解读，也是防止乡村振兴走入误区的重要警示，大大深化了人们对文化遗产的认识。应该看到，对文化遗产的理解，经历了一个较长的过程，相当一个时期，有人把遗产“贵族”化，总认为这是一种高不可攀的“文物”，有的至今还是“藏在深闺无人知”，有的对遗产状况“熟视无睹”“漫不经心”，有的则是对遗产缺少敬畏感，要么“利益至上”，要么任其“野蛮生长”。对于浙西来说，唐诗是中国文化艺术的瑰宝，是历史馈赠给我们的丰厚的文化遗产，山水则是大自然馈赠给人类的珍贵的自然遗产；被山水浸润的这块土地上劳动人民创造的生活生产方式和文化积累，则是难以忘怀的非物质文化遗产。作为一个政府和企业，在乡村振兴进程中通过对乡村遗产的保护性开发，使沉睡在乡村的众多遗产回归人民的心田和视野，成为产业可经营，成为资本可分享，不仅进一步

▶ 作为一个政府和企业，在乡村振兴进程中通过对乡村遗产的保护性开发，使沉睡在乡村的众多遗产回归人民的心田和视野，产业可经营，成为资本可分享，不仅进一步彰显其生动的经济社会价值，而且成为可亲、可敬、可游、可体验的活态文化旅游产品。

彰显其生动的经济社会价值，而且成为可亲、可敬、可游、可体验的活态文化旅游产品。

“唐诗小镇”作为一个项目，是传统唤醒计划的一个切入点，是乡村振兴、文化遗产保护开发与旅游深度融合的一种品牌，这是一大创造。它的贡献既体现在美的发现上，又体现在美的传播上。中国诗词大会有个宗旨，叫“赏中华诗词，寻文化基因，品生活之美”。我之所以青睐“唐诗小镇”，最根本的原因是想让更多走进浙西青山绿水之间的人们，去陶冶情操，寻找心目中的“诗与远方”；借鉴浙西绝佳风景再现唐诗风韵，传播中华文明；张扬和运用企业的旅游文化功能，重塑和打造中国人最具诗意的居所。对于企业来说，“唐诗小镇”的出现，也为其实现崇高使命，探索自身长远发展所需的企业文化与运行模式，提供了一个范例。

▶ 中国诗词大会有个宗旨，叫“赏中华诗词，寻文化基因，品生活之美”。我之所以青睐“唐诗小镇”，最根本的原因是想让更多走进浙西青山绿水之间的人们，去陶冶情操，寻找心目中的“诗与远方”。

（刊《苏州日报》2018年4月28日）

道德文章　贤者为上

▶ 人的一生中，总有几个不容易让人忘记甚至终生难忘的人物。对于我来说，邬大千先生就是始终记在心里的人物之一。

人的一生中，总有几个不容易让人忘记甚至终生难忘的人物。几年前，我住进了带有一个微型小院的新居，给小院取了个名字叫"憶园"，表达的就是这个感受。时年98岁的苏州著名书法家瓦翁先生还为此释义，称："憶，合起来叫心意，拆开来是感恩、记住。"对于我来说，邬大千先生就是始终记在心里的人物之一。

1988年12月，一纸任命，我开始担任苏州市委政策研究室副主任。我长期从事文字工作，也许是浪得虚名，总被人们划入"笔杆子""秀才"这个行列，欣慰之余，也有点无奈，言下之意，不言自明。不过邬大千先生对我的任命显得异常兴奋。那时，他是市委副秘书长兼政策研究室主任，人未报到，先打电话表示欢迎。我的心情是十分复杂的，一方面，政策研究室副主任这个岗位十分重要，按照业内的说法，政策研究室是参助市委决策的部门，政策研究室的领导要具有"站在参谋长位置思考司令员问题""关起门来当书记"的意识和素质，而我当时主要联系宣传思想文化方面的工作，对经济尤其全局工作并不熟悉，知识结构也不尽合理，宏观思维能力也不够。另一方面，政策研究室又是一个藏在"深闺"的部门，少有人了解，默默无闻、清苦、单调，整天"爬格子"，有人说道："青灯孤影苦思寻，字斟句酌撰公文。暑寒饥渴顾不得，错把晨曦当黄昏。"那时，改革开放已进入如火如荼的阶段，社会经济发展大转型，商品市场经济具有极大的诱惑力，包括在政策研究室工作的同志都有点坐不住，一有机会就想脱离“苦海”，放弃这个岗位。

不过，我又十分满意在邬大千先生领导下工作。那时，大千先生在机关大院是出了名的好人、大笔杆子。报到时，他坦诚地跟我说，政策研究室的领导，职级不低，岗位很重要，但起草文稿，不过是个主笔；搞调查研究，不过是个课题负责人。一个部门如何赢得领导的信任，一个领导如何赢得人们的尊重，关键靠人格的力量，看自己有所作为。古人曰：“贤者为上，智者为侧。”我向来崇拜贤者，当然也崇拜那种有气度、有思想、有本事的智者，总觉得在这种领导手下工作，不仅心情舒畅，还能够长见识、有进步，因此，我是以一种晚辈和学生的心态去报到的。在之后几年的相处中，我跟着学、学着干，边干边学，始终被他那种强大的气场所笼罩。我在一篇文章中写道：“与大千先生共事，使我懂得了什么叫‘德高望重’，什么叫‘道德文章’，懂得了如何才能赢得人们的尊重。他人缘好、人品好、水平高，顾全大局，为人忠厚，做事低调，文字造诣很深。多年来我以他为楷模，加强自身修养，在许多方面，无论是待人还是处事风格，都深深地刻着他的印记……”

▶ 一个部门如何赢得领导的信任，一个领导如何赢得人们的尊重，关键靠人格的力量，看自己有所作为。

▶ 贤者为上，智者为侧。

▶ 与大千先生共事，使我懂得了什么叫‘德高望重’，什么叫‘道德文章’，懂得了如何才能赢得人们的尊重。

政策研究室的主业是为市委决策提供依据。因此，搞调查研究、撰写调查研究报告是政策研究室每个工作人员的基本功，这方面过不去，就很难有立足之地。在我的印象中，每次调查研究、撰写调研报告，邬大千先生总是“事必躬亲”，甚至有点“固执”，从调查课题的确定、调研活动的实施到调查报告的撰写，非他“拍板”决定不可，非他修改定稿不能发出。尤其是起草调研报告，从标题、观点、框架，甚至遣词造句，他都身先士卒、亲力亲为，有时一篇文章，要改上十余遍方可送到领导那里去。记得有一次市委召开城区工作会议，政策研究室承担这个会议主体报告的起草工作，数易其稿，市委主要领导目睹全过程，后作了一个批示：“写得好，改得也好！”事后，我认真研究了这份报告从首稿到定稿的全部原始材料，对他把握文字的精湛功力敬佩之极。说实话，如果说自己以后几年在文字上有些长进的话，与和大千先生相处这几年奠定的良好基础是分不开的。

辛弃疾有词："道德文章传几世，到君合上三台位。"我对大千先生的尊敬，不仅因为他丰富的学识、学问，更因为伴之学识、学问的品德和品质。我长期在领导身边工作，有时多少滋生某种优越感，到政策研究室任职后虽然也是领导助手，但按照老一辈领导人的说法，这是"好行当、苦差事"，虽在"阳光"下，但较少得到"阳光照耀"。然而，我敬佩大千先生那种淡泊名利的心态和价值观，敬佩那种敬业、低调、务实的处事风格，敬佩那种"与人为善、与世无争"的人生态度。从苏州地委到苏州市委，他几乎干的是同一件事，任的是同一个职，始终任劳任怨，从未见到他为自己的升迁、待遇有过一点点牢骚，宣泄过一点点不满，所追求的完全是一种平静、平和、平淡的学习状态、生活状态、交往状态。"人家进步我高兴，人家升职我祝贺，人家发财我恭喜"，自己要做的就是倾其所能，把本职工作踏踏实实做好，做到圆满，以严谨、勤奋的劳动获得应有的回报。邬大千先生寡言少语，少到有时半天不与你交流一句话；然而他又总能语出惊人，幽默而诙谐。他平易近人，只是对同事的爱、对部属的关心、对朋友的信赖、对工作的理解，常常埋在心里，挂在脸上，很少用言语表达。尽管如此，在他身边，人们明显感觉到有一种无形的温暖在感染着你，使你不得不努力工作，不得不抛弃不应有的私心杂念。记得在20世纪90年代初，市委政策研究室组织各市区赴黑龙江边境城市黑河市及俄罗斯的布拉戈维申斯克考察，由于刚刚开放，那里条件极差。为了签证，一行人在招待所多待了两天，汽车在崎岖不平的公路上整整走了一天，还像以前那样在站台上从窗外爬进车厢，所住的招待所三人一小间，没有卫生间，没有电视，没有空调，每个人像商贩做生意那样，背着蛇皮袋过了海关，还遭到俄罗斯小偷的

▶ 人家进步我高兴，人家升职我祝贺，人家发财我恭喜"，自己要做的就是倾其所能，把本职工作踏踏实实做好，做到圆满，以严谨、勤奋的劳动获得应有的回报。

哄抢。工作人员急得团团转,担心领导批评组织工作不善,秋后算账,大千先生却是满不在乎,丝毫没有怨言。多少年以后,他还说这是一次难忘的、值得回味的旅行。在大千先生精神的感染下,我一直认为,多年来政策研究室是最为和谐、最能受益、最能锻炼成长的团队之一。1983年地市合并以来,据初步匡算,从这个机构提拔或出任处级以上的干部达25名之多。

大千先生退休已18年,熟悉他的人越来越少了。2012年12月16日早晨7时半,他与世长辞,记住他的人可能更少了。但大千先生将永远活在我的心里。

(刊《姑苏晚报》2013年1月26日)

职业军人的华丽转身
——读《园耕——苏州园林10年记》有感

摆在我面前的是一部洋洋洒洒50万字、题为《园耕》的鸿著。我国文物界元老和著名世界遗产保护专家罗哲文先生在该书的序言中写道:“作者衣学领同志交出了一份从职业军人到学者型领导华丽转身的漂亮答卷。”我不敢说衣学领现在就是一名学者型领导,但我以为,称他完成了从职业军人到学者型领导或者说学习型领导的华丽转身,倒是一点也不过分。

▶ 我国文物界元老和著名世界遗产保护专家罗哲文先生在该书的序言中写道:“作者衣学领同志交出了一份从职业军人到学者型领导华丽转身的漂亮答卷。”

初次与衣学领相识,还是在2002年夏天。那次,我奉命陪同接待来自安徽省淮南市的党政代表团。代表团中有位成员特别引人注目,鞍前马后,忙上忙下,不停地给淮南市领导介绍苏州情况。他是谁?怎么会这样熟悉苏州?接待办的同志告诉我,他原是苏州北兵营坦克师的政委,现在担任淮南市委常委、军分区政委。由于我也有军旅经历,很快彼此就熟了起来。没想到,第二年他转业了,还担任苏州园林局的党委书记,不久又任局长。

熟悉苏州的人都知道,古典园林可说是苏州最亮丽、最厚重的一张名片,是集人文历史、规划、建筑、设计、工艺、园艺、文学、美学于一体的综合性的环境艺术。为了把祖先留下的这份珍贵的历史文化遗产保护好、管理好、利用好,苏州自新中国成立以来就设有园林专门管理机构,成为这个机构的掌门人,一般都需要有些学问,而有着30年戎马生涯的衣学领,做出如此大跨度的转折,能适应吗?

当我读完《园耕》这部著作后，再仔细体味罗哲文老先生所评价的“华丽转身”的含义时，答案就不言自明了。

《园耕》所追忆的10年，是苏州经济社会大发展、大繁荣的10年，也是城市生态环境建设，包括园林与绿化事业大跨越、大提升的10年。作为主管部门的主要领导，他参与和经历了苏州古典园林申报世界文化遗产以及具有历史性意义的、在苏州承办的第28届世界遗产大会，参与和经历了苏州创建国家生态园林城市的组织领导工作，承担了市委、市政府确定的石湖滨湖区域环境建设、虎丘地区环境综合整治、三角嘴湿地公园建设以及古城墙修复重建等重大工程项目的组织协调工作。与此同时，园林主管部门在指导思想、管理理念、体制机制、工作职能、领导方式等方面实现了一系列重大转折。摆在人们面前的这部《园耕》，正是衣学领在园林与绿化管理局任职期间的所思所想、所作所为之集成，也是他和园林人共同智慧与劳动结晶的生动写照。尽管作者坦诚说明，“这些文章，有的是我亲自写出的，有的是集体研究写出的，有的是别人按照我的思想写出并经我审定后发表的”，但透过字里行间，并不妨碍人们清晰地感受到作者学习、思考、研究问题的深远，领导工作中所体现的创新与务实以及收获劳动成果的喜悦。全书分《绿色回响》《山水文章》《庭院散叶》《鸿爪泥痕》四个章节，比较全面、系统、完整地记录了他10年来履职的历程和感受。作为读者，我为之肃然起敬。

学领同志的经历很特别，踏上工作岗位，大部分时间都在做领导，而且总是做一把手。在部队，从营教导员到团政治处主任、团政委、师政治部主任、师政委、军分区政委。应该说，军旅生涯的30年，是他人生中十分辉煌的30年。2003年以后，他进入了全新的领域。现在，又10年过去了，伴随着《园耕》的正式出版，我以为，这不仅仅是一本书，而且是他向组织和人民，向他的同事、家人、战友和朋友交出的一份满意的答卷。

艺圃

▶ 我向来崇拜那些想干事、能干事的人，更崇拜那些在理性指导下想干事、能干事、干成事，既有宏观洞察力，又有微观穿透力的人。两者的差异就在于学习，在于学习的程度、深度和效果。

▶ 从外行到内行，只有一步之遥。可以一小步，也可以一大步，但这一步只属于那些勤于学习、善于思考、敢于实践和创新的人。

▶ 学习是一个人永恒的主题。建设学习型社会，我们多么需要学习型领导人才乃至学者型领导人才的群起，透过《园耕》这本书，好好悟一下职业军人"华丽转身"的学习之道，不无益处。

我向来崇拜那些想干事、能干事的人，更崇拜那些在理性指导下想干事、能干事、干成事，既有宏观洞察力，又有微观穿透力的人。两者的差异就在于学习，在于学习的程度、深度和效果。对于热爱学习的人，我从来就有一种亲近感。透过《园耕》，我对学习又有了新的理解，它给我传递的信息也是多方面的。

转业、改行，其实都是新的学习的开始，从外行到内行，只有一步之遥。可以一小步，也可以一大步，但这一步只属于那些勤于学习、善于思考、敢于实践和创新的人。

任何工作，无论是纷繁复杂，还是看似简单，其实都有精深的学问，都有规律可循，只有注重学习的人，只有把工作当学问来做的人，才能发现规律、研究规律、把握规律，从而取得主动权，从"必然王国"走向"自由王国"。军队工作是这样，地方工作也是这样；这个方面是这样，那个方面也是这样。

学习的过程，实际上就是实践、认识、再实践、再认识的过程，也是一个总结、完善、不断创新、不断提高的过程。聪明与糊涂的差异就在于，有的总是自以为是，有的常有自知之明；有的是坐而论道，有的是求真务实。

所谓学习，是全方位、多层次、立体化的。有条件的当然可以进入高等院校和专门机构深造，边工作、边思考、边研究，但静下心来写一些随感笔记，也不失为一种学习；有计划、有系统、有重点地在工作之余读一些书，是一种学习；广泛听取和吸收各方面的意见和智慧，为我所用，也是一种学习。

学习是一个人永恒的主题。建设学习型社会，我们多么需要学习型领导人才乃至学者型领导人才的群起，尤其是在快餐文化泛滥、社会心态较为浮躁的状况下，透过《园耕》这本书，好好悟一下职业军人"华丽转身"的学习之道，不无益处。

（刊《姑苏晚报》2013 年 1 月 20 日）

长诗《常德盛》
——在白话长诗《常德盛》研讨会上的即席发言

当代长篇叙事诗《常德盛》2002年在人民文学出版社出版发行15年后，中国社会科学院文学所专门召开研讨会，意义十分深远。我认为，这不仅是对作品艺术价值的肯定，对艺术工作者的尊重，更是对时代楷模的致敬。

长诗的主角常德盛，在苏州远近闻名，甚至家喻户晓，他是全国优秀共产党员、全国劳动模范、全国道德模范。党的十六大、十八大代表。可以说是一名真正的时代楷模。多年来，人们对他的了解主要是通过媒体宣传。常德盛所领导的蒋巷村原来是一个穷土恶水、血吸虫盛行、偏僻闭塞的穷地方。1973年，他担任村书记以后，怀着一种“穷不是天生，富不是天施”“天不能改，地一定要换”的信念，五十年如一日，带领乡亲们辛勤耕耘，如今的蒋巷村成为人见人爱、人见人赞的幸福美丽家园。但凡是熟悉蒋巷村变迁经历和常德盛故事的人都知道，人们所感动的不仅是蒋巷村所发生的翻天覆地的变化，更是在常德盛身上所闪耀的那种“不屈不挠、坚韧不拔”的精神，那种“毫不利己、专门利人”的风范，那种“身先士卒、平易近人”的品德，那种“谦恭、坦诚、豁达、朴实”的性格。不管是熟悉的，还是偶尔见面的人，总会被他的人格魅力和巨大气场所感染。正因为如此，乡亲们爱他，同事们服他，朋友们帮他，党和政府信赖他。

长诗作者马汉民值得敬佩之处是，他用文艺的方式，为我们讲述了常德盛朴实无华的故事，讴歌了时代英雄。马老现已 85 岁高龄，采风时也已 67 岁，是著名的民间文学作家，笔者由衷表示敬意。他早年参加革命，是新文艺工作者，发表过《孟姜女》《五姑娘》《冯梦龙》等多部长篇叙事诗、长篇传记等，是江苏省吴歌学会会长。他对常德盛同志原本只是关注，并不熟悉，一次偶然的机会，他实地考察了蒋巷村，认识了常德盛，立即被蒋巷村的巨变和常德盛的气场所感染，一种强烈的写作冲动油然而生，他觉得有责任做点什么。于是他在蒋巷村住下来体验生活，终于形成了这部精品佳作。

▶ 每个人，都在一定的社会关系中生活，每个人都在分享经济发展、社会进步给自己带来的成果，每个人又在经济发展、社会进步进程中扮演不同的角色，每个人都有责任和义务为此添砖加瓦，增光添彩。

由此，我想到一个问题，我们每个人，都在一定的社会关系中生活，每个人都在分享经济发展、社会进步给自己带来的成果，每个人又在经济发展、社会进步进程中扮演不同的角色，每个人都有责任和义务为此添砖加瓦，增光添彩。以常德盛为代表的一代基层干部为我们树立了示范和标杆；以马汉民为代表的文艺工作者以自己所长表现出高度的文化自觉；而社科院文学所则为讴歌时代楷模、弘扬先进文化，作出了应有的努力。

习近平同志指出，要以人民为中心，把满足人民精神文化需求作为文艺和文艺工作的出发点和落脚点。我们正处在高速发展、现代化、开放的时代，人民群众、各类群体对精神文化，无论是在题材上、内容上是在还形式上、表现手段上都提出了越来越多元的需求，文雅的、通俗的，影像的、图文的，文学的、艺术的，传统的、现代的，等等。但是，不论何种需求都应当以先进文化为主旋律，应该看到，面对汹涌澎湃的市场经济大潮，面对略显浮躁和急躁的社会心态，一方面，作家、艺术家在满足什么和怎么满足方面产生了困惑，对静下心来精益求精、追求精品创作缺乏充沛的激情、足够的耐心，特别在“快餐文化”的冲击下，粗制滥造、胡编乱造，甚至迎合少数人低级趣味的作品不乏存在；另一方面，有的作家、艺术家虽有创作优秀作品的热情和责任，却有心无力，勉为其难，作品难以喜闻乐见、入耳入脑，难以传得开、留得住。

长诗《常德盛》，给我们一个启示，当代社会，不缺时代英雄，不缺精彩故事，关键是如何让时代英雄的精神发扬光大，见诸行动；也不缺讴歌和讲述故事的人才，我们迫切需要构建鼓励讴歌英雄、发现故事、激励人才脱颖而出的社会环境和舆论氛围，大力弘扬正气，抵制浮躁，让社会主义核心价值观内化为人们的精神追求，外化为人们的自觉行动。

▶ 当代社会，不缺时代英雄，不缺精彩故事，关键是如何让时代英雄的精神发扬光大，见诸行动；也不缺讴歌和讲述故事的人才，我们迫切需要构建鼓励讴歌英雄、发现故事、激励人才脱颖而出的社会环境和舆论氛围。

（刊《苏州杂志》2017 年第 6 期）

关于“天道酬勤”的故事

▶ 有人坎坎坷坷，有人一路坦途；有人年少得志，有人大器晚成；有人昙花一现，有人青史留名。形形色色的人才现象，透视出人才成长的普遍规律与特殊规律。

凭借在影片《白日焰火》中的出色表演，廖凡一举获得第64届柏林电影节影帝桂冠。这是第一位获得该奖项的华人演员。这一天，廖凡刚过40周岁生日。

40岁成名，在演艺圈里，可称为“大器晚成”了。

有人坎坎坷坷，有人一路坦途；有人年少得志，有人大器晚成；有人昙花一现，有人青史留名。形形色色的人才现象，透视出人才成长的普遍规律与特殊规律。

对于演艺圈和影迷而言，廖凡说不上默默无闻，他于上海戏剧学院1993届表演系本科班毕业后，在《集结号》《让子弹飞》《非诚勿扰2》《建国伟业》等一批影视作品中都有过不俗的表现，然而，他始终没有红，人们对他的评价只是“最佳配角”“金牌绿叶”，他给人的印象也总是那么不温不火。

柏林电影节影帝这个桂冠，使廖凡一下子红了。

我很惭愧，至今还未看过《白日焰火》，当然也不清楚廖凡在这部影片中的出色表现，不过，我对他在媒体的一席访谈却产生了浓厚的兴趣。

有人问：你在上戏的不少同学，与你合作过的不少朋友，如李冰冰、任泉、周迅、陈坤、孙红雷、小宋佳、陆毅，不少人早就红了，你想过红吗?

廖凡说：谁不想红？谁不想当“影帝”？可是，能不能红，什么时候红，我是左右不了的，我缺的只是机会，我能做的就是坚持，就是等待。

有人问：你说的等待，是等待什么？就是等待做“影帝”？

廖凡说：等待不需要理由，等待是一种心态，等待就是让自己每一步都走得特别踏实。我期待的等待，只是外界对自己的一种肯定、一种认可。在我们这一行，最难以承受的就是坚持，就是等待。因为不知道有没有结果，所以有人会放弃、会迷路、会彷徨，有的人演戏演得非常好，可从来没有得过什么奖，但始终保持对生活的热爱和热情。你可以选择把演戏当作一件很有意义的事业，你也可以选择把演戏当做一件自己的爱好去愉快地完成。只有这样，等待和坚持才不会那么惨烈、那么枯燥，才会觉得有意义。

▶ 等待不需要理由，等待是一种心态，等待就是让自己每一步都走得特别踏实。我期待的等待，只是外界对自己的一种肯定、一种认可。在我们这一行，最难以承受的就是坚持，就是等待。

有人问：你怎么理解红？

廖凡说：红不红，成功不成功，每个人的标准不同，我从来没觉得自己不红，只要有付出，就会有回报，就算命运没有垂青你，也许有人认为你永远不会成功，也要笑着面对，把这件事情做好，要相信自己而不是怀疑自己，勇敢地走下去。一个人演过许多作品，付出很多而且期望很高，又特别希望得到大家的肯定，恰恰没有达到某种预期结果，产生失落情绪是必然的，这就需要抛弃杂念，还是要坚持。等待的过程，实际上就是坚持的过程。

有人说：你在成名之前，往往用 80% 的汗水才能换来 20% 的回报；在成名之后，也许只需用 20% 的汗水就可以换来 80% 的回报。你怎么看这个问题？

廖凡说：在演艺圈，有一批科班出身，有演技、有潜力，演过不少戏，就是不红的人，被称为“潜伏者”，能潜出水面的毕竟是少数，正是这种“潜伏者”，才是演艺圈的中坚力量，才是演艺事业的希望。我从来不认为自己过去是配角，我觉得自己所演的每一个角色都是“主角”，获奖多少带有一点运气，是命运对自己的奖励和回报，如此而已。

▶ 我从来不认为自己过去是配角，我觉得自己所演的每一个角色都是“主角”，获奖多少带有一点运气，是命运对自己的奖励和回报，如此而已。

▶ 当今社会，人才济济、群英辈出，不乏真才实学者、德艺双馨者，但真正浮出水面、崭露头角、充满幸运的，毕竟少之又少。

不知什么缘故，我对廖凡的回答产生了强烈的共鸣。当今社会，人才济济、群英辈出，不乏真才实学者、德艺双馨者，但真正浮出水面、崭露头角、充满幸运的，毕竟少之又少，这是一种十分正常又无法回避的社会现象。古人云："千里马常有，而伯乐不常有。"应该看到，在一个风清气正的环境下，在一种健康价值观的主导下，人们往往会以一种平和淡然的心态予以面对。正如廖凡所言，如果只关注如何将"每一步走得特别踏实"，"获奖只是命运对自己的奖励和回报"，那么，矛盾和问题就迎刃而解。反之，在一个充满浮躁、追求功利，缺乏公平公正的环境下，在一个主流价值缺失、多元价值紊乱以及物欲横流的状态下，保持所谓的淡然的心态谈何容易。

▶ 人才成功应当具备三个要素，即勤奋、智慧和机会。人才成功对智慧的要求是有个性差异的，人才成功在机会面前有时是不均等的，甚至是可遇而不可求的；而勤奋对人才成功来说，则是必不可缺的。

从"金牌绿叶"到"柏林影帝"，从等待坚持到一举成名，廖凡的成功，给我们讲述的是一个关于天道酬勤的故事，对于他来说，则是水到渠成的事情。人才学讲到，人才成功应当具备三个要素，即勤奋、智慧和机会。人才成功对智慧的要求是有个性差异的，人才成功在机会面前有时是不均等的，甚至是可遇而不可求的；而勤奋对人才成功来说，则是必不可缺的。我相信天道酬勤，也一直以为自己就是笨鸟先飞的受益者。正因为如此，我一直以为人们不必琢磨那类形形色色的"关系术"，不要陷入与滑进那种庸俗不堪的"潜规则"，不要羡慕那种毫无意义的"光环"，洁身自好、好自为之。多多学习、关注、践行那种关于天道酬勤的故事，踏踏实实走好每一步，老老实实地去积极追求属于自己的现实梦想，做学问如此，干事业如此，从政做官也应如此。

（刊《姑苏晚报》2014年3月23日）

真情练达　诗化演绎

——读詹刚先生《天堂苏记》有感

有一种感觉叫心有灵犀、不谋而合，有一种文字叫真情练达、诗化演绎。读完詹刚先生的新著《天堂苏记》，我油然产生了如此感叹。

还是许多年前，一群专家欲为苏州这座城市撰条广告语，我滥于其中，发表陋见。大意是，我们大可不必标新立异、另起炉灶，外人和先人对此早有定论，有位叫马可·波罗的意大利旅行家早就说过，苏州美得惊人，是"东方威尼斯"；而我们的先人在宋朝就开始流传，称"上有天堂，下有苏杭"。我们何不就打"东方威尼斯，人间新天堂"的品牌？但人们众说纷纭，并不苟同，我也就无语了。

詹刚先生说苏州是水做的天堂，与我当初的想法真有点不谋而合，不禁使我又想到了威尼斯。知名学者余秋雨先生说，当年威尼斯还是荒原一片的时候，苏州已经是河道船楫如流，看来苏州要比威尼斯"资深"，但凡是到过威尼斯的人，无不为她后来的美丽所折服，威尼斯是一座真正"漂"在水上的城市，她就如一座精雕细刻的海市蜃楼，五彩缤纷的各色建筑，美丽、神奇而又别致，错落有序地布局在亚德里亚海海滨，风光旖旎。早在1980年，威尼斯就与苏州结为姐妹城市。客观地说，从感官上讲，与威尼斯比水与建筑的景致，苏州还有不小的差距。但是，苏州与威尼斯又有异曲同工之美。苏州所辖8488平方公里，水域面积占

▶ 知名学者余秋雨先生说，当年威尼斯还是荒原一片的时候，苏州已经是河道船楫如流，看来苏州要比威尼斯"资深"，但凡是到过威尼斯的人，无不为她后来的美丽所折服，威尼斯是一座真正"漂"在水上的城市。

42.5%，大小湖泊400多个，河道2万多条，总长度1457公里，既有波光粼粼的湖泊，又有纵横交错的水巷，这是威尼斯无法比拟的，称苏州为“水天堂”一点也不过分。早在2000年，詹刚先生就主持策划了一部大型电视艺术片《苏州水》，邀请文化大师陆文夫为总顾问，知名文化学者刘郎撰稿，用电视艺术的手段，对苏州的水文化作了淋漓尽致、声情并茂的形象论证，获得了国家大奖，成为享誉国内外的经典之作。在詹刚看来，苏州之水，贵在她是天堂之源，“鱼米之乡缘于水，物产丰富来于水，城镇繁华归于水，四通八达得于水，景色秀丽浸于水，女人优雅润于水，人之聪明灵于水”。天堂之水又是文化之水，她孕育了苏州和苏州人的性格和风格。无处不在的文化光影，崇文重教、知书达理、隽美精致、融合包容、委婉风雅、吴门工艺，乃至小桥流水人家的筑城风貌，水是灵魂。看来，作者对水的理解、关注和思考是连续的、深入的、真诚的。阅读詹刚的《天堂苏记》，从威尼斯的“水”到苏州的“水”，使我对“水”产生了更多的敬畏之感。

▶ 苏州之水，贵在她是天堂之源，“鱼米之乡缘于水，物产丰富来于水，城镇繁华归于水，四通八达得于水，景色秀丽浸于水，女人优雅润于水，人之聪明灵于水”。

苏州为什么被称为“天堂”？苏州该不该打“天堂”牌？看起来平淡无奇，其实，理直气壮地为之呐喊，是需要智慧和勇气的。对于“天堂”，历来见仁见智。曾有人认为，所谓“天堂”，那是宗教意义的专属称谓，是那种虚无缥缈、至高无上的极乐世界，以及人们期盼的灵魂永远归宿的地方。说说可以，打品牌难。但是唯物主义者都认为，“天堂”不应该也绝不只属于宗教意义。“天堂”是什么？“天堂”说到底是人类对美好生活、美丽家园和环境的向往和追求，苏州是现实版的“天堂”，“天堂”则是对苏州美誉度的最佳表述。推而广之，古往今来，任何美好的地方皆可被称为“天堂”。诸如，购物天堂、游乐天堂、美食天堂、乐居天堂等等。这与我们目前常讲的“梦想”一样，“梦”已不是“生理学”和“心理学”的专属名词。现今，中国梦已外化为中华民族的奋斗目标和精神力量。我想，正因为如此，詹刚先生以新闻工作者特有的开阔视野

▶ “天堂”说到底是人类对美好生活、美丽家园和环境的向往和追求，苏州是现实版的“天堂”，“天堂”则是对苏州美誉度的最佳表述。

山塘

和深邃眼光，以文化学者特有的理性思辩和诗化语言，以一名“生于斯、长于斯”的苏州人对家乡的真情实感和感恩崇敬，对“天堂苏州”作了精彩阐释。唱响“天堂”品牌，不需要浓墨重彩，不需要面面俱到，《天堂苏记》从“苏州是水做的”切入，围绕自然地理、历史传承、千年古城、教育传统、古典园林、昆曲源流这些较具代表性的苏州元素，一一娓娓道来，起到了纲举目张、画龙点睛、事半功倍的效果，为人们浏览天堂苏州、感知天堂苏州、体验天堂苏州、发现天堂苏州蕴含的更多的魅力和风采，当了一次别样的向导。

阅读《天堂苏记》，应当努力聚焦全书提出的发人深省的三个问题，即“为什么专讲天堂”“天堂是什么”“明日天堂向何方”。“上帝”给了我们这块称为“天堂”的风水宝地，这是苏州人的幸运。经过代代薪火相传、承前启后、鉴古融今，历经千锤百炼，才有了当今的“人间新天堂”，这是苏州人的骄傲。如今，历史打开了新的一页，苏州也迈上了新的进程。此时此刻，作为一名苏州人，“明日天堂向何方”是不能不回答的重大课题，《天堂苏记》虽写了一回，但这是坚劲有力的“豹尾”。

踏着前人的足迹，和衷共济，求真务实，谱写“天堂”新篇章，每个苏州人责无旁贷。“人间新天堂”既是一种理想和目标，也是一个没有休止符号、与时俱进的历史过程。我们正处在全球化、现代化、城市化快速发展的新阶段，我想，人们眼中的天堂苏州，应该是这样一种情景：名城风采依旧，更加熠熠生辉，文脉延续、薪火相传，传统文化和现代文明相得益彰、相映生辉，社会风清气正、风物清嘉、商贾云集，人民安居乐业，生活更加富有苏州情调，山温水软、蓝天白云、晶莹柔情、静谧唯美、柔婉清新。这不是“坐而论道”，而是天堂苏州的必然选择。

▶ 人们眼中的天堂苏州，应该是这样一种情景：名城风采依旧，更加熠熠生辉，文脉延续、薪火相传，传统文化和现代文明相得益彰、相映生辉，社会风清气正、风物清嘉、商贾云集，人民安居乐业，生活更加富有苏州情调，山温水软、蓝天白云、晶莹柔情、静谧唯美、柔婉清新。

（刊《苏州日报》2014 年 4 月 26 日）

说“雅”

有一种杂志，一刊在手，一种异样的文雅之气扑面夺目而来，那风范、那装帧、那版式、那色彩、那文字、那插图……无不浸透着出刊人的用心良苦，折射出出刊人特具的某种文化气息、气质和追求。

自古以来，社会普遍存在的、为人民群众提供的物质和精神文化产品，具有一定的多元性和广泛性，有的面向大众服务，有的似乎是专为小众打造的；有的虽为大众喜闻乐见，但小众并不看好；有的虽为小众喜欢若狂，大众却并不认同，当然，两者兼具的也并不少见。而满足人民群众多层次物质和精神文化消费的需求，则是社会主义生产的根本目的。因而，无论是大众所爱的文化产品，还是小众所推崇的精神食粮，都无可厚非。

▶ 社会普遍存在的物质和精神文化产品，有的面向大众服务，有的似乎是专为小众打造的；有的虽为大众喜闻乐见，但小众并不看好；有的虽为小众喜欢若狂，大众却并不认同。

雅是什么？在中国的文字组合中，雅从来就有一种与生俱来的高贵属性，物以类聚，人以群分，字词也是如此。与“雅”搭配的文字总是让人另眼相看：高雅、典雅、文雅、优雅、风雅、儒雅、雅致、雅观、雅安……但对大众来说，这个雅总是有一点高高在上、不好亲近、过于清高的感觉。于是，有人对雅不以为然，有人表示不可思议，有人对此敬而远之，有人甚至不屑一顾。

▶ 与“雅”搭配的文字总是让人另眼相看：高雅、典雅、文雅、优雅、风雅、儒雅、雅致、雅观、雅安……

其实，这是对雅的一种误读。人类社会进步、发展到今天这个阶段，随着生产力水平的不断提高和人们科学文化素质的普遍提升，人们需要精致而又有尊严的生活，社会需要雅致。尤其是面对浮躁盛行、低俗之风泛滥的现状，我们确实需要用雅来引领社会风尚。雅，首先是一种价值观、一种生活态度。真正追求雅致的人，必然是拒绝浮躁、反对低俗、用心做事、力求完美的人；真正具有雅致品质的人，必然是文化积累深厚、文化技艺精深的人；真正称得上雅致的作品，必然是经得起时间考验、经得起实践检验、为人民大众看好接受的作品。雅致不应该是少数人群自我陶醉、自我欣赏、自我体味的佳作。有些作品做到了“雅俗共赏”，甚至俗到极致，说不定进入了另一种雅的更高层次的境界。举一个例子，莫言是迄今为止唯一获得诺贝尔文学奖的中国作家。众所周知，他善于运用讲故事的技巧，所表现的题材可谓“俗不可耐”，作品风格多以大胆新奇著称，激情澎湃、想象诡异、语言恣肆。其成名作《红高粱家族》，在不断出现的“血腥场面”中充满了强烈的感情控诉，在“屎尿横飞”的场景之间，演绎出一段令人难忘的故事。那么，他的作品是“大俗之作”还是“大雅之作”呢？诺贝尔文学奖评奖委员会的颁奖词说他“用魔幻般的现实主义将民间故事、历史和现代融为一体”。毫不夸张地说，莫言的作品登上了诺贝尔文学奖的“大雅之堂”。

雅，说到底是一种审美方式、生产方式、生活方式，是文化积累、文化表现水准达到一定阶段的结果。小时候进城到亲戚家做客用饭，使用的是那种漂漂亮亮的金边小碗，浅浅地盛着一些米饭，而我总埋怨亲戚小气，后来进城了，才明白那是城里人“雅致”，乡下人“俗气”“落后”。前些年，陪客人欣赏昆曲，那可是世界级非物质文化遗产，高雅无比，可客人在场内似睡非睡了两个多小时，还不敢说自己听不懂，唯恐人们说他“没文化”。雅致，无疑是个好东西，雅的内涵、雅的表现形态，有时并不能为所有人理解和欣赏，雅致的文化产品有时也仅仅掌握在少数社会精英手中。但不管如何，大凡社会上存在的精神文化产品，尤其是那些传世之作，包括那些非物质文化遗产，文学、艺术、美术、戏剧、曲艺、技艺、舞蹈等等，都是满足不同人群消费需求的文化创造，是社会进步不可或缺的精神财富。

由此，我想到一串问题：应当如何赋予雅以含义？雅是否仅仅是那类高不可攀的艺术创造？雅是否只属于小众人群自娱自乐、自我体味、自我陶醉的精神享受？雅能否进入寻常人的心灵空间？雅能否成为大众的普遍生活方式？雅俗共赏能否成为可能？

一种现象值得注意。因为雅致是个好东西，于是玩弄风雅之风开始盛行，从创意景观、规划设计、建筑装饰，到艺术创作乃至书刊印刷、出版等等，总是充斥着那种大众看不懂、不认同，小众自我陶醉、津津乐道的东西。毫不过分地说，这是文化自信的缺失、文化底气不足的浮躁心态的表现。这里想到一个成语叫“东施效颦”，说的是中国古代有个美女叫西施，有心痛的毛病，犯病时手捂着胸口皱着眉头，比平时更加美丽，同村女孩东施学着西施的样子捂住胸口，皱着眉头，东施本来长得丑，加上她刻意模仿西施的动作，显得更加丑陋。同一个道理，所谓雅致是由内而外渗透出来的美，具有强烈的穿透力，是形式与内容、艺术与技术、对象与场合的和谐结合体。刻意地效仿、打造，必然会弄巧成拙。

▶ 一种现象值得注意。因为雅致是个好东西，于是玩弄风雅之风开始盛行，从创意景观、规划设计、建筑装饰，到艺术创作乃至书刊印刷、出版等等，总是充斥着那种大众看不懂、不认同，小众自我陶醉、津津乐道的东西。毫不过分地说，这是文化自信的缺失、文化底气不足的浮躁心态的表现。

雅致，需要务实的心态，需要持续修炼的功力，需要不懈的追求。

▶ 雅致，需要务实的心态，需要持续修炼的功力，需要不懈的追求。

（刊《苏州日报》2012 年 12 月 15 日）

企业家的“低调”与“张扬”

有人说，苏州的企业家普遍比较低调。语不惊人，貌不过人，不露声色，难辨深浅。我认识一位企业家，论身价，估计已经过亿了，可住的是普通公寓，坐的是一般轿车，穿的是平常服饰。问起他的业绩，更是一副漫不经心的样子。而圈内人都知道，该人不缺豪宅，不少名车，事业如日中天。有一次我与他闲聊，问及他为何如此低调。

▶ 苏州人的文化个性就是不喜欢张扬，大智若愚、举重若轻、易于满足、富有内涵。

他大致给我讲了这样几层意思：一是苏州人的文化个性就是不喜欢张扬，大智若愚、举重若轻、易于满足、富有内涵，人言道，“天外有天，山外有山”，一个人作为再大也不值得炫耀；二是自己的致富之道多少带点偶然性，个人的奋斗固然不可否认，但政策的因素、机遇的成分很大，张扬容易惹来是非；三是当今社会分配不均，贫富差异现象还比较严重，人们的仇富心理在一定程度上也比较严重，有钱人应当自重，学会“夹着尾巴做人”，过分地张扬只能自寻烦恼。

我颇为佩服这位企业家的智慧，可是，从他的言谈中，又不时地给我传递出这样的信息：在低调的背后折射的是企业家的种种矛盾心态，他们对当今的宏观环境和社会生态还心有余悸，至少是心存疑惑的。这倒值得有关部门引起重视。

企业家的个性本质上都是张扬的，这种张扬实际反映在他们对事业的执着追求、拼搏精神和不服输的态度；反映在他们对渴望成功的不惜付出和满腔热情；反映在他们永不满足，寻求新一轮发展的渴望和努力。但凡张扬的人，往往勇于创新、敢冒风险、大胆进取、不怕艰难困苦，不达目的，不肯罢休。有些企业家看起来十分低调，但这只是其外在表现方式，其实内心深处还是张扬的，否则，就很难解读成功企业家所取得的种种辉煌业绩。人们说的低调，常常指这样一种人群：知书达理、谦卑处世、平和待人、务实行事、知足常乐、宠辱不惊，凡事留有余地，始终保持一种平常的心态，这在一定程度上反映了一个人的品质、风度、修养和智慧。正因为如此，我欣赏低调的人，但我也理解和赞成张扬的人。低调也好，张扬也罢，其实这只是人的性格特征的某种差异而已，没有正确与否之分，由于"在何时、对何人、因何故、在何地"等状态的变化，"低调"与"张扬"的结果事实上确实常常会随之发生变化。

▶ 企业家的个性本质上都是张扬的，这种张扬实际反映在他们对事业的执着追求、拼搏精神和不服输的态度；反映在他们对渴望成功的不惜付出和满腔热情；反映在他们永不满足，寻求新一轮发展的渴望和努力。

按照中国传统的五行学说，人的性格具有"金木水火土"五行属性，喜"张扬"者属"金"，喜"低调"者属"水"，性格一旦形成是极难改变。不同属性的性格与职业分工有很大关联。为什么有些成功的企业家对自己长期形成的"张扬"的个性缺乏自信，甚至刻意去改变或压抑呢？这里当然有外部因素，但我想，企业家对"低调"和"张扬"消除误解、走出误区同样至关重要。

▶ 按照中国传统的五行学说，人的性格具有"金木水火土"五行属性，喜"张扬"者属于"金"，喜"低调"者属于"水"，性格一旦形成是极难改变。

比如一些企业家担心"树大招风""出头椽子先烂""社会仇富心态加剧"，这多少有些极端。其实，社会从来不会排斥富人，不仅不会排斥，而且十分尊敬那些富有爱心、同情心和社会责任感的富人，为人们所不齿的是那些为富不仁、违反道德的富人，这不仅包括不洁和不法商人，也包括被不断披露出来的那些贪污腐败、行贿受贿、黑金交易、挥金如土的贪官污吏以及其他人物，"君子坦荡荡，小人长戚戚"，"坐得正，行得端"，"君子爱财，取之有道"，张扬一点又有何妨？

我们理解的张扬，彰显的是一种积极的人生态度，是正大光明、胸襟坦荡的人格魅力，与那种习惯于夸夸其谈、咄咄逼人、得意

▶ 我们理解的张扬，彰显的是一种积极的人生态度，是正大光明、胸襟坦荡的人格魅力，与那种习惯于夸夸其谈、咄咄逼人、得意忘形、狂妄自大、恃才傲物、故弄玄虚、夸大其词的人，风马牛不相及；我们理解的低调，彰显的是一种平和的人生态度。

忘形、狂妄自大、恃才傲物、故弄玄虚、夸大其词的人，风马牛不相及；同样，我们理解的低调，彰显的是一种平和的人生态度，与那种热衷于遇事装憨卖乖、模棱两可、处事圆滑、似真似假、城府很深之说，也是南辕北辙。刻意地压抑个性或者片面地理解个性差异，其结果只能是弄巧成拙、欲盖弥彰。

低调和张扬作为人之个性，优势与缺陷并存，长与短互补，以为只要低调就是自我保护的手段，其实有失偏颇。同样，只要张扬就把客观事物放大化、复杂化，这是没有必要的，说到底还是耍小聪明。因为客观事实是掩盖不了的，事物的本来面目也并不会随着一个人的张扬或低调而放大或缩小，功过是非曲直自有公论。需要强调的是，我们的社会既需要行事低调的企业家，也需要处事张扬的企业家，要努力创造激励奋斗、鼓励坦荡、允许犯错、宽容失败的政策环境，让那些真正具有创业、创新、创优精神的，又具有创业、创新、创优才能的企业家，勇敢地张扬自己的个性，为实现经济的转型升级和社会的和谐发展，做出应有的贡献。

筑梦“古吴轩”

2018年9月1日，穹窿山下、孙武书院，古吴轩出版社的一场雅集在此隆重举行，高朋满座、群贤毕集，一派祥和气氛。主题是为一套24册的大型社科科普读本——《典范苏州》召开出版座谈会。

鲁迅文学奖获得者吴义勤、范小青、王尧等一批文化名人作了精彩演讲。我作为苏州吴文化学者代表应邀参加了活动。讨论的话题是：吴文化的精神标识、文化精髓与当代价值。

“古吴轩”是苏州文化领域的一个“自主品牌”，来之不易，也有过辉煌。印象最深的是两件事，一是1985年，时任中共中央总书记胡耀邦同志亲笔题词“扬古国文化、聚画坛珍宝”，出版社还到保加利亚举办了“古吴轩藏品汇报展”；二是1997年出版的当代草圣《林散之书法精品集》获得了第16届中国图书奖，这是苏州历史上首次获得的国家级图书大奖，在北京人民大会堂举行首发式，中宣部、中国文联、中国书协、中国版协及百余位著名书画家出席，人民日报社、光明日报社、中央电视台等多家媒体作了报道。

抚今追昔，聆听“古吴轩”的故事，感触颇深。江苏省作协主席范小青女士的发言烙入了我的脑海。她说，苏州人非常努力，低调的努力；苏州人非常进取，不张扬的进取。如果一定要用非常简练的言语表达，这可能就是苏州人的性格特征，也是这座城市的性格特征。苏州文化在苏州生活的方方面面都渗透满了，只是它

▶ 范小青女士说，苏州人非常努力，低调的努力；苏州人非常进取，不张扬的进取。如果一定要用非常简练的言语表达，这可能就是苏州人的性格特征，也是这座城市的性格特征。

有时候是隐喻式的，不是直接的。真是入木三分，恰到好处。

我为古吴轩出版社重振雄风而振奋，也为古吴轩重返初心而欣慰，我为苏州人的非常进取、非常努力感到折服。此时此刻，我想到了一个人，即古吴轩出版社的创始人张瑞林。

在人文荟萃的苏州，张瑞林只能算在书画收藏界小有影响，但他对文化的执着、对事业的坚持、对书画的热爱程度却很难复制。

张瑞林 1935 年出生在常熟杨园的一个农家，几乎没读多少书便踏上工作岗位。改革开放初期，从工艺系统调至文化系统。当时，正逢下乡返城知青和文艺界成员需要就业、安置工作，市里决定将其中的一些成员与原平江区东风街道东风书画社合并建立集体所有制的"苏州书画社"。经市文化局领导决定，由张瑞林担任负责人，要求很简单，就是解决就业和吃饭问题，但他不满足现状，很快向上争取更名为全民所有制的"古吴轩书画公司"，从此开始自己的筑梦旅程，一是梦想把书画社办成一家名店，二是梦想在此基础上建一个出版社。

改革开放大大释放了人们的创造力。"只有想不到，没有做不到。"1983 年苏州地市合并后，张瑞林开始游说和运行，宣传自己的主张，得到了市委、市政府主要领导，市委、市政府分管领导和市宣传文化部门领导的积极支持，一方面广交朋友，厚积感情，全方位拓展收藏交流领域，马不停蹄、走南闯北，分期分批走访书画名家，不到 10 年时间，征集到全国书画名家作品数千幅，所花的稿酬仅 20 余万元，逐步丰富了古吴轩的家底。为古吴轩免费题写匾额的有颜文樑、李可染、吴作人、林散之、启功、赵朴初、尹瘦石、钱松喦、陆俨少、程十发、唐云等 50 多位大家，其中付出的心血可想而知。与此同时，张瑞林筑梦建立古吴轩出版社的"跑步进京"计划，也稳步持续推进。因为，根据有关规定，新建出版社的申报主体应是省和计划单列市。鉴于苏州并不具备这一标准，须由苏州市人民政府、市委宣传部出面，向省政府、省委宣传部、省新闻出版局提出申请，然后由省政府、省委宣传部、省新闻出版局出面向中宣部、国家新闻出版署申报。经过长达5年的争取、努力，古吴轩出版社正式批准成立，从而使苏州成为全国地级市中唯一拥有出版社的城市。其实，张瑞林的梦想并不到此休止，他的目标是把古吴轩打造成与北京荣宝斋、上海朵云轩、杭州西泠印社一样，成为全国四大书画名店名社之一。

目标越来越近。时任天津美院副院长、天津市美协主席孙其峰在古吴轩创建10周年的祝贺词最具代表性。他说，古吴轩坐落的苏州，是我国和世界有名的古城之一，代表明朝文人画发展的主要画派——吴中派就产生在这里。沈石田、文徵明、唐寅、仇英等一代名匠，也都出生或移居在这里，他们的业绩给后代造成巨大影响。那么众多的收藏家和画家也聚集在苏州真可谓盛极一时。古吴轩创建在这里，算是占尽了地利，苏州又是个举世闻名的旅游观光胜地，而古吴轩像画龙点睛一样地给苏州增添了文化的光彩。古吴轩从创建的时候起，就是广大画家们不可缺少的朋友和桥梁，她不仅集古今名家的书画名迹，还把许多画家和他们的佳作介绍给全国各地和全世界。古吴轩在收藏、介绍和传播祖国传统艺术上是起着巨大作用的。希望她今后兴旺发达，更希望她在祖国文化艺术史上谱写美丽的篇章。

当然，事物的发展有时不会按照理想的目标一帆风顺。经过一个阶段的洗礼，如今，古吴轩出版社更加成熟了，出版工作也走出了单一美术专业的狭窄天地，在出版界的口碑和影响力日益提升，年出版的文化美术类图书达150多种，特色和优势更加鲜明。只是那个“古吴轩”品牌被瓜分得有点支离破碎，张瑞林关于“四大名店”之一的“圆梦”计划恐终成遗憾。但愿再续辉煌。

值得欣喜的是，进入耄耋之年的张瑞林的又一个“筑梦”计划已成为现实。2015年5月，张瑞林在他的妻子庄一珍，长女张红夫妇、二女张艳夫妇的共同支持下，与家乡常熟市辛庄镇人民政府签订了一个协议，将自己收藏的包括吴作人、启功、程十发、尹瘦石、朱屺瞻、方增先、陆俨少、刘春华、林散之、宋文治、费新我、张辛稼等 180 多位名家创作的 239 件书画作品无偿捐献给家乡的文化艺术中心。为此，辛庄镇专门投资建设了“张瑞林收藏艺术馆”，为家乡人民奉献了一份不可多得的精神大餐。“张瑞林收藏艺术馆”有可能成为苏州市乡镇书画收藏艺术第一馆。他也圆了自己的另一个“梦”。

人各有志，每个人又都有自己的价值追求。正如范小青女士说的，非常地努力、低调地努力；非常地进取、不张扬地进取，这就是苏州人的性格、苏州的性格。筑梦必然成真。

（刊《苏州杂志》2018 年第 5 期）

从市委副书记到集邮名家

在常人眼里,集邮只是一种益智怡情、寓教于乐的社会文化活动,是个人的一种兴趣爱好而已。但集邮达到了极致、进入了境界,就难以认为仅仅是一种兴趣了。

读完这部洋洋洒洒100万字的《周治华集邮文选》,仿佛让人们进入了集邮的知识海洋,仰之弥高、钻之弥坚,其乐无穷。

作者周治华先生曾长期担任苏州市委副书记,如今退出领导岗位已近20年。他用一颗平常心实现了从市委副书记到邮迷和集邮名家的精彩蜕变。

梳理一下他的成果,不禁让人肃然起敬。从退休前后至今的20年间,撰写的邮文达1100篇,在国内正式出版的邮书有16部,合编2部。其中贡献巨大的是:在中国乃至世界邮坛首先提出了生肖邮票的定义和少年邮局的定义,并分别进行了阐述;出版了第一本生肖邮票专著《世界生肖邮票大观》;发起和组织了第一家全国性的生肖集邮组织“生肖集邮研究会”,目前会员已达6700人;创办和主编了第一份生肖集邮期刊《生肖集邮》,至今出刊已有114期;发起和组织了第一个竞赛级的全国生肖集邮展览;主持编写了第一部生肖集邮理论著作《生肖集邮概说》;主持和合编了第一部《世界生肖邮票目录》。

治华先生是我的老领导,也可以说是改变我人生成长轨迹的老领导。1981年12月,风靡一时的《人才》杂志在头条位置刊发了我的一篇文章，被时任市委副书记、组织部部长的治华同志无意中发现，即通知约见。当时我在部门工作，刚从部队转业不久，年仅 31 岁，既无背景又不熟悉地方工作。一个是无名小卒，一个身居要职，我对这次面谈十分忐忑。没想到，就是这个机缘，个把月之后，我被调换了职位。从此，在漫长的岁月里，我一直在领导机关里扮演“参谋”与“服务”角色，与此同时，我也耳濡目染、切身感受了治华同志一以贯之的那种领导风格。在我眼里，他就是个“工作狂”，富有远见、长有慧眼、务实求是、雷厉风行、精益求精，坦诚、执着、用心、严谨、一丝不苟、事必躬亲，这类词用在他身上，真的一点都不过分。他对我总是和颜悦色的，不过我也亲自领教过他的严厉，有一次他审阅正在起草过程中的文章，发现几处标点点错和错别字，马上拉起脸对我严词批评。

1995 年起，周治华同志转任政协领导，2000 年退休以后，他又把那种一如既往的风格带到了集邮世界，沉浸在集邮的乐趣之中，集邮票、交邮友、写邮文、办邮会、编邮刊、出邮书，乐此不疲，成为享誉全国的集邮大家。周治华痴迷生肖邮票，其实是人才成功规律的一个范例。用他的话来说，他从小喜爱集邮，而茫茫邮海，想要“玩”出点名堂，需要探寻其中的规律，他意识到只有根据自己的兴趣和有限的业余时间、有限的经济能力、有限的邮品和邮识，选择一两个专题，在有限的范围进行集邮，才能深入下去，于是瞄准了“喜欢生肖邮票的人很多，而以生肖集邮为专题的人很少”这个“冷门”作为主攻方向，大获成功。更难能可贵的是，2013 年，治华先生将自己钟爱的自 1950 年以来，世界上 100 多个国家和地区发行的全部生肖邮票，以及一批藏品捐献给政府，建立了苏州生肖邮票博物馆，成为苏州文化建设一件盛事。他说，这些藏品传给家人是顺理成章之事，但子孙无此癖好，难以传承；对外出售或拍卖，虽可获得可观收入，但如今衣食无忧，非他所愿；分赠需要的邮友，拆整为零，难成气候，实为可惜；捐赠给有关方面，建一个博

▶ 他说，这些藏品传给家人是顺理成章之事，但子孙无此癖好，难以传承；对外出售或拍卖，虽可获得可观收入，但如今衣食无忧，非他所愿；分赠需要的邮友，拆整为零，难成气候，实为可惜；捐赠给有关方面，建一个博物馆，最为合适。

物馆,最为合适。所言所语,朴实无华。其实熟悉周治华同志的人都知道,他的退休生活很清苦,住的是并不宽敞的老旧房屋,平日里省吃俭用、粗茶淡饭,尤其是老伴去世后,常常以社区食堂为自己的用餐场所。只是他以一如既往地乐观、一如既往地忙碌,沉浸在集邮世界中,以邮为友、朝夕相处、形影不离、自得其乐。我想,只有真正读懂集邮文化内涵,并将其转化为生活方式的人,才能做到,其精神与境界可见一斑。

人的职业有不同,能力有大小,兴趣爱好有差异。我想,只要有利于情操陶冶、才智启迪,有利于身心健康、社会和谐与进步的事,都值得喝彩乃至身体力行。治华先生为我的退休生活提供了楷模。

▶ 人的职业有不同,能力有大小,兴趣爱好有差异。我想,只要有利于情操陶冶、才智启迪,有利于身心健康、社会和谐与进步的事,都值得喝彩乃至身体力行。

(刊《苏州日报》2016 年 8 月 12 日)

喜子和他的媳妇

喜子，大名叫张喜，喜子是他媳妇对他的昵称。

喜子的媳妇叫陈晓，只是现在家里家外全叫她陈小鹅。

10多年前的2005年5月，30岁刚出头的小两口自主创业，在石路美食街开了家名叫“苏嘉禾鹅汤馆”的小饭馆，楼上楼下也就是两开间门面。别看店不大，名气倒不小。喜子是高级厨师，善烹鹅，主打“全鹅宴”，什么鹅排、鹅翅、鹅块、老鹅煲，五花八门，尤其那个精心熬制的“老鹅汤”，竟倾倒了许多食客，一时名声大震，以至于客人不排上队常常难以吃上这佳肴。热心墨客为此书上一联：“喜得甘露嘉禾黄，晓以本然鹅汤青。”从此，这陈晓便成了“陈小鹅”，并注册了商标。张喜依然在默默无闻地研究他的“全鹅宴”，倒是陈晓出名了，成了区里的创业明星。

▶ 在陈晓心里，“俺就是张师傅的媳妇，大事都由喜子做主”；在张喜心里，“陈晓就是老板，饭店虽小，怎么开法？都由老板说了算”。但明眼人清楚，两人形影不离，妇唱夫随，“女主外，男主内”。

在陈晓心里，“俺就是张师傅的媳妇，大事都由喜子做主”；在张喜心里，“陈晓就是老板，饭店虽小，怎么开法？都由老板说了算”。但明眼人清楚，两人形影不离，妇唱夫随，“女主外，男主内”。

2015年4月，小两口一合计，把红红火火的“苏嘉禾”转手了，在山塘街品味坊小巷深处觅得了一处小院，没怎么装饰就开张了。人家越开越大，他家的店却越开越小，菜品却越来越精致。这小院，也就能容得下十来个人，主要经营点心，主打鹅汤馄饨。至于这鹅汤的烹法，喜子对此还有点神秘兮兮，反正是特供的鲜鹅，放在特别的大锅内，放点什么辅料，他不说，时而密封，时而旺火烧沸，时而文火慢煨，火候得恰到好处。总之，香味扑鼻，汤汁浓郁可口。于是，品味鹅汤馄饨成了这里食客、游客私人订制游玩山塘街的一道风景。

陈晓在朋友圈写道：

昨天晚上，小院第一次来了这么多国外友人，有瑞典的、印度的、美国的、芬兰的，还有英国的等等，哈哈，好多好多国家的，还都是美食家啊，我用山泉水给大家泡茶，他们都说：That's good!

煮着老茶，听着评弹，品着美食，我说，不论国度，不管年龄，和一群高智商、高情商，还有高颜值的朋友在一起，那样的感觉真的非常开心，斯是陋室，你我德馨。

今晚订桌开餐前，每人先尝汤团，我蹭到了一只萝卜丝馅的，美味照旧。嘻嘻，吃到一半，"上帝"来了，我饿着肚子忙到收工，喜子尝了一碗爊卤大肠面，一身疲惫全扫光。上海复旦大学陈果教授说，人活着有两个终极目标，一个是让自己快乐，另一个是尽自己的能力让更多的人快乐。

▶ 人活着有两个终极目标，一个是让自己快乐，另一个是尽自己的能力让更多的人快乐。

现在陈小鹅的日子过得真心"萌萌哒"。自从到了山塘街，喜子和他的媳妇真是喜事不断，那脸上总是洋溢着微笑，向人们诉说着勤俭、甜美、热情、真诚和满足。

2016年、2017年，姑苏区连续两年举办"冬至大如年"馄饨、汤团大赛，参赛的单位多是苏州城里赫赫有名的"老字号"，"陈小鹅"鹅汤馄饨居然两次拔得头筹，分别获得了2016年馄饨第一和2017年汤团第一，并被食客称为"状元馄饨"。

2017年，姑苏区举行"冬至大如年"民俗文化节暨汤团挑战赛，喜子亲手制作的团子又获"姑苏十佳汤团"第一名。有位从事多年餐饮点心制作的师傅似乎有点"嫉妒"，又有点羞愧，现场揣摩了许久，会意地表示称赞。面对金灿灿的奖牌和领导的接见，很少见过世面的喜子和他媳妇欢喜异常，陈晓又连夜发出了两条微信：

哇，不会吧，汤团我们也能进十佳啊，真正出人意料，万分惊喜，陈小鹅人品大爆发,我今晚要抱着这块牌牌碎觉了,喜子靠边。

忽然发现,以美食为天,貌似是件幸福的事,惹得天下吃货尽开颜,为人民服务不一定卖飞机,卖馄饨卖汤团,人生也完美。

不过,从开小饭馆到开点心店,十几年过去了,喜子和他媳妇尽管仍然是一家"夫妻老婆店",但看得出来,他们对自己的事业非常满足。他们感觉不是两个人在创业,似乎来自四面八方的朋友都在陪伴自己;他们感觉艰辛创业不仅仅带来了物质成果,还有比物质成果更重要的快乐和价值体现。

▶ 他们感觉不是两个人在创业,似乎来自四面八方的朋友都在陪伴自己;他们感觉艰辛创业不仅仅带来了物质成果,还有比物质成果更重要的快乐和价值体现。

只是十几年过去了,喜子和他媳妇心头都有一个"梦",两口子常常为筑"梦"善意地讨论不休,烦恼并快乐着。

喜子梦想自己成为一名真正的大厨,可以一门心思地研究开发自己所钟爱的新菜,直至成为这个行业的"大咖"人物,她的媳妇不再像个营销师四处奔波,真正成为一名"老板",把管方向和大局。喜子还梦想有舒适的创业环境和营业环境,把小院打扮得更加美丽,更加温馨些。毕竟太沧桑了,年久失修,因陋就简,发黄的墙、斑驳脱落,瓦不挡风雨,墙脚还时时露出一些青苔,实在与时代不大合拍。

陈小鹅则说,自己没有想好怎么做。沧桑也好、破旧也罢,见仁见智,有人称之为落后,有人偏偏觉得这有"文化",就是青睐这种感觉和气息,住惯了高楼大厦,还是要这种亲近自然和原生态。你看,暮色降临,晚风乍起,点几支蜡烛,围坐一起,谈天说地,品茗喝茶吃点心,讲究的是情调。小院虽小,却是信息中心、交流平台,带来滚滚生意。只有大专文化程度的陈晓还颇有文艺腔调。

▶ 暮色降临,晚风乍起,点几支蜡烛,围坐一起,谈天说地,品茗喝茶吃点心,讲究的是情调。小院虽小,却是信息中心、交流平台,带来滚滚生意。

喜子和他的媳妇常常面带笑容讨论发展,谋划未来人生,相信明天会更好。

(刊《苏州日报》2018 年 2 月 10 日)

致敬经典，我们该做什么？
——从《苏园六纪》出品20年说开来

20年前，一部由刘郎先生担任总编导、总撰稿，名曰《苏园六纪》的电视艺术片在苏州问世，它以一种强烈的视觉冲击力，广泛地吸引了受众的收视，好评如潮，被普遍认为是难得一见的经典之作。当时，不少园林学者说这部作品可以10年不过时。然而，当大家回眸20年来关于苏州园林题材林林总总的精神文化产品时，好像迄今为止，《苏园六纪》依然是苏州园林文化高原上的一座高峰，其谋篇布局之精到，立意主题之精远，文字之精彩，画面之精美，恐怕还没有哪位敢理直气壮地说自己已经有了超越。

▶ 回眸20年来关于苏州园林题材林林总总的精神文化产品时，好像迄今为止，《苏园六纪》依然是苏州园林文化高原上的一座高峰，其谋篇布局之精到，立意主题之精远，文字之精彩，画面之精美，恐怕还没有哪位敢理直气壮地说自己已经有了超越。

也许是外行看热闹、内行看门道，我孤陋寡闻，学力肤浅，但这确实是自己的一种真实感受，是由衷的、发自内心的一种认知。

这次研讨会的主题是“回望与前瞻”“叙论新时代园林文化传播”。我想从这个主题出发谈一个观点：《苏园六纪》作为一部园林文化的经典之作，或者说，对待像《苏园六纪》这样的文化经典，我们需要做什么？应该做什么？

如果说回望，我认为首先要向经典致敬。时代在进步，在发展，需要致敬的很多，包括经典人物、经典事件、经典作品、经典时光、经典记忆等等，经典是层出不穷的。中央电视台有个专栏节目，就叫《向经典致敬》，每次收看完我都十分感动。我以为，《苏园六纪》和刘郎先生都值得致敬。

刘郎先生和《苏园六纪》的最大贡献，就是带领人们走进了世界遗产苏州园林全新的审美世界，提供了一个如何观察世界遗产苏州园林的多重视角，开拓了人们对世界遗产苏州园林从艺术、文学、建筑、历史乃至品牌价值等方面宽阔而深邃的认识空间，也为人们传播世界遗产、热爱世界遗产、呵护世界遗产发挥重要的作用。

大家知道，1997 年 12 月，拙政园等 4 处古典园林被列入世界文化遗产名录，两年后，《苏园六纪》问世。可以说，正是有了《苏园六纪》，用电视艺术这种喜闻乐见、图文并茂的特殊手段，高屋建瓴又细致入微、精准到位地解析了苏州园林的文化背景、内在逻辑、营造手法、精髓意境、审美情趣等，使物态的苏州园林更加栩栩如生，更加可亲可爱、引人入胜。从而为 2004 年在苏州召开的第 28 届世界遗产大会提供了一份文化大餐，实现了国际化传播。当然，在此过程中，苏州市政府、市园林绿化管理局，尤其是苏州广播电视部门在出品传播这部精品力作时发挥了重要作用。

▶ 回望《苏园六纪》时，我想最重要的不应是叙论它好在哪里，更重要的是应该思考：经典是怎么来的？我们应当从经典中吸取点什么？如何让更多的精品力作问世？

20 年过去了，当我们在这里坐而论道，回望《苏园六纪》时，我想最重要的不应是叙论它好在哪里，更重要的是应该思考：经典是怎么来的？我们应当从经典中吸取点什么？如何让更多的精品力作问世？刘郎先生谦虚地说，对《苏园六纪》的溢美之词已经很多了，不必再去评价，口碑自在，这是中肯的。伟大的时代需要伟大的作品，伟大的时代呼唤更多的经典作品，在这方面，《苏园六纪》享誉 20 年，给我们提供了重要案例和启示。

刘郎先生是河北人，早年在西北成长。全方位地走进苏州，融入苏州，以至于热爱苏州，甚至成为苏州园林文化研究的名家，还是在接受《苏园六纪》编导任务以后。有人说，他像一匹来自西北的“狼”，贪婪地沉浸在江南这片肥沃的文化土壤中，尤其贪婪地吮吸着江南园林文化。与刘郎先生交谈，你会浓烈地感受到，他对苏州文化是真的有研究，真的是专家，真的是情真意切；也强烈地感受到，他的这种对苏州园林理解与认知的广度与深度，则是来源

拙政园二

于他用心治学的态度和孜孜不倦的学习精神。据说，为了写作《苏园六纪》解说词，他阅读了关于苏州园林的文献、书籍500多种，访谈的专家、学者、工匠与无名百姓不计其数。曾经，我们总以为自己生长在苏州，热爱苏州，对苏州园林再熟悉不过，有点沾沾自喜。其实不然。以个人为例，比如，对待世界遗产苏州园林，大有熟视无睹、"生在宝中不识宝"之感，一方面，常说要打联合国教科文组织亚太世界遗产中心品牌，其实对世界文化遗产苏州园林的认知十分幼稚、十分肤浅，知其然不知其所以然，因而，很难进入一种新的更高的境界，上升到最佳的研究状态。

▶ 刘郎先生对苏州园林这种精准而到位的把握，关键是他真正走进了园林，认真地读懂了苏州园林；正因为认真了、用心了、读懂了，才有可能由内而外渗透出对苏州园林的挚爱，才可能把这种情感渗透到他要创作的作品中来，倾注到他的事业中来。

从刘郎先生身上，我悟出一个道理，他对苏州园林这种精准而到位的把握，关键是他真正走进了园林，认真地读懂了苏州园林；正因为认真了、用心了、读懂了，才有可能由内而外渗透出对苏州园林的挚爱，才可能把这种情感渗透到他要创作的作品中来，倾注到他的事业中来。同样，在我们身边，之所以常常发现一些漠视文化传统的现象，以及建设性破坏、破坏性建设的状况，重要的原因之一，也是在于没有用心读懂其中的知识和价值，要么似懂非懂，要么不懂装懂，这就谈不上热爱了。而无论是做好一件事情，还是成就一番事业，都切忌浮躁，前提都是需要认真、用心、读懂弄通。我们和刘郎先生的差距，不仅体现在聪慧和悟性上，更体现在学习意识、学习态度、学习能力、学习程度和深度上。

苏州古典园林作为世界文化遗产，是苏州最为重要的文化瑰宝之一，也是苏州城市最璀璨的文化符号和重要品牌，博大精深、魅力无穷。《苏园六纪》出品20年，始终留在人们心田，足以证明经典之作的含金量。实践证明，只有让更多的经典力作问世，只有更大范围、更大程度、更大力度地传播经典力作，才能让作为物态的苏州园林和作为非物态的园林精神、园林文化、营造技艺等深入人心，化于实践，一代一代传下去。但是，我们也看到，一方面呼唤文化经典，另一方面存量的经典藏于深闺，有的则各领风骚三五年。这不仅有作品的原因，更多则是传播理念、传播思路、传播机制、传播方式的原因。我们怀念《苏园六纪》，更重要的应是探索传播苏州园林文化的新理念、新思路。传播需要创新，需要与时俱进。即使对于经典之作，也有一个推陈出新的问题。比如，现代科学技术迅猛发展，目前人们开始将现代修复技术运用到传统影视作品的音像处理中，大大提升和改善了观赏性和视觉效果，对于像《苏园六纪》之类的电视艺术片，同样可以借鉴。又如，我们已经进入多样化、多层级精神文化消费时代，有的喜欢文化快餐，有的则习惯"细嚼慢咽"，建议利用《苏园六纪》的良好基础和刘郎先生的名人效应，把苏州园林的传播推向新的高峰，用国际化的理念和认识，用国际化的手段和形式，在电视艺术片的基础上再创作、拍摄以苏州园林为主题的、"十年不过时"的、具有国际冲击力的电影纪录片，以满足国际市场和最广大人民群众对高质量文化产品的需求，从而最大限度地提升苏州园林的国际品牌影响力。

（2010年10月在《苏园六纪》出品20年研讨会上的发言）

文化老兵马汉民

说苏州这座城市有历史、有文化，这不是吹的，状元多、院士多、宝藏也多，不大起眼的一处破旧平房，说不定还是明清遗物；貌不惊人的一个寻常百姓，说不定来自名门望族、耕读人家。如果到民间再去观察一下，还会发现另一种社会文化现象。

▶ 苏州人，不论是否进入文化名流，或成为文化名家，普遍选择随遇而安，在低调中不断进取，在淡定中追求卓越的生活态度；十分看重构筑新型的人际关系，相互之间虽然没有严谨的师承关联，却是互为师徒、亦师亦友、相互成就。成长中有高人提携、贵人相助、名师指点。

苏州人，不论是否进入文化名流，或成为文化名家，普遍选择随遇而安，在低调中不断进取，在淡定中追求卓越的生活态度；即使是文化名人，也并不在乎个人的功名利禄，却十分看重后人的脱颖而出、有所作为，并热心于助人为乐，或锦上添花或添砖加瓦；十分在意构筑新型的人际关系，相互之间虽然没有严谨的师承关联，却是互为师徒、亦师亦友、相互成就。成长中有高人提携、贵人相助、名师指点。

这也许是苏州成为历史文化名城的一道风景线的原因。

马汉民，可以算是一个案例。

马汉民，1933年12月出生，今年虚岁90岁了，是名离休干部。离休前是区文化馆一名不坐班的创作员。人们对他的称谓一直在变化，从老马、马老师，到现在都称呼为马老。

马老自诩“文化老兵”，热爱民间文学的整理、收集与写作，虽无官方职务，却长期担任苏州民间文艺研究会的负责人、江苏省吴歌学会会长。与人合作的长篇叙事诗《孟姜女》《五姑娘》是他的成名作；长篇传记文学《冯梦龙》是他的代表作，《人民日报》（海外版）曾连载三个月；长篇叙事诗《常德盛》有1万3千余行，不仅人民文学出版社公开出版，而且中国社科院有关部门还为该书专门召开了研讨会。据马老说，他一生收集、整理、创作、出版的民间故事、诗词、弹词、中长篇小说、研究论文有千余万字，只是多数没有著作权或公开发表，甚至没有署名，只是蜚声圈内同行。

初识马汉民，是20世纪80年代。当时，我在苏州市人事局工作，改革开放初期，百废待兴，人们思想逐渐解放，尊重知识、尊重人才是人事工作的主旋律，我们成立了一个名叫"人才研究会"的社会组织，重点关注那些闲散在社会上的各类专门技术人才。一个偶然的机会，有人给我介绍马汉民，说他有些怀才不遇，因为历史遗留问题，刚被落实政策，从区办小厂调到区文化馆，做的是民间文学创作工作，已有一些作品发表。从此，马汉民进入了我的视线，也开始了与他的接触，我们很快成了朋友。准确地说，这种交往起初更多是出于一种尊重感，在他面前，我还是小青年，但几次接触下来，我发现，这个人虽然过去在政治运动中受过伤害和不公正的待遇，但乐观豁达，热情坦诚，充满智慧，颇具文人气质。

▶ 20世纪80年代，我们成立了一个名叫"人才研究会"的社会组织，重点关注那些闲散在社会上的各类专门技术人才。我将他归入了人才学中"自学成才""环境创造人才"的案例研究范畴。自此，我们常来常往，最终成为几十年的君子之交、忘年之交。

但是，我也好奇，一个连苏州话都不会讲的人，是怎样收集整理吴歌、吴地民间故事的？一个在苏州生活了几十年的苏北人怎么会研究发掘吴文化的？一个没有读过几年书的人怎么又成了吴文化研究专家？我将他归入了人才学中"自学成才""环境创造人才"的案例研究范畴。自此，我们常来常往，最终成为几十年的君子之交、忘年之交。

只是我对马老的定位一直停留在"民间文学工作者"的认知上。前年中秋节，他的"朋友圈"策划了一次"马汉民工作七十周年"活动，时年"九五"高龄的苏州文化界"大咖"周良先生欣然出席，我也应邀参加，并请苏州学者、书法家徐圭逊代拟了一条幅对联，这样写道："松声万壑秋事过已如炊黍梦，健笔千篇富性华何处更寻根。"

▶ "松声万壑秋事过已如炊黍梦，健笔千篇富性华何处更寻根"。

直至今年过年，我出席马老先生90岁生日庆典，只见一位位盈门宾客，要么自称是马老的弟子、学生，要么自称是马老的朋友、粉丝和追随者，又大开眼界。因为我知道，莅临活动的不少人的知名度要比马老高得多，有非遗传人、专家学者、工匠艺人、政界官员等等。尤其聆听了来宾们争相讲述的故事，我受到了强烈的心灵震撼，猛然发现，自己对这位离休已达30年的"文化老兵"产生了一种从未有过的敬畏之情，发现自己对他的了解是那样的肤浅和局限，惭愧并感动着。

▶ 聆听了来宾们争相讲述的故事，我受到了强烈的心灵震撼，猛然发现，自己对这位离休已达30年的"文化老兵"产生了从未有过的一种敬畏之情，发现自己对他的了解是那样的肤浅和局限，惭愧并感动着。

第一批国家级非遗传承人、刺绣艺术大师姚建萍首先娓娓道来。她说，1998年，自己只是苏州镇湖镇的一名"绣娘"，虽然已小有名气，但始终没有走出家乡，有一天，绣房来了一位客人，个子不高，胖墩墩，一脸微笑，几句寒暄，眼光聚焦在她创作不久的《"沉思"周总理肖像》和《吹箫引凤》两幅刺绣作品上，连声称赞这是难得一见的精品佳作。他就是当时担任苏州民间艺术家协会的负责人马汉民，马老师说明来意，给她传递了一个重要信息：当年夏天，中国文联、中国民协即将在北京举行全国首届国际民间工艺博览会，力荐她参展，抓住机遇。马老师又继续考察拜访了石雕艺人蔡云娣、缂绣艺人吴文康等。起初几位艺人都有些将信将疑，对外面的世界一知半解，担心会不会上当受骗，什么是非遗？价值在哪里？对此也迷迷糊糊。为此，马汉民苦口婆心，并亲自陪同姚建萍、蔡云娣、吴文康等一行五人，带上他们的作品赴京参会，结果一举成名，姚建萍拿到了两个金奖，其余同伴也拿到了金奖和银奖，轰动苏城。这次活动一下子打开了这些苏州艺人的视野，实现了他们发展史的重大跨越和转折。现在，姚建萍已是中国文联主席团成员、江苏省文联副主席，蔡云娣、吴文康也是国家级工艺美术大师、非物质文化遗产传承人，而马汉民依然是那个从前的马汉民，乐乐呵呵。姚建萍感动万分，在她心目中，马老是"伯乐""贵人""指路人"。

相城区冯梦龙村现在已经是闻名遐迩了，他们与马老之间的情感更是非同一般，这次活动，相城区来了区、镇、村三级干部。故事的缘由大致是这样：冯梦龙村原名“黄埭镇新巷村”，那里有个自然村，叫“冯埂上”。长期以来，民间有个传说，历史上有位冯阁老做过大官，人们推测，此人应该就是冯梦龙。作为冯学研究专家，马汉民一方面亲自组织考证发掘史料，并让村民口述历史，收集整理民间传说，另一方面出面邀请北京、上海、南京、福建等地的冯学界专家学者召开专题论坛，形成共识。相城区抓住契机，经批准，将“新巷村”更名为“冯梦龙村”，从此开辟了冯学研究的新天地，发掘冯梦龙研究的时代价值。现在，冯梦龙村已成为冯梦龙研究基地，新建了冯梦龙纪念馆、农耕文化馆、冯梦龙廉政文化培训中心，还依据冯梦龙文学作品，后续建设了“书院”“四知堂”“山歌馆”“广笑府”“卖油郎油坊”等文旅项目，连续多年举办冯梦龙文化旅游节，真真实实地成了新时代乡村振兴的典范和网红打卡地。讲起这段经历，相城区人大常委会曲玲妮主任总是动情地说：“我们不能忘记一个人，他就是马汉民。”为凸显冯梦龙研究的时代价值，求证冯梦龙故里，他两次东渡日本求证史料，不顾90岁高龄，单程8小时车程，赴冯梦龙为官地福建参加高峰论坛。可敬可亲。毫不夸张地说，马汉民助推了冯学研究和冯梦龙传统文化的发掘与新农村建设发展。

说起常德盛，他与马汉民的友谊更是特别。常德盛可以说是国家级名人了，阅人无数，结识马老并成为朋友，完全是一种缘分。20年前，常德盛和他领导的蒋巷村已是闻名全国，而马汉民只是普通的作家和离休干部，一个偶然的机会，马老踏上了蒋巷村，遇见了常德盛，大有一见如故、相见恨晚的感觉。常德盛由内而外喷发的强大气场和蒋巷村美不胜收的田园风光，一下子让马老梦回改革开放前那些曾经经历的艰难岁月，萌生了创作的冲动，他想用自己拿手的乡土诗歌叙事方式，讴歌常德盛这个社会主义新时代的全国劳动模范。于是他留了下来,在蒋巷村附近的小旅馆一住就是三个月,走村串户,与乡亲们促膝访谈。不久,一部名为《常德盛》的长篇叙事诗出笼,由此,蒋巷村成了马汉民的创作基地,常德盛和这里的乡亲们成了马汉民的朋友,他们的友谊也跨越了普通的关系,马老好比“荣誉村民”,逢年过节,总是收到来自蒋巷村的问候和礼物,一篮鸡蛋、一只烧鹅等。作为一个耄耋老人,马老的心里真是比吃了蜜还甜。

当然,马汉民的故事远不止这些。对于他来说,有的也许是凡人小事,有的则是举手之劳,但都发自肺腑。

▶ 每个人都在一定的社会关系中生活,每个人都扮演着不同的角色,每个人都在自觉或不自觉地以自己的方式为国家、为社会、为家庭做出不同的奉献,社会的和谐与进步需要人与人之间在良性互动中实现。一个人的岗位有不同,经历有差异,能力有大小,生活状态有差别;但每个人都应拥有一颗有良知、有温度的善良之心。理解、尊重、友爱比什么都重要。

我常常想,社会多么需要马老身上所具有的这种“文化老兵”的精神。每个人都在一定的社会关系中生活,每个人都扮演着不同的角色,每个人都在自觉或不自觉地以自己的方式为国家、为社会、为家庭做出不同的奉献,社会的和谐与进步需要人与人之间在良性互动中实现。一个人的岗位有不同,经历有差异,能力有大小,生活状态有差别;但每个人都应拥有一颗有良知、有温度的善良之心。理解、尊重、友爱比什么都重要。“文化老兵”现象说到底是一种苏州文化现象的缩影,“文化老兵”精神常在,这正是苏州这座城市的福祉。

(刊《苏州日报》2022 年 2 月 15 日)

理念之宗　文化标杆
——读居易《从“园冶”到“说园”》有感

许久没有用心读书了。如今的人们,无论男女老少,手机不离身,显得异常忙碌。要静下心来品读纸质文字,已是一种奢侈;如能一目十行、浮光掠影地广泛浏览,也算对得起自己了。我也没有脱俗。

前不久,居易先生给我送上了他的新著,名曰《从“园冶”到“说园”》,起初很不在意——不就是一本不足200页的科普读物吗?

居易在苏州,堪称“文化名人”了。政府会议、民间沙龙、专业论坛,总能见到他的身影。在我的印象中,他从城市文化到环境生态、经济发展,从理论研究到咨询策划、品评鉴赏,从旅游到园林、家具、建筑、文玩、花木叠石,似乎无所不通。一次,一位朋友抛出一个问题问他:“你阿有不懂的?”他答非所问说:“这个我还真懂。”

《从“园冶”到“说园”》是居易先生应上海人民美术出版社策划的“名家悦读本”系列丛书中的一本。

文化名家的作品是不能不读的。但我重拾这本书却是几周之后的事,边读边思考,顿感果然出手不凡,竟有一种“心有灵犀”的感觉,不仅一口气读完,还“划了许多重点”。

这些年来,由于工作的原因,我们对世界文化遗产苏州古典园林关注甚多。联合国教科文组织早就定义,世界遗产是全人类共同的财富。正因为如此,我们一再呼吁,要把苏州古典园林作为苏

▶ 居易在苏州,堪称“文化名人”了。政府会议、民间沙龙、专业论坛,总能见到他的身影。文化名家的作品是不能不读的。边读边思考,顿感果然出手不凡,竟有一种“心有灵犀”的感觉,不仅一口气读完,还“划了许多重点”。

州最重要的文化品牌，擦亮打响、传播发展，不仅如此，还应该让更多的新苏州园林诞生，让苏州园林走向园林苏州。与此同时，我们也深刻认识到，苏州园林看似喜闻乐见，其实深不可测。人们喜爱园林，更多的是敬畏那些看得见、摸得着的精美绝伦的经典场景和绝佳技艺，但很少去关注与园林相伴共存、须臾不离的社会历史、文化内涵和深邃理念；人们追捧园林，其兴奋点常常落脚在被揭开神秘面纱后的旧时江南文人墨客、官宦豪绅的雅玩文化、风花雪月的浪漫情调，以及生活方式上，而较少思考和问津苏州园林对于陶冶清雅文化情操、文化品质及以锻造工匠技艺、追求美好生活的良好境界。在欣赏、传播苏州园林文化，以及传承、创新园林营造技艺的过程中，也常常出现或“走样跑调”，或“肤浅化”，或“经院式”，或“功利性”，或“坐而论道”等现象，对一些优秀传统、名品佳作常常熟视无睹。实践告诉我们，保护、传播、创新发展苏州园林，最大程度地释放苏州园林价值，唯有以读懂苏州园林为本。而居易这本书的出版，恰恰正当其时。

▶ 人们喜爱园林，更多的是敬畏那些看得见、摸得着的精美绝伦的经典场景和绝佳技艺，但很少去关注与园林相伴共存、须臾不离的社会历史、文化内涵和深邃理念；人们追捧园林，而较少思考和问津苏州园林对于陶冶清雅文化情操、文化品质以及锻造工匠技艺、追求美好生活的良好境界。

大凡对苏州园林有所了解的人都知道，每一座历史园林，都是经济社会变迁的缩影，都有其诞生成长，或兴衰或振兴的故事，都有其不可多得的璀璨价值。经典的苏州园林是融建筑、文学、书画、艺术、美学园艺之精华于一体的有机整体，通过构思立意、相地选址、规划设计、建筑施工、叠山理水、花木种植、装修陈设、品评题咏这八大环节，才能在方寸之间呈现一幅幅层峦叠嶂、峰回路转的“城市山林”图景，让人们在有限的空间体验到林泉之乐、自然之趣的无限意境。可是，如果缺少对园林要素的这种深刻理解，缺乏审美和相关素养，就犹如“雾中看花”，半明半暗，毫无乐趣可言。

▶ 经典苏州园林通过构思立意、相地选址、规划设计、建筑施工、叠山理水、花木种植、装修陈设、品评题咏这八大环节，才能在方寸之间呈现一幅幅层峦叠嶂、峰回路转的“城市山林”图景，让人们在有限的空间体验到林泉之乐、自然之趣的无限意境。

然而，阅读居易先生的大作，给我最重要的信息和启迪，是关于中国园林的哲学理念和人文情怀。

居易从阐释中国造园史上“三百年间一知音”的两本名著入手，一是明代计成的《园冶》，被业界公认为是第一部全面、系统阐述造园理论、造园法则和造园技艺的开山之作；二是当代陈从周先生的《说园》，被业界评价为是关于继承和弘扬传统造园理论、造园艺术和园林文化最有影响力的作品。我认为，居易的胆识和创新之处，就在于他从剖析两位大师一脉相承、遥相呼应的逻辑联系后指出，一个是中国园林的理念之宗，一个是中国园林的文化标杆。我认为，这种理念之宗和文化标杆，集中体现的是一种园林哲学。

居易在书中指出，《园冶》的理论精髓是“虽由人作、宛若天开”，《说园》的指导思想是“模山范水”“因地制宜”；《园冶》的方法论提出了“巧于因借”“精在体宜”，《说园》的设计思想强调了“对景、对比、虚实、深浅、幽远、隔曲、藏露、动观、静观”。

书中还指出，计成《园冶》提出的造园理念，可概括为六个方面，即天人合一的自然理念，堪天舆地的风水理念，释儒道教的融合理念，诗书画文的意境理念，名仕风范的人生理念，格物致知的今世理念。

▶ 计成《园冶》提出的造园理念，可概括为六个方面，即天人合一的自然理念，堪天舆地的风水理念，释儒道教的融合理念，诗书画文的意境理念，名仕风范的人生理念，格物致知的今世理念。

书中又指出，陈从周选择了一个前所未有的鸟瞰视角，集“天下园林”为一体，以史学考证研究园史园迹，以文化渊源解读园艺技法，以哲学思维诠释园林体系，以文化素养定论品园、游园、造园，以中国特色创导造园、复园、改园。他将陈从周称之为中国园林的文化标杆，概括为“天地人”“文史哲”“诗情画意”。

居易认为，“园林哲学”的本质是中国文化，是一种坚守中华文明核心价值基础上的“中式思维”，这是中国园林的“魂”，一旦丢弃，中国园林的“魂”就没有了。我以为这才是这本书的真谛所在。居易进一步说，“中国园林自陈从周起，再也不是单一的造园技法”。再也不是单一的“文人情怀”和作品，而是一种文化，一种以园林为特定的中国文化的特定组成。这无疑是极高的评价，可以成为我们研究世界遗产苏州古典园林，发掘和传承创新园林价值的一把钥匙。

对于我来说，居易的这种阐释，既深入浅出、言简意赅，又博大

▶《从“园冶”到“说园”》既是一部具有很大科普价值的学术著作，也是一部具有很高学术价值的科普著作。

精深、钻之弥坚，《从“园冶”到“说园”》既是一部具有很大科普价值的学术著作，也是一部具有很高学术价值的科普著作。园林就是可以触摸的世界观和价值观。一书在手，再去研读《园冶》和《说园》，应当坚持用园林哲学视觉和人文情怀，进一步准确把握中国园林的精髓和营造技法。尽情地发现、欣赏那种“诗中有画，画中有诗”“模拟自然高于自然”“曲径通幽”“别有洞天”“虽由人作，宛如天工”等苏州园林所独具的魅力与景致，将“天地人”“文史哲”“诗书画”以及“以人为本、天人合一、追求卓越、精益求精”的园林精神发扬光大，为新历史时期让苏州园林走向园林苏州，建设美丽苏州贡献一份力量。

（刊《苏州日报》2022年8月14日）

文化遗产保护的三重境界

尹占群先生长期担任苏州市文物部门的负责人，不过，他对文化遗产研究的影响力已经走向了全国，被聘为国家文物局专家库专家、中国文物保护基金会古建筑专家组专家。前不久，他有一本新著出炉，书名为《文化遗产保护——基于视角、理念和方法》。我有幸成为第一批读者。

书名起得好。我跟他说，视角、理念和方法，这是文化遗产研究和实践的三重境界。

不过，他有点忐忑，书中开宗明义指出，这本书并没有按照严密的学术逻辑，对文化遗产保护的视角、理念、方法并没有作系统阐述，只是一篇篇独立的文章。我则对他说，这不重要，只要读者耐心读完该书和全部案例，就不言自明了。

文集也好，著作也好，对朋友的书，尤其是对一些觉得有学问的朋友的文稿，常有"一读为快"之欲望。每个人都有自己的阅读观，有的人认为生动，有的人却认为浅薄；有的人认为晦涩，有的人却认为深刻；有的人认为枯燥无味，有的人却认为入木三分。这就叫见仁见智，萝卜青菜、各有所爱。

▶ 每个人都有自己的阅读观，有的人认为生动，有的人却认为浅薄；有的人认为晦涩，有的人却认为深刻；有的人认为枯燥无味，有的人却认为入木三分。这就叫见仁见智，萝卜青菜、各有所爱。

在我的印象中，尹占群先生的书是我读到的苏州第一本以文化遗产保护为主题的书。当我逐篇读完该书的全部文字，并依照作者所倡导的视角、理念和方法，再回眸改革开放以来，尤其是进入新世纪以来，苏州文物工作取得的成就以及文化遗产保护走过的历程，对作者自然而然地产生了一种亲切感，一种认同感。

苏州人对文化从来就有一种割舍不了的情结。但改革开放以前，大多数苏州人对于世界文化遗产这个概念还颇为陌生。1997年12月以及2000年11月，拙政园、沧浪亭等9处苏州古典园林被列入世界文化遗产名录；2004年6月28日至7月7日，苏州历史上第一次承办联合国教科文组织世界遗产委员会最高级别的国际会议——第二十八届世界遗产大会，把苏州人对世界遗产的知晓度和践行度推向了高潮。2012年，苏州又被国家批准成为全国唯一的历史文化名城保护示范区；2014年，伴随中国大运河申遗成功，苏州平江河、山塘河、上塘河、胥江、环城河等5条运河古道及7个遗产点段一并被列入世界遗产名录，苏州由此成为运河沿线唯一以古城概念申遗的城市；2017年，苏州被世界遗产城市组织授予"世界遗产典范城市"称号。同时，苏州还是全国为数不多的拥有世界文化遗产和非物质文化遗产最密集的双遗产城市之一。这应该是苏州和苏州人的荣耀。

但即使如此，苏州对世界遗产保护和利用的追求一直在路上。苏州人深深知道，一方面，苏州古城有着2500多年建城史，文化遗产数量众多，分布密集，品类齐全；另一方面，苏州的文化遗产基础十分脆弱，保护、利用、创新、发展，需做的工作太多，任重道远，使命光荣，责任重大。苏州是历史文化名城，但又是活力四射的国际新兴科技城市；苏州是文化强市，又是制造业大市，承载的国家使命重大。如何在经济社会高速发展的环境下，妥善保护好祖辈留下的优秀文化遗产？如何在国际化、现代化发展的进程中，实现文化遗产的有机更新？这是一个时代的课题。决策者、文物人和全社会都在群策群力，奉献胆识和智慧。

▶ 如何在经济社会高速发展的环境下，妥善保护好祖辈留下的优秀文化遗产？如何在国际化、现代化发展的进程中，实现文化遗产的有机更新？这是一个时代的课题。决策者、文物人和全社会都在群策群力，奉献胆识和智慧。

正是出于上述考虑，包括尹占群在内，市内外一些专家、学者、企业家等，志在为遗产事业添砖加瓦，利用联合国教科文组织亚太地区世界遗产培训中心（苏州）这个平台，发起组建了世界遗产与

沧浪亭

古建筑保护联盟。从此,同伴们在教科文组织的旗帜下,积极借鉴学习分享国内外先进的关于世界遗产保护和利用的新的理念和方法,通过交流、传播、互鉴,结合苏州的实际和案例,进行调查研究,为领导科学决策和社会实践提供可资参考和借鉴的建议和研究成果。从某种意义看,尹占群的这本书也是我们多年研究成果的代表作,可喜可贺。

尹占群是名文物工作者,文物保护有自己的历史传统和认知体系。他则认为,"文化遗产"比"文物"的内涵和外延都更宽一些,需要历史的视角、国际的理念、灵活的方法。所谓历史的视角,就是要用辩证唯物主义、历史唯物主义的立场、观点和方法研究思考历史和现实问题,不唯书,不唯上,坚持实事求是,一切从实际出发,积极寻找解决问题的方法;所谓国际的理念,就是要积极借鉴和吸收国际上关于文化遗产保护的理念和观念,为发展我国文化遗产事业服务;所谓灵活的方法,就是要在遵循文物保护法律法规以及相关技术规范的前提下,具体情况具体研究,找到切实可行的解决问题的路径。

▶ 历史是延续的、进化的,文化遗产是层累的、发展的。文化遗产保护,不仅要保护古代的,还要保护近代的、现代的、当代的。一切优秀的、有形的、无形的创造都是未来的遗产。

尹占群认为,历史是延续的、进化的,文化遗产是层累的、发展的。文化遗产保护,不仅要保护古代的,还要保护近代的、现代的、当代的。一切优秀的、有形的、无形的创造都是未来的遗产。

尹占群认为,《文物法》是文物行业最高层级的法律,是一切文物活动的行动指南。文化遗产保护必须以法律为准绳。文物执法是严格的,执法的方式应当是有温度的,文化执法的过程,也是《文物法》宣传普及的过程,更是文化遗产情感培育、拉近文化遗产与公众距离的过程。

尹占群认为,文化遗产与社会发展、人的生活应当是相融的,不应该是对立的。保护和发展,有时会有矛盾,最终必有一伤,换位思考能化解矛盾,实现兼顾双赢。要善于运用辩证思维和专业智慧,平衡得失、两害相权取其轻。

尹占群认为，文物保护不能仅仅是文物部门的事，应当把它变成全民的事业。只有当政府、文物及相关职能部门、专业机构和专家、利益相关人、公众五种力量形成共识，凝聚合力，保护才能真正走上良性的可持续的发展轨道。文物工作者既不能曲高和寡，又不能妄自菲薄，既要敢于坚持原则，又要善于磋商交流。

如此良言，尚有许多，通贯全书。阅读尹占群的这本著作，我不免有了几分感慨：历史的视角、国际的理念、灵活的方法，对文化遗产事业应该这样，干其他事业不也是一样的，悟一悟其中的道理并成为实践自觉，将是十分有益的。

▶ 历史的视角、国际的理念、灵活的方法，对文化遗产事业应该这样，干其他事业不也是一样的，悟一悟其中的道理并成为实践自觉，将是十分有益的。

（刊《苏州日报》2021 年 9 月 11 日）

现代化的苏州畅想
——读关于苏州“三农”现代化一组书有感

苏州是一片非常独特的土地。

有人说，这里有2500多年的建城史，一座古城，千年城址未变，双棋盘格局，河街并行，小桥流水风貌犹存，典雅精致的品质还在，这是世界城市史的奇迹，苏州是世界文化之瑰宝。

有人说，苏州自古以来经济繁荣，自隋唐大运河修凿以后，苏州相继成为“万商云集之地”“红尘中一二等富贵风流之地”，又成为近代资本主义，尤其是民族资本主义经济的发祥地之一。

有人说，改革开放以后，苏州已嬗变为中国最强制造业城市之一。2021年，工业总产值突破4万亿元，跃居全国各大城市前列。

摆在人们面前的这一套三本书，讲的是苏州农业、农民、农村现代化。恐很少有人关注这样一条新闻：2021年9月18日，由中国农业科学院、苏州市政府联合发布《苏州市实现农业农村现代化考核指标体系2.0版》，用科学的数据表明，苏州的“三农”现代化程度，已步入了全国前列。

▶ 在当代中国，尤其是改革开放以来的发展历程充分证明，如果不懂得“三农”就称不上真正懂得中国的国情，如果不善于解决“三农”方面的问题，就称不上一名优秀的领导者。

在当代中国，尤其是改革开放以来的发展历程充分证明，如果不懂得“三农”就称不上真正懂得中国的国情，如果不善于解决“三农”方面的问题，就称不上一名优秀的领导者。

策划、编著以“三农”为主题的这一组书的成员，是苏州一批长期与“三农”打交道的离退休老领导、老同志，他们中有的几乎与“三农”打了一辈子交道，是苏州农村改革与发展变化的亲历者、见证者，又是苏州农村现代化发展的探索者、践行者。自1989年成立农村经济研究会以来，已有近35年，一届接着一届，心系“三农”，初心不移，研究思考，创新实践一直在路上，形成了百余份可供决策参考的咨询报告和研究成果，这套组书就是近年来的突出代表。在市领导、市农业农村局以及有关部门的大力支持下，编著者饱含对党的政策和“三农”的深情，通过翔实的数据、鲜活的典例，深入浅出，从理论与实践的结合上，将关于农业现代化的苏州故事、农村现代化的苏州答卷、农民现代化的苏州印象娓娓道来，读来倍感熟悉，也倍感亲切，把人们带进了那些曾经经历过的岁月，还原了为“三农”现代化耕耘奋斗的光辉历程，展现了“三农”现代化的美好图景。

毛泽东同志指出，中国革命的根本问题是农民问题。

“没有农业现代化，没有农村繁荣富强，没有农民安居乐业，国家现代化是不完整、不全面、不牢固的。”习近平总书记明确指出。

自2004年至2022年，中共中央共连续19年下达了24个以“三农”问题为主题的中央1号文件，充分体现了“三农”问题在社会主义现代化时期的重中之重的地位。

苏州是全国改革开放的先行区和排头兵，同样，苏州也毫无争议地以卓越的创新实践成为全国农村改革发展和“三农”现代化的典范。熟悉苏州的人都知道，同许多城市和地区一样，在改革开放前的漫长年代，苏州城乡始终处于二元结构状态，现今8600多平方公里的区域，36.6%是水域；现今10个行政板块，一半以上地区涉农。在计划经济为主导时期，种植业、养殖业是苏州的主导产业，苏州人也一直以粮、棉、油丰产高产为光荣，以全国重要的商品粮生产和输出基地为自豪。其实，素称“人间天堂”“鱼米之乡”的江南福地，农民的生存、生活状态与其他地区并无差异，远不是一些文人骚客描绘得那么诗情画意。改革开放，使苏州农村发生了历史性巨变，伴随20世纪80年代乡镇工业的异军突起，加快了农业工业化进程；90年代开放型经济蓬勃兴起和开发区模式走向成熟，加快了城

▶ 苏州是全国改革开放的先行区和排头兵，同样，苏州也毫无争议地以卓越的创新实践成为全国农村改革发展和“三农”现代化的典范。

镇化步伐；进入新世纪，尤其在习近平新时代中国特色社会主义思想指引下，苏州的农业与农村现代化更加扎实推进，开辟了“强富美高”新境界，城乡统筹，城乡一体化，成为苏州社会主义现代化建设最鲜明的特征。这套涉农的一组书，不仅让人读到了关于“三农”现代化的全景画面，而且读到了一道道亮丽的风景线和一个个近景特写，不仅发现了苏州“三农”现代化可感受、可触摸、可体验的诱人成果，而且通过一个个典型案例和成功实践告诉人们：什么是中国特色、苏州特点的“三农”现代化之路？它是怎样走出来的？打算如何再出发？因而具有较强的可借鉴性、可复制性。

▶ 这套涉农的一组书，不仅让人读到了关于“三农”现代化的全景画面，而且读到了一道道亮丽的风景线和一个个近景特写，不仅发现了苏州“三农”现代化可感受、可触摸、可体验的诱人成果，而且通过一个个典型案例和成功实践告诉人们，什么是中国特色、苏州特点的“三农”现代化之路？

《农业现代化的苏州故事》是最早出版的一本，成文于2018年。作者言简意赅地指出，农业现代化是指传统农业向现代化农业转变过程以及实现现代农业后的一种状态。其内容包括生产手段的现代化、劳动者的现代化、组织管理的现代化、运行机制的现代化、资源环境的优良化以及在开放条件下的国际化。农业现代化是用现代化工业装备农业、用科学技术改造农业、用现代管理方法管理农业、用现代科学文化知识提高农民素质的过程；是建立高产、优质、高效的农业生产体系，把农业建成具有经济效益、社会效益和生产效益的可持续发展的过程；也是大幅度提高农业综合生产能力、不断增加农业产品和提高农民收入的过程。

▶ 农业现代化是用现代化工业装备农业、用科学技术改造农业、用现代管理方法管理农业、用现代科学文化知识提高农民素质的过程。

该书最重要的亮点，我认为有两个。一是在第一篇中，作者准确地、具有前瞻性地提出了改革开放、工业化、城市化变革发展大背景下，应当把握的六大关系，尤其是城镇化与农业现代化的关系。苏州之所以实现城乡一体化，之所以在工业化、城市化高速发展的大背景下，牢牢地坚持把握农业的基础地位，关键是较早地推进了集约利用资源的“三集中”（企业向工业规划区集中，农户向居住小区集中，耕地向种田大户集中），推进了城乡建设合理布局的“四规融合”（产业发展规划、城乡建设规划、土地利用规划、生态建设规划融合），确保了农业发展空间的“四个百万亩”（百万亩优质水稻、特色水产、高效园艺、生态林地）落地上图等等。二是作者隆重而又精准地推介了土地流转、社会化服务、信息技术、现代园区、用法护规、生态补偿、财政支农等8个方面的重要节点突破，让人耳目一新、豁然开朗。

《农村现代化的苏州答卷》具有鲜明的苏州特色，农村现代化是全面现代化、整体现代化的一部分。苏州，作为中国经济最发达的地区之一，作为长三角城市群重要中心城市之一，肩负着向世界展示全面建设社会主义最美窗口的历史使命，从这个视域观察问题，农村现代化无论从内涵还是外延都被赋予了新的定义。在生产力极不发达的年代，“过上与城里人一样的生活”，几乎是农民的一个梦，他们梦中的农村现代化不过就是“耕田不用牛，插秧不弯腰”“楼上楼下、电灯电话”云云。而如今，那种以往只有在教科书里才能看到的现代化场景，已普遍化为现实。农村与城市一体化统筹协调发展，平衡资源要素互为利用流动，人与自然和谐、传统与现代融合，农村与城市成了人们互为向往的地方。振兴乡村、建设美丽乡村，成为人们一种新的生活生产方式和高品质追求。由此，作者指出：“农村现代化是一个过程，是对人与自然关系的认知过程，是对人的多元需求的认知过程，是对社会发展规律的认知过程，也是农村格局重构、乡村功能重塑的过程。”“推进农村现代化可以形成这样一种逻辑关系：从国家整个经济社会大系统平衡、健康、可持续发展和不断满足人民日益增长的美好生活需求出发，以乡村振兴为总抓手，以城乡发展为主要路径，努力解决城乡发展不平衡、农村发展不充分的问题。坚持以当代最新科技成果武装农业，深入推进农业现代化；坚持在民生领域不断缩小城乡差距，推进公共基础设施更广地在农村覆盖，基本公共服务更多地向农村延伸；坚持彰显乡村优势，激活新动力，发展新动态，发掘新功能，打造新模式。”读完《农村现代化的苏州答卷》，豁然产生一种全新的感受和获得感。

▶ 在生产力极不发达的年代，“过上与城里人一样的生活”，几乎是农民的一个梦。而如今，那种以往只有在教科书里才能看到的现代化场景，已普遍化为现实。农村与城市一体化统筹协调发展，平衡资源要素互为利用流动，人与自然和谐、传统与现代融合，农村与城市成了人们互为向往的地方。

▶ “农村现代化是一个过程，是对人与自然关系的认知过程，是对人的多元需求的认知过程，是对社会发展规律的认知过程，也是农村格局重构、乡村功能重塑的过程。”

《农民现代化的苏州印象》堪称这一组书中的创新之作。作

▶ 对现代化程度的评估，可通过3个维度去考察，一是物质层面，二是社会制度和社会治理层面，三是人的素质和精神层面。

者认为，对现代化程度的评估，可通过3个维度去考察，一是物质层面，二是社会制度和社会治理层面，三是人的素质和精神层面。过去，对人的现代化讲的不多。其实，人才是现代化的主体。同样，农民现代化，才是农业和农村现代化的主角。人的现代化和社会现代化是须臾不能分离的相互影响、互为因果的过程。农业农村现代化，理所当然包括农民现代化。长期以来，说农民主要不是指职业，更多的是一种身份，是指农民在社会结构中的位置或在社会关系中的地位。随着社会主义国家制度的建立和经济社会发展过程的变化，农业发展方式发生了极大的变化，农民的含义也随之发生了变化，农业农村现代化呼唤农民的现代化，高素质的职业农民资源自然也成为推进农业农村现代化的发展第一资源。《农民现代化的苏州印象》这部著作不仅深刻解读了什么是农民以及历史性变化，包括新中国成立以来我国农民的演变，还辩证地论述了新农民的觉醒、苏州新农民结构分析、苏州新农民特征辨析，以及如何为新农民健康成长创造良好环境。这堪称是一份具有较高学术价值的研究报告，对促进农业农村现代化乃至推进整个社会主义现代化强国建设，都具有深远的战略意义。

现代化是老名词，又是一个新问题；现代化是目标，又是一个渐进的过程。不同的地区又有不同的现代化发展之路。现代化不仅属于工业文明、技术文明和城市文明，现代化同样属于农业、农民和农村。让我们在向现代化伟大目标奋斗的历史进程中，期待有更多的人为“三农”现代化鼓与呼，添砖加瓦，锦上添花。

注：苏州“三农”现代化一组书分别为：《农业现代化的苏州故事》（2018年10月）、《农村现代化的苏州答卷》（2021年10月）、《农民现代化的苏州印象》（2021年8月），孟焕民主编，苏州大学出版社出版

（刊《苏州日报》2022年7月9日，刊发时略有删节）

江南研究的文化心态

这几年，以江南为题材或主题的研讨会、论坛、艺术节和文化节多了起来，有学术研究类的，有文化艺术类的，有群众文化活动类的，有综合性的，也有专题性的。还都说自己“最江南”。这类活动出席了不少，参加得多了，我便思考：到底江南是什么？江南文化是什么？谁是江南？关注江南的初心是什么？

▶ 这几年，以江南为题材或主题的研讨会、论坛、艺术节和文化节多了起来，还都说自己“最江南”。我便思考：到底江南是什么？江南文化是什么？谁是江南？关注江南的初心是什么？

前几年，无锡说，无锡是吴文化的发祥地。2008 年，无锡市政府联袂中国文联、国家文物局主办了一个声势很大的中国（无锡）吴文化节，还投资 1 亿元，建成了中国吴文化博物馆。有些苏州学者不服气，认为苏州才是吴文化的发祥地，怎么能让无锡拔得头筹？我撰文说，其实这没什么，当年泰伯奔吴建立吴都的梅村，在 1983 年前还属苏州地区行政区辖，无锡、苏州本是一家人。2018 年 12 月，无锡又联袂光明日报社、省委宣传部举办了一个规模更大的“江南文脉论坛”，这个会我有幸应邀出席，身临其境，真的十分震撼，心潮激动，我记得论坛晚会的主题用了当年曾在杭州和苏州做过刺史的白居易诗中说的“能不忆江南”。

上海一直主打海派文化，也曾称上海是“江南之根”。李强同志到上海任职后，明确指出，努力使上海文化成为金字招牌，红色文化、海派文化、江南文化，是上海的宝贵资源，要用足、用好。

杭州这几年文化建设目不暇接，可谓高潮迭起，随着“西湖”“中国大运河”“良渚古城”接连申遗成功，一系列国际性、国家级重大活动在杭州举办，当仁不让地站在了江南文化的前沿。

苏州以注重文化活动见长，连续数届举办江南文化艺术节，以本届为例，称之为“中国江南文化艺术节·国际旅游节”，各种文艺活动精彩纷呈，打的主题是旅游文化，品牌叫“最是江南，美好苏州”，有点不争自争的感觉。

江南地区的其他各地，当然也不甘落后，各有各的招式，不一而足。

什么是江南？什么是江南文化？有广义说、狭义说；有地理意义、气象意义说，有行政区域意义之说；有文学、艺术上的江南，也有经济学、历史学、社会学意义上的江南；有历史研究，也有当代价值研究。这方面专家们研究很深，成果顿生，不胜枚举，毋需多述。

为什么这么关注江南，这么喜欢打江南文化品牌？我认为可能是一种“初心”在起作用。大概有这几方面缘由：一是江南自古以来确实就是文明、富庶、精致、安定、美丽的代名词，风物清嘉、人文荟萃、山水环绕、湖江相依、人杰地灵、鱼米之乡、物阜民丰，打江南牌，反映了人们对建设美丽中国、追求美好生活的向往。二是江南作为文化载体和文化品牌，博大精深，江南地区数千年所沉淀的优秀传统，浸润了人文性格，孕育了文学艺术、园林建筑、民间工艺等种种物质和非物质文化遗产，至今独领风骚，仰之弥高，钻之弥坚。有人说，科学技术可以创造未来，文学艺术却难以超越过去，江南地区就成了学问研究的广阔天地，也提供了一个筑梦天堂的美好场景。三是江南地区作为幅员辽阔的地域，无论广义之说，还是狭义之说，都是祖国经济、文化最重要的地区之一，但就其内部布局、要素、发展程度等状况细分，并不均衡，也不充分，在长三角一体化发展列为国家战略的当今，谁都不想失去这个机遇，谁都想用好用足“江南”这个品牌，强化“存在感”并拥有“话语权”和“发展权”。

然而，江南研究应保持守正、辩证、务实的文化心态。

江南是有生命的，经历了漫长的孕育、发生、发展、成熟的过程。

▶ 在长三角一体化发展列为国家战略的当今，谁都不想失去这个机遇，谁都想用好用足“江南”这个品牌，强化“存在感”并拥有“话语权”和“发展权”。
然而，江南研究应保持守正、辩证、务实的文化心态。

每个时代都有与那个时代经济结构、社会结构相对应的文化创造、文化特征，各个时代有各自的风采，比如明清时期的文学、艺术，民国时期文人辈出等等。但各个时代又都有不能回避的局限，包括社会的生存状况、生产状况、生活状况等等。致敬历史、记住乡愁，归根结底是推陈出新、薪火相传、超越前人、走向未来。

江南文化是一个体系和系统。江南文化作为地域文化，首先是中华传统文化的一部分，兼具中华传统文化的普遍性特征；江南文化作为地域文化，又是相互联系、独立存在的。各种文化既难以穷尽又难以替代，有着不同的成长发展轨迹及其特征。从文学艺术、诗词戏曲，到传统手工技艺、民风民俗等等。

江南文化是多元的。不论是广义的江南，还是江南腹地的苏州地区，概不除外。但是，人们讲到江南，一般都强调喜欢她的精细秀美、精致典雅、精美生活、吴侬软语、小桥流水……很少有人浓笔重论苏州人的天下情怀、为国奉献，范仲淹的“先天下之忧而忧，后天下之乐而乐”，顾炎武的“天下兴亡、匹夫有责”，折射的是江南文化的精髓。苏州人的开放大气、追求卓越，苏州人的兼容并蓄、与时俱进等等。江南地区还历来是开放包容的地区，环境创造人才，同样，人才也创造环境，随着各地人口集聚移民江南，各种文化在这里交融，传统意义的江南文化特质已发生了质的变化。江南文化融合了海派文化、长江文化、运河文化、太湖文化、红色文化……还吸纳了各种优美的文化精神，否则，很难理解，一个所谓“山温水软”的地方会生长出“张家港精神”“昆山之路 ”“园区经验”三大法宝；也很难理解，一直以“大树底下种好碧螺春”为荣的“小苏州”敢于挑战“老大哥”，会提出建设“国际大都市”的口号和目标。

江南文化是一种主观文化。不少文人墨客心中的旧时江南，是一种诗情画意文化、审美文化、意境文化。不少作品赞美它的典雅、精致、安逸、慢悠悠、文绉绉、极富情调的生活方式和生存状态，多属于那些衣食无忧、达官显贵、耕读人家的“小众”。当然，这种对江南

► 江南是有生命的，经历了漫长的孕育、发生、发展、成熟的过程。每个时代都有与那个时代经济结构、社会结构相对应的文化创造、文化特征，各个时代有各自的风采。

► 随着各地人口集聚移民江南，各种文化在这里交融，传统意义的江南文化特质已发生了质的变化。江南文化并融合了海派文化、长江文化、运河文化、太湖文化、红色文化……还吸纳了各种优美的文化精神。

的赞美，我并不认为是艺术夸张，也许确是作者或人们的真情流露，或心理向往、理想追求。与一些常与自然灾害伴生的地区相比，江南确实是块风水宝地。但多数老百姓眼中的江南是现实的，对于世世代代生活在这里的大众而言，这里就是一片“贫穷的天堂、寻常的生活”，远没有戏文中描写得那样“风花雪月”、令人陶醉。

▶ 老百姓眼中的江南是现实的，对于世世代代生活在这里的大众而言，这里就是一片“贫穷的天堂、寻常的生活”，远没有戏文中描写得那样“风花雪月”、令人陶醉。

江南的地位是发展的。学人精华，博采众长，融会贯通，张扬特色，是江南人的聪明之举。近代以前的上海地区，统属于江南，其文化地位远不及杭州、苏州、南京，但随着上海开埠、交通地位的变化，众多优秀文化集聚上海，上海显然是催生新文明的熔炉，上海的经济文化地位令世人瞩目，区域内其他城市只能以一种谦恭的心态望其项背，或以自诩上海的“后花园”或“小上海”为荣。谦卑成就伟大、谦卑创造历史。当今的上海，也毫无争议地是江南的龙头，是跨时代的国际大都市。对于江南地区来说，接轨和融合上海，才能创造新的辉煌。

由此可见，江南研究应始终坚持历史唯物主义与辩证唯物主义相统一的世界观和方法论；坚持理想主义与现实主义相统一的文化观；坚持继承与扬弃、坚守与发扬相统一的历史观；坚持融合创新、扬长避短、共研共享的发展观。防止研究的碎片化、经院式、自恋化、排他性以及各自为战、夜郎自大、厚此薄彼、自娱自乐的倾向。既要潜心治学，耐得住寂寞，又要从封闭的书斋走出来；既要强化文化自信，又要防止过度自恋，从而形成江南文化研究的大联盟、大联合、大布局、大格局。在新的时代背景下，摆在我们面前的使命，应当是用心发现、发掘作为中华民族文化重要组成部分的江南文化的精髓，重在发现、发掘世代劳动人民聪明智慧的结晶，为当代江南文化的最新成果赋予新的创造，服务于正在建设的美丽中国、美好生活的伟大实践。

▶ 江南研究应始终坚持历史唯物主义与辩证唯物主义相统一的世界观和方法论；坚持理想主义与现实主义相统一的文化观；坚持继承与扬弃、坚守与发扬相统一的历史观；坚持融合创新、扬长避短、共研共享的发展观。

（刊《苏州日报》2020年10月16日）

精心打造新时代令人向往的“人文之城”

6月5日，省委常委、市委书记许昆林，做客央视财经频道《对话》节目，解析“万亿城市新征程”的苏州密码，畅谈长三角一体化背景下苏州历史上面临的最大机遇，畅谈苏州对制造业的坚持和决心，畅谈苏州在跨越2万亿元经济总量后，应当具有的担当和作为，畅谈苏州建设“强富美高”社会主义现代化强市的新愿景，令人振奋，在苏州引起了强烈反响。

虽然主题是经济，但许昆林同志在“城市独家发布”的结束语却这样表示：要打造令人向往的人文之城。引人回味，发人深省。

什么是人文之城？什么是令人向往的人文之城。释文解义，人文之城应当是以人为中心，文化底蕴深厚、文化活力鲜明、文化气息强烈、文化要素集聚的城市。令人向往的人文之城，是更高质量、更高水平，向世界展示中国人文气质和社会主义现代化城市的最美窗口。

▶ 人文之城应当是以人为中心，文化底蕴深厚、文化活力鲜明、文化气息强烈、文化要素集聚的城市。令人向往的人文之城，是更高质量、更高水平，向世界展示中国人文气质和社会主义现代化城市的最美窗口。

城市的形成是人类经济社会发展到一定阶段的产物，其发育程度、发展程度、文明程度，则是衡量一个国家、一个地方综合实力、品牌影响力的显著标志。城市的人文气质是城市的辨识度，是一座城市区别于其他城市的根本所在，也是一座城市的灵魂和标签；城市的人文气质蕴含和记录着城市的人文发展史，绝非天然生成，也非一蹴而就，它在长期的历史发展演变中被天时、地利、人和合力塑造；城市的人文气质是内化在每个城市与人心目中的归属感、认同感，所谓家乡情结，故土难忘；城市的人文气质决定了一座城市的凝聚力、影响力和辐射力，是定义走向怎么样的未来和如何走向未来的通行证。城市的人文气质可视、可闻、可赏、可感，外化于形，内化于心。

▶ 城市空间的布局，城市肌理的特征，城市风格的表达，城市环境细节的处理，历史建筑的生存、遭遇与变迁，城市文化场景的塑造，城市公共文化产品的供给利用，等等，都是城市人文气质的外部呈现。

从外化看，无论是城市空间的布局，城市肌理的特征，城市风格的表达，还是城市环境细节的处理，历史建筑的生存、遭遇与变迁，城市文化场景的塑造，城市公共文化产品的供给利用，等等，都是城市人文气质的外部呈现。比如北方城市的厚重、南方城市的蕴秀、新兴城市的灵动，再比如杭州的“半边山水半边城”，苏州的“水陆并行、河街相邻”的双棋盘格局，青岛的“碧海蓝天，红瓦绿树”，常熟的“十里青山半入城”，上海的“外滩和石库门”，北京的“皇家建筑和四合院”，如此等等，不仅是一种城市形态，更是凝聚着物态的人文气质。

▶ 人作为城市的主体，其价值取向、职业情怀、精神状态、个性特征乃至表达方式、行为方式等等，都表现为城市和人的软特征，所谓“人创造环境，同样环境也创造人”。

从内化看，人作为城市的主体，其价值取向、职业情怀、精神状态、个性特征乃至表达方式、行为方式等等，都表现为城市和人的软特征，所谓“人创造环境，同样环境也创造人”。发掘、保护、塑造城市人文气质，展现城市底蕴、城市风采，对于更大程度地吸引高素质人力资源和高品质产业，最大限度地满足人民群众对美好生活的向往，推动城市沿着可持续健康发展的轨道良性前行，意义深远。

苏州是一座独特的城市，它的独特性表现在：一种文脉千年延续、一座古城风采依旧、一城文化遗产生生不息、一种魅力眷恋各方、一幅“双面绣”图景常在。但长期以来，苏州人崇文重教却有些过于内敛，勤劳聪慧却有些易于满足，精致秀美又有些不够大气，追求卓越又不事张扬。

改革开放以来，尤其是党的十八大、十九大以来，苏州这座城市因机遇与奋斗叠加、天时地利与人和相得益彰，实现了历史性巨变，素有“全国重要的商品粮生产基地”“乡镇工业发祥地”“轻纺工业城市”“上海后花园”之称的“小苏州”，迅速崛起为中国版图上举足轻重的经济重镇：土地面积仅为全国的0.09%，而经济总量占2%，税收占2.4%，进出口总量占6.9%，外来人口剧增，成为特大型高端制造业中心城市。与此同时，苏州又成为中国版图上耀眼的世界历史文化名城和文化旅游典范城市之一。显然，苏州彰显了自身崭新的城市气质。世代相传的千年文脉和日新月异、与时俱进，集于一身。有学者说，一座城市能把刚与柔、雅与俗、传统与现代、科技与人文、物质与精神、城市与乡村、西方与中国这些看似冲突的东西完美而奇特地结合在一起。这就是苏州，人们有理由为之骄傲。

▶ 有学者说，一座城市能把刚与柔、雅与俗、传统与现代、科技与人文、物质与精神、城市与乡村、西方与中国，这些看似冲突的东西完美而奇特地结合在一起。这就是苏州，人们有理由为之骄傲。

但是，我们应当清醒地认识到，我们已进入了建设中国特色社会主义强国的新时代、新阶段，苏州有了新的使命、新的担当，人们对苏州城市气质也有了新的期待。苏州市的“十四五”规划也提出了要打造令人向往的创新之城、开放之城、人文之城、生态之城、宜居之城、善治之城。这是互为联系、相得益彰、相映生辉的共同体，只有这样，老百姓才有满满的获得感、幸福感。处在长三角都市圈核心地位的苏州从来没有像现在这样更需要打造提升自身的城市气质，这不仅是城市发展哲学和文化价值的最高境界，更是这座城市在新时代持续发展的永续动力。

伴随着城市人口的急剧膨胀，尤其是人口结构的重要变化，城市素质高端化和移民化倾向已经显现；伴随着城市产业结构的高度集聚，尤其是高端制造业的迅速崛起；伴随着城乡统筹全面推进，城市化进程加快的态势；伴随着包括土地、环境、人才等方面的资源对经济发展的制约，市场经济对资源配置的改革还不够到位，以及对公共资源调配、使用、管理的手段的缺失；尤其在经济高速发展的同时，如何持续对包括城市文脉、历史建筑、乡土传统、人文景观在内的历史文化名城、名镇、名村保护、更新、利用的课题，呈现了许多新情况、新问题，“答卷”永远在路上。

把苏州精心打造为新时代令人向往的人文之城，一是要统筹人文之城与创新之城、开放之城、生态之城、宜居之城、善治之城的合力打造建设。二是要始终坚持描绘“双面绣”理念，坚持经济与文化共同繁荣、共同发展，一手抓打响“江南文化”、一手抓打响“苏州制造”；一手抓传统文化的传承复活，一手抓现代文明的创新创优。三是要加大文化融合的力度，尤其是重视江南文化与海派文化、红色文化的融合，在学习上海、接轨上海、服务上海、融入上海、沪苏同城化的过程中丰富苏州文化的内涵，打造全新的苏州文化。四是要加大文化产品供给的力度和水平，从内容上、形式上、途径上等多方面满足各种人群对精神文化消费的需求。既要有地标性文化场景，又要扶持发展随时可见的口袋文化场景。五是要加大文化资源整合的力度，强化市场对资源配置的程度和力度，优化布局，杜绝无序和散装化现象。六是要把文化元素渗透进城市建筑、广告店牌、街巷社区等多个环节、各个细节，张扬苏州文化的个性，杜绝形式主义、做表面文章。七是要培育、发掘、用好文化杰出人才、领军对象，要像对待科学家、两院院士、杰出企业家那样，发掘苏州籍在全国和世界的“文化名人”，使之为苏州“代言”，为家乡的文化建设服务，要在苏州的高校中加大文化和艺术类教学的人才培养，并积极发现、发掘苏州的文化领军人才，为他们发挥作用，创造良好的社会环境。八是要采取切实有效措施，提升文化产业在国民经济总量中的贡献程度，激活文化产业发展。

▶ 文化元素渗透进城市建筑、广告店牌、街巷社区等多个环节、各个细节，张扬苏州文化的个性，杜绝形式主义、做表面文章。

（刊《世界遗产与古建筑》2021 年第 6 期）

“苏州制造”品牌内涵要有新提升

苏州提出要打造“江南文化”和“苏州制造”两大品牌，实属高瞻远瞩、深谋远虑。但个人感觉，现阶段人们对“江南文化”品牌研究的广度、深度、热度都比较高，对内涵和外延的认识也基本是清晰的。而对将“苏州制造”上升到品牌的认识和实践高度还不够到位。我个人也有个思考过程，一开始对“苏州制造”有些自我矮化的感觉，一是觉得与文化相悖，好像讲制造城市不如讲文化城市那么光彩靓丽；二是苏州的制造业虽然总量很大，但总体上还是大而不强，不够优化，只能说是门类齐全的制造业配套基地。目前，在推进高质量发展的大背景下，尤其是进入“十四五”新发展阶段，新的时代、新的背景，“苏州制造”也被赋予了新的使命和定位。“苏州制造”的品牌内涵到底是什么？应当如何发掘、提升和深化？确实大有文章可做，值得深入研究。

苏州制造业体量大，是全国制造业大市，2020年完成规上工业总产值3.48万亿元，与上海基本相当，稳居全国前三，但是大而不强的问题仍较明显。从文化视角来看，制造业不仅是国民经济的基础，也是科学技术的基本载体，制造业的发展水平和发达程度，既凝结着全社会精益求精、务实创新、勇攀高峰的精神特质，又承载着先进生产力的魂魄，代表科学原理、设计技术、制造工艺与文化艺术为一体的完美融合。纵观我国和全球制造业强国发展历程，不仅有技术、装备、人才和资金等方面的“刚性推动”，也

▶ 从文化视角来看，制造业不仅是国民经济的基础，也是科学技术的基本载体，制造业的发展水平和发达程度，既凝结着全社会精益求精、务实创新、勇攀高峰的精神特质，又承载着先进生产力的魂魄，代表科学原理、设计技术、制造工艺与文化艺术为一体的完美融合。

蕴含文化力量的“柔性支撑”。苏州是江南文化的核心区，自明清时期就是中国资本主义经济的萌芽地，改革开放以来，经历了乡镇企业崛起的辉煌时期，诞生了轻工业“四大名旦”等本地明星企业，再到以外向型经济为特色，孕育出江南文化崇文重教、精细雅致、守正创新、务实笃行、开放包容的特质以及“四千四万”“三大法宝”精神。进入新世纪、新时期，苏州制造业与文化发展又进入了新境界。

苏州市委、市政府对打响“苏州制造”品牌非常重视，专门出台了《“苏州制造”品牌建设三年行动计划》，文件对“苏州制造”的一些基本任务、目标、发展路径都做了明晰的阐述。前不久，我们也开了一个座谈会，决定依据“三年行动计划”，从两个品牌的辩证关系中深刻把握“苏州制造”的内涵，就是要唤起全社会对“苏州制造”品牌的最新认识，站在新时代的节点上，按照“争当表率、争做示范、走在前列”和高质量发展的要求，践行建设社会主义现代化强市的历史使命。

▶ “苏州制造”博大精深，既是区域的，又是具体的；既是物态的，又是非物态的；既是经济的，又是精神文化的。

深化对“苏州制造”的研究，重点要从三方面入手。一是精准解读“苏州制造”的概念、内涵。“苏州制造”博大精深，既是区域的，又是具体的；既是物态的，又是非物态的；既是经济的，又是精神文化的。可先从“三年行动计划”入手，解读“苏州制造”是什么、“苏州制造”品牌是什么、“江南文化”“苏州制造”两个品牌的辩证关系是什么。目前，人们对两个品牌的关注程度，差异较大，若明若暗。要以纵横比较的方法，分别论述历史的“苏州制造”、现状的“苏州制造”、未来的“苏州制造”，但重点阐述后者，回答什么才是真正意义上的、具有区域特征的“苏州制造”。应当形成共识：我们追求的应当是高端产业制造基地意义上的“苏州制造”。

二是“苏州制造”需要文化赋能。首先是回答“苏州制造”的实现需要哪些要素赋能，然后重点回答作为“江南文化”校心地的苏州，文化赋能的必要性和现实基础，包括为什么、怎么做。比如，哪些文化应该而且能发力赋能“苏州制造”，同时，让“苏州制造”真正为反哺苏州文化奠定坚实物质基础。

三是文化品牌赋能制造品牌的若干问题的思考。比如，新时代、新使命，文化苏州与制造苏州的关系，品牌、集群、区域、产品的权重关系。区域特点，比如对品牌结构，是否在扶持重点企业、独角兽企业的同时，也可创造条件形成一批以创业、富民为主要目标，以小而精、小而专为特征的民营企业集群。再比如，长期目标与阶段目标，要素支持、项目分解统筹兼顾协调的关系。总之，要为“三年行动计划”落到实处和具体化，提供理论基础和智力支持。

（刊《苏州日报》2021 年 4 月 27 日）

苏州城市可持续发展与园林文化

联合国教科文组织亚太世界遗产中心古建筑保护联盟和市风景园林学会会同苏州工艺美院共同举办“城市更新与园林文化”论坛，这是一件很有意义的事。城市更新，核心是城市的有机更新；城市更新与园林文化，说到底是城市可持续发展与城市功能定位、个性彰显和优秀传统文化传承保护、利用、发扬的问题。对于苏州来说，就是在城市可持续发展中如何对待园林文化的问题。

▶ 城市更新是世界性课题，也是永恒的主题。人类进步的过程，就是城市有机更新的过程。

城市更新是世界性课题，也是永恒的主题。人类进步的过程，就是城市有机更新的过程。但是，随着现代化、工业化进程的加快，城市越做越大，“城市病”也逐步凸显，城市千城一面，同质化竞争的现象也较为明显，引起了党和国家的高度重视，专家和全社会也予以广泛关注，城市更新很自然地被摆上了议事日程，进行了不少有益的探索，取得了公认的成果。

研究和关注城市更新，有许多视角，宏观的、微观的，理论的、实务的、技术的、艺术的，综合的、具象的等等。但长期以来，人们往往把城市更新看作是城市规划建设，尤其仅仅理解为城市旧城改造中的一种思路、策略、方针问题，或者仅仅看作是规划设计和专业设计人员中的一项具体业务，这就使我们常常看到诸多城市在更新过程中，由于对城市个性认识不到位，而导致似曾相识的同质化现象。

正因如此，城市更新也有一个“视角”问题，尤其需要尊重研究、发现、发掘所在城市的个性，充分考虑和把握了解所在城市的性质、功能定位、生态业态布局、民众生产生活方式、地理环境、文化建设、社会治理等等。

▶ 城市更新也有一个“视角”问题，尤其需要尊重研究、发现、发掘所在城市的个性，充分考虑和把握了解所在城市性质、功能定位、生态业态布局、民众生产生活方式、地理环境、文化建设、社会治理，等等。

将学校、企业、科研机构、政府部门、社会组织等多方面的资源、优势予以整合，以一个城市为典范和案例，共同解码城市有机更新和可持续发展的基因、路径，由点带面，产生积极作用。

众所周知，苏州建城2500多年了。但苏州是什么，不同的人群有不同的解读。

改革开放以来，历来素称“上海后花园”的苏州发生了历史性巨变，城乡二元结构的苏州市基本上实现了城乡一体化，经济总量列全国大中城市第7位，实际人口数量达到1500万，成为中国第2大移民城市，苏州已成为长三角世界特大城市群中最重要的中心城市之一，并正在按照“现代化国际大都市”的蓝图做新的谋划。但到底什么是苏州？一百个人心目中有一百个苏州。

有人说，有三个苏州：行政区域的“全域苏州”，规划取向的“本级苏州”，历史文化含义的“名城苏州”。

有人说，假如没有保护完好的、至今仍坐落在原址的“双棋盘”格局的苏州古城，假如苏州城、苏州人、苏州作品不具有与众不同的人文特质，苏州就是江南地区司空见惯的一个都市和地区。

有人说，“苏州在古代是第一等的古代城市，在中世是第一等的中世城市，在近世是第一等的近世城市”，“世界上可以建造100个纽约，却不能复制一个苏州”。

有人说，苏州获奖无数，而含金量最高的，一是连续上榜“中国大陆城市创新力排行榜”前三名，二是获评英国《经济学人》周刊“中国大陆最宜居城市”，三是获评城市规划界的诺贝尔奖的“李光耀世界城市奖”。见仁见智。

由此，人们提出问题，为什么会是苏州？为什么苏州可以既兼

▶ 苏州可以既兼容并蓄，又与众不同；可以既“移步换景”，又“美不胜收”；可以既永恒不变，又日新月异。有一种文化基因在生生不息，绵延不断，释放强大的生命力，这就是被列入世界文化遗产的苏州园林，其中不仅包括看得见的、物态的苏州园林，也包括无处不在的苏州园林的精髓和元素。

容并蓄，又与众不同；可以既“移步换景”，又“美不胜收”；可以既永恒不变，又日新月异？其实，千百年来，有一种文化基因在生生不息，绵延不断，释放强大的生命力，这就是被列入世界文化遗产的苏州园林，其中不仅包括看得见的、物态的苏州园林，也包括无处不在的苏州园林的精髓和元素。

苏州古城具有鲜明的园林品质，“小桥流水”“枕河人家”“河街并行”“双棋盘格局”，这是一幅放大了的园林景观。

苏州城乡变迁，万变不离其宗，镌刻着浓厚的园林印记。苏州的发展规划，从一体两翼到四角山水、五区组团、一核四城等，都凸显精美的园林布局；苏州的经济结构与业态，从传统农业、商业服务业、工艺美术到高新技术、新兴产业，普遍渗透着绿色生态、精美精致的园林品质。

苏州的作品，从建筑业到制造业，从规划到设计，从工匠到技艺，务实精致、赏心悦目，浸润着精益求精、追求卓越的园林风格。

苏州人的性格和生活方式，柔情似水，开放包容，温良恭俭让，对美好生活的追求与向往，与苏州园林如出一辙。

难怪央视评价苏州：“她用古典园林的精巧，布局出现代经济的版图；她用双面绣的绝活，实现了东方与西方的对接。”

由此，我们得出一个结论：坐落在苏州城市中的一座座园林，不仅是一种样式、一种物质、一种艺术品，更是一种能触摸的、可视的世界观和价值观，是苏州这座城市和人的一种优雅精致的生活方式和情绪凝练，其基因和元素已进入苏州经济社会可持续发展的方方面面，苏州园林就是苏州这座历史文化名城的图腾，苏州园林之精神、苏州园林之精髓，是苏州城市最璀璨的文化符号。

▶ 每一个人都在一定的社会关系中，每一个人都可以为社会进步、可持续发展扮演不同的角色，或添砖加瓦，或锦上添花。

每一个人都在一定的社会关系中，每一个人都可以为社会进步、可持续发展扮演不同的角色，或添砖加瓦，或锦上添花。我们不仅要关注、保护苏州园林这一“前无古人，后少来者”的文化艺

狮子林

术丰碑，更要深度学习、研究、发现、发掘苏州园林所隐含的巨大的精神文化价值，并转化到各自的本职工作之中，为苏州建设“幸福美丽新天堂”奉献光与热。

（刊《苏州日报》2020年2月25日）

开发区“苏州模式”的思与行

说起改革开放以来苏州发生的巨变，尤其是历任苏州市委如何坚持解放思想、实事求是的思想路线，把中央精神、省委指示与苏州实际紧密结合，创新性开展工作的理念和方略；说起苏州如何从一个典型的商品粮生产地区和轻纺工业城市成为全国举足轻重的现代产业名城、创业创新名城、美丽宜居名城、历史文化名城。我既可算见证人，又可算是亲历者之一，可讲述的故事很多很多。其中，借鉴特区经验，率先探索一条富有苏州特色的开发区建设之路，我觉得特别应当浓墨重彩几笔。

据有关部门提供的数据，2017 年，全市 17 个省级以上开发区贡献的地区生产总值达 11991 亿元，占全市的 69.2%；一般公共预算收入 1306 亿元，占全市的 68.55%；实际利用外资 39.6 亿美元，占全市的 65.4%；进出口总额 2805 亿美元，占全市的 89.6%，其中出口总额 1633 亿美元，占全市的 88.5%。其经济地位可见一斑。

至 2017 年底，全市省级以上开发区聚集的高新技术企业 3580 家，占全市的 85%；省“双创”人才 579 人，占全市的 74%；姑苏领军人才 848 人，占全市的 83.8%；全市 237 名“千人计划”人才几乎全部集中在开发区。

更令人啧啧称赞、仰慕的是，苏州工业园区、苏州高新技术开发区、昆山经济技术开发区等国家级开发区已经成为苏州的一张张靓丽的名片，成为高新企业聚集、社会功能完善、美丽和谐的现

▶ 苏州各级各类开发区的孕育、成长和持续健康发展，是改革开放以来，尤其是党的十八大以来，苏州践行中国特色社会主义理论的突出范例之一，是苏州市委带领广大干部群众解放思想、抓住机遇、务实奋进、敢于拼搏结出的丰硕成果。

代化新城区，各项经济社会发展指标始终稳居全国开发区前列。

苏州各级各类开发区的孕育、成长和持续健康发展，是改革开放以来，尤其是党的十八大以来，苏州践行中国特色社会主义理论的突出范例之一，是苏州市委带领广大干部群众解放思想、抓住机遇、务实奋进、敢于拼搏结出的丰硕成果。

改革开放初期乃至地市合并后的一段时间内，苏州城乡二元结构的状况还十分明显，当时全市570万左右总人口中，农业人口达到414万，耕地面积长期稳定在500万亩以上，是真正的“鱼米之乡”。改革开放大大解放了人们的思想观念，大大解放了生产力，农业开始向规模经营转变，乡镇工业异军突起，外向型经济高潮迭起，农副工三业兴旺。但与此同时，在向工业化推进的过程中，也开始出现“村村点火，厂厂冒烟”的布局分散、资源浪费、环境污染、产业层次不高等问题。在此情况下，市委、市政府高瞻远瞩，开始思考新的经济发展战略和思路，包括苏南模式纵深推进、生产力布局调整等重大问题。

1992年、1993年，对于苏州来说，是值得纪念的两个年份。党中央作出了开发开放浦东的重大决策和邓小平视察南方谈话的发表，迅速打开了中国对外开放的局面，也把与上海近在咫尺的苏州推到了对外开放的前沿，市委、市政府充分肯定20世纪80年代中期昆山自费建设开发区的做法，毅然决然选择以开发区为龙头带动全面协调发展的战略。

1992年5月24日，国务院总理李鹏亲临张家港视察，为张家港保税区题写区名。

同年8月、10月、11月，昆山经济技术开发区、苏州太湖国家旅游度假区、张家港保税区、苏州国家高新产业开发区相继被国务院批准，被列入国家开发区序列。一年内获批4个国家级开发区，这在苏州历史上是第一次。

1993年刚过，苏州市委、市政府召开的第一个全市性重大会议就是开发区工作会议，这也是苏州有史以来第一次以开发区为主题的会议。

1993 年 5 月 1 日，苏州市政府与新加坡正式签订合作开发苏州工业园区的协议。同年 8 月 12 日，苏州工业园区商务协议在新加坡签订，从此正式拉开了开发建设苏州工业园区的序幕。

当时我在市委政策研究室任职，班子成员敏锐地认识到，苏州的经济发展有可能进入开发区建设的新时代，市委政策研究室作为参助市委决策的机构，应当把研究重点和着力点放到开发区的发展战略和政策上来。于是，1993 年 5 月 15 日，我们以市委政策研究室为基础，联合各市区委研究室和开发区，成立了全国第一家以各级开发区为研究对象的学术研究社会组织，重点关注、思考、研究全国和各市区开发区发展的新趋势、新情况、新经验、新问题。在伴随苏州开发区成长的这些年，我们先后编辑了 162 期内部刊物《开发区探索》，由孟焕民主编，出版了《崛起的热土》《第二次开发》两部著作，形成数十篇较有质量的调研报告和政策建议，为各级领导和开发区提供了大量信息，为领导决策提供科学依据。真像当初预料的那样，开发区的兴起，是产业经济以量态扩张向质量提高过程的必由之路，是宏观机遇与微观优势结合的科学决策的产物，是保护名城古镇、加快城乡一体化进程的理性选择，是中国特色社会主义市场经济在区域范围内的集中反映。可以这样说，正是由于历届苏州市委坚持把苏州工业园区、苏州高新区、昆山经济技术开发区等国家级、省级开发区作为全市经济社会发展的“重中之重”，作为实施对外开放战略的主战场，作为经济社会发展的“动力源”“领头羊”“排头兵”和“示范区”，苏州的发展才快速从“高原”攀登“高峰”。

▶ 开发区的兴起，是产业经济以量态扩张向质量提高过程的必由之路，是宏观机遇与微观优势结合的科学决策的产物，是保护名城古镇、加快城乡一体化进程的理性选择，是中国特色社会主义市场经济在区域范围内的集中反映。

当前，我们已经进入了中国特色社会主义新时代，高质量发展是这个时代的主旋律。全市上下正在认真贯彻落实党的十九大精神，市委、市政府提出了“勇当两个标杆、建设四个名城”的战略目标，而国家级、省级开发区则是标杆中的标杆、示范区中的示范区。当我们庆祝改革开放40周年的同时，不仅要为苏州的各类开发区走过的历程和取得的丰硕成果喝彩，更要为开发区所承担的历史使命欢呼。苏州的明天会更加美好！

（刊市农经会《解放思想再出发》2018年特刊）

有一种精神叫“添砖加瓦”

有一家建筑企业，在苏州已经走过了 30 年发展历程，《苏州日报》为此做了专题报道，拟的标题是《为苏州的发展添砖加瓦 30 年》。

“添砖加瓦”这个说法好。好在哪里？一是作为一家以建筑与房地产投资开发为主的企业，一定程度上就是与砖、瓦之类打交道，添砖加瓦是题中应有之义；二是所谓“添砖加瓦”，表明企业几十年如一日为苏州的建设埋头苦干、求真务实的精神，表达了一种恰如其分、实事求是的态度。

其实，为了创造幸福生活，为了建设美丽家园，为了安居乐业，为了我们生活的这座城市乃至我们赖以生存和发展的整个社会，每个人、每个企业、每个机构无不都在以不同的方式“添砖加瓦”，做出各自的努力和奉献。企业创造税收、机构提供服务、政府依法行政、官员勤政亲民、公众遵纪守法、员工勤奋工作、企业家履行社会责任、社会成员和谐相处等等，都是一种“添砖加瓦”。一个人能力有大小，社会分工有不同，所处的位置有差异，添的“砖”与加的“瓦”有区别，但只要有这颗心，只要肯出这份力，只要努力地做好一些事，他就是一个有责任感的人，就是一个应该受到尊敬的人。

“添砖加瓦”的精神宣示的是一种人生的态度。在一个相对比较浮躁的社会环境，人们已经不需要什么豪言壮语，人们所渴望

▶ 为了创造幸福生活，为了建设美丽家园，为了安居乐业，为了我们生活的这座城市乃至我们赖以生存和发展的整个社会，每个人、每个企业、每个机构无不都在以不同的方式“添砖加瓦”，做出各自的努力和奉献。

▶ 一个人能力有大小，社会分工有不同，所处的位置有差异，添的“砖”与加的“瓦”有区别，但只要有这颗心，只要肯出这份力，只要努力地做好一些事，他就是一个有责任感的人，就是一个应该受到尊敬的人。

的只是求真务实的实际行动。但凡“添砖加瓦”的人，必定不在乎、也不会去追求那些轰轰烈烈的宏伟目标，他们想的通常是如何为国家、社会做点有益的事；如何为实现自身的价值目标，包括事业、家庭、生活做点积极努力的付出；如何为组织、团队、企业所设定的共同目标尽其所能、倾其所力，默默无闻地奉献，脚踏实地地工作，一步一个脚印地前行，恪尽职守、低调处事、不事张扬，甘当绿叶和配角。

▶ “添砖加瓦”讲究的是一种境界、一种唯物辩证法。一个人的付出再艰辛，一个人成就的事业再辉煌，一个人所做的贡献再巨大，对于历史长河来说都只是沧海一粟，对于构建这座社会大厦而言，也就是一块“砖”“瓦”而已。

“添砖加瓦”讲究的是一种境界、一种唯物辩证法。一个人的付出再艰辛，一个人成就的事业再辉煌，一个人所做的贡献再巨大，对于历史长河来说都只是沧海一粟，对于构建这座社会大厦而言，也就是一块“砖”“瓦”而已，更何况，前有古人，后有来者，它不应该成为骄傲与自豪的资本。但是，如果一个人尽力了、努力了，发挥的力量是正面的，即使微不足道，也是可敬可亲的。事不分大小，人没有贵贱，众人拾柴火焰高，围绕共同的正确目标，携手而行，凝心聚力，抱成一团，其产生的能量是任何外力所不能抵挡的。

添砖加瓦，看似平常，然而要做到并非易事。或者说，说说容易，真正融合在灵魂里、落实在行动上并不容易。在我们这个社会，不乏这样的人物，有的对外部“给予”的利益十分计较，对自身应当“付出”的事情则漠不关心；有的常常热衷于“坐而论道”，抛出一些脱离实际、超越阶段、貌似有理的极端主张，不经意间把人们引入歧途；有的习惯于当“评论员”，总是喜欢用“审视”的眼光对待周边的人与事。就拿对待献爱心之类的公益活动来说吧，捐多了，说人家是“作秀”，捐少了，说人家“太小气”，自己不捐，又说不是不想参与，而是对那些组织机构信不过。有的则是一副“局外人”、与己无关的样子。比如，人人都期望有一个好的环境，但有的企业偏要接根管子，把污水偷排到河道，有的企业却直接把烟囱的废气排到空中；人人都希望有一个良好的交通秩序，可乱停乱放、乱闯红灯却总是屡禁不止。如此等等，不一而足。

“添砖加瓦”说到底是正能量的集聚。事业的延续需要天长日久，社会的发展需要代代相传，团队的建设需要强有力的凝聚力与战斗力，我们要发扬万众一心、群策群力、“添砖加瓦”的精神，共同建设美好的家园。

▶ “添砖加瓦”说到底是正能量的集聚。我们要发扬万众一心、群策群力、“添砖加瓦”的精神，共同建设美好的家园。

为培养“香山帮工匠”创造“苏农”样本

▶ 香山工匠学院的成立，不仅对于学校，对于苏州、对于古建事业的发展、对于教育改革的创新、对于优秀传统的传承都是一件功德无量，甚至说是一件可以载入史册的事情。

十分高兴出席苏州农职院香山工匠学院的揭牌仪式。这种高兴，可以说是一种发自内心的、由衷的。我认为，香山工匠学院的成立，不仅对于学校，对于苏州、对于古建事业的发展、对于教育改革的创新、对于优秀传统的传承，都是一件功德无量，甚至说是一件可以载入史册的事情。对于世界遗产与古建筑保护联盟来说，也是把我们多年的夙愿变成了现实，农职院为我们做了一件想做而没有做的大好事。

我在思考几个问题：(1)香山帮传统建筑营造技艺的传承创新，讲了许多年了，但为什么香山工匠学院会落地苏州农职院，这意味着什么？(2)为什么人们对香山工匠学院寄予如此大的厚望，又意味着什么？(3)我们应当如何加快培养、传承、创新香山帮传统建筑营造工艺？如何让更多的新时代的年轻香山工匠涌现？如何走出一条可持续、可借鉴、具有较强品牌影响力的“香山”工匠“苏农”样本？

无论做什么，人都是最关键的要素，苏州农职院以育人为己任，走过了百年历程，令人尊敬。根据我的感知和认识，他们无论做什么事，都有一种强烈的责任感和使命感，正因为如此，他们无论是在办学的目标方向、专业课程设置、办学思路还是在校风学风建设上，都坚持求真务实，创新创优，坚持与时俱进，各项软硬件建设走在了其他学校的前列，在省内外具有明显的示范性。我虽然

寒山寺

长期联系教育系统，但过去对于农职院近距离的直接感受并不多。近几年，由于世界遗产中心与古建联盟的成立，我们与农职院的接触，特别是与周军院长的接触，越来越紧密，从园林古建技术人才培养的酝酿到这次香山工匠学院的诞生，等等。由此，对农职院的了解也越来越深入，也初步认识到香山工匠学院之所以落户农职院的真谛。

2010 年退休后，我被聘为联合国教科文组织亚太世遗中心名誉主任，开始比较多地关注苏州古城、古村落、古典园林、古建筑，围绕保护管理利用，与各部门、各单位以及企业、学者、专家的联系自然也多了起来。苏州之美，传统建筑是独具魅力的。但是，我们发现一个严峻的问题，就是人的问题，特别是苏州传统建筑营造修复人才的青黄不接、后继乏人。一方面，在第一线工作的多数是 50 岁甚至 60 岁以上的老年人；另一方面，年轻人对这一行敬而远之，缺乏热情。正因为如此，代表我国优秀传统文化的江南建筑，包括我们看到的民居建筑、园林建筑、文物建筑的保护、修复、营造水平，出现了参差不齐的情况，有些已很难代表苏州的水准。对此，不少部门、单位、企业都十分忧虑，都在呼吁加强对传统建筑人才的培训，包括我们亚太世遗中心，也深感责无旁贷，于 2012 年成立了世界遗产中心古建筑保护联盟，试图推动这件事。苏州森源园林营造有限公司总经理、市政协委员陈建凯先生连续两年撰写了关于重视古建技术人才培训的建议提案；香山工坊、园林古建、园林股份等多家公司也相继开展了这方面的培训；苏州人社局、建设局、园林局也多次召开会议进行协调；等等。但总体上看，这些努力都是个体的，没有形成合力，培训没有真正落地。

▶ 农职院香山工匠学院的设立，为我们打开了一扇“窗户”，进入了“柳暗花明”的良好境界，它的最大特点就是把分散的优势转化成整体的优势、把分散的积极性形成了综合的积极性，使学校、企业、政府部门、社会组织的资源凝聚成综合实力，形成了一种香山帮传统建筑营造技艺人才培训的机制、平台、模式的命运共同体。

农职院香山工匠学院的设立，为我们打开了一扇“窗户”，进入了豁然开朗的良好境界，它的最大特点就是把分散的优势转化成整体的优势、把分散的积极性形成了综合的积极性，使学校、企业、政府部门、社会组织的资源凝聚成综合实力，形成了一种香山帮传统建筑营造技艺人才培训的机制、平台、模式的命运共同体。所以，我认为，这是一项开拓性的事业，需要做的事很多，尚需积极探索、不断自我完善，尤其是需要得到政府的扶持、指导和支持。作为亚太世遗中心古建筑保护联盟、苏州世界遗产与古建筑保护研究会的工作人员，我们愿意与大家一起，着力助推，作出应有的努力。我相信，香山工匠学院既然能迈出坚实的第一步，一定会不忘初心，坚定地把这条路走下去，打造自己亮丽的品牌，实现自己的美好梦想，为香山帮传统建筑营造技艺人才的培养创造"苏农"样本，同时让社会分享我们的经验，传播我们的成功实践，让更多的部门、企业机构参与到这项事业之中，为弘扬中华传统文明做出应有的贡献。我也相信，若干年后，在香山工匠学院培养的一批又一批的人才队伍中，一定会出现更多的工匠和大师，他们会像一颗颗优良的种子，在传统建筑、保护修复这片土壤中生根发芽，开花结果，使中国优秀建筑营造技艺一代一代传下去，使其更加灿烂辉煌。

（刊《世界遗产与古建筑》2019 年第 1 期）

乡村振兴背景下的乡村遗产保护利用

党的十九大提出的“乡村振兴战略”是新时代贯彻新发展理念、建设现代经济体系的六大任务之一。在这个大背景下，如何把握乡村振兴与乡村遗产保护的辩证关系？这是必须回答的重要课题。

一、关于乡村和乡村遗产的基本内涵

乡村是指城市建成区以外的广袤区域。所谓遗产，包括了两个层面。

一是特指。一般是指联合国教科文组织、相关国际组织所界定的文化遗产、自然遗产、文化和自然双遗产、人类口头和非物质文化遗产代表作，以及其他门类遗产。

二是泛指。广义的文化遗产应包括一切具有重要价值的优秀历史文化遗存和自然遗产，甚至包括这一代人献给下代人、体现当代最高或最具特色水准的代表作。

广义的乡村遗产，则泛指建成区以外的物质与非物质文化自然遗产，以及优秀历史文化传统、文化样式、文化记忆。如重要的地理景观，包括传统自然村落、民居建筑、山林、河流、湿地、湖荡、植被、生产生活设施等，以及有典型意义的乡村生活场景、种植业类型、耕作技艺，等等。

如农业文化遗产、湿地遗产、农业水利灌溉工程遗产，等等。

如已经被列入各级文物保护单位名录、控制性保护名录的项目以及具有较高价值的不可移动文物。以及其他能突出体现典型乡村传统风貌特征的历史文化记忆、习俗形式和文化载体，等等。

二、充分认识在乡村振兴大背景下乡村遗产保护的极端重要性

乡村遗产是中华文化的根，是不可再生的文化资源。乡村振兴战略作为解决我国社会主要矛盾的关键，不仅体现在物质层面，也涵盖了精神文化层面。

▶ 乡村遗产是中华文化的根，是不可再生的文化资源。乡村振兴战略作为解决我国社会主要矛盾的关键，不仅体现在物质层面，也涵盖了精神文化层面。

对曾经生养孕育人类的乡村，我们要有一颗敬畏之心，把乡村遗产保护好、传承好、利用好，留住根基，维持尊严，延年益寿，流芳后人，是一种使命和担当。

随着城乡现代化的快速推进，建成区域不断扩大，乡村区域大幅度减少和乡村遗产损毁严重，一部分自然村落面临或已经消亡，一部分老建筑遭拆除和倒塌，亟需修复抢救。经济可以振兴，文化遗产却无法重建。

在乡村振兴的大背景下，积极有效地保护乡村遗产，说到底，就是让人们在回望历史、唤醒乡情、体验乡味中安居乐业，使乡村成为城乡广大人民体验分享乡村美好生活的“田园之梦”。

三、努力探索具有自身特色、可持续发展的保护、利用新路子

1. 把乡村遗产保护利用纳入实施乡村振兴战略的总体布局。

我们正处在高质量发展的新时代。苏州作为经济社会发展的先行地区，一方面，城市化进程越快，城市融合程度越高，越要保持清醒的头脑，对乡村遗产抢救与保护的力度越要加强。另一方面，在城市化进程加快、城乡融合的视域下，乡村既是广大农民、农村工作者赖以生存、生活、生产的广阔天地，是食品安全、生态安全保障的主阵地，也是城市人心仪和向往的旅游、度假、休闲、体验的胜地，必须把乡村遗产保护利用纳入乡村振兴整体布局。特别是通过创新乡村经济业态，活化乡村旅游，推进文旅融合，发掘发现、做优做特乡村文化和自然遗产保护利用项目，优化遗产资源，将遗产的潜在价值转化为现实价值，使乡村遗产文化旅游成为推动乡村

▶ 创新乡村经济业态，活化乡村旅游，推进文旅融合，发掘发现、做优做特乡村文化和自然遗产保护利用项目，优化遗产资源，将遗产的潜在价值转化为现实价值，使乡村遗产文化旅游成为推动乡村经济繁荣、产业转型、环境保护提升、文化建设、社会治理的重要抓手。

经济繁荣、产业转型、环境保护提升、文化建设、社会治理的重要抓手，进而促进乡村和整个区域可协调发展，满足人民群众追求美好生活的新期待。

2. 坚持保护性开发和开发性保护有机结合，创新乡村遗产可持续发展的路子。

许多乡村遗产本来就是文化旅游景观，但它的生存范围不仅是一个“景点”，而是一个“景区”，甚至是一种全域旅游的景区。遵循文化和自然遗产价值保护规律和市场经济运行规律，是乡村遗产可持续保护与利用的根本出路。要按照依法、分级分类等原则，有效地整合优化各方面的资源，包括布局功能、彰显特色、环境整治、基础设施，才能让遗产“活起来”，最大限度地体现其应有的价值，充分发挥乡村遗产的效应。适度开发、有限开发，是一种“活态保护”，是最佳的选择。

伴随着现代科学技术的发展，新技术、新材料、新工艺层出不穷，只有坚持传统性思维和创新性思维的融合，坚持正确的历史观，才能最大限度学习借鉴、吸收、利用现代科技成果，在创新性保护中帮助乡村遗产实现延年益寿和永续传承。

人民群众对美好生活的向往呈现多样化和与时俱进的趋势。保护性开发和开发性保护，说到底，是尊重文化和自然遗产保护的规律，尊重乡村遗产的多重价值，尊重人民群众对不同样式美好生活追求的选择，最大程度地帮助大多数人民群众普及对文化和自然遗产的理解、热爱和体验。增强对文化和自然遗产、祖国优秀传统的认同感和自豪感。遗产保护利用有明确的指向，保护是目的，开发只是途径，关键是牢牢把握保护什么和怎么保护。

▶ 保护性开发和开发性保护，说到底，是尊重文化和自然遗产保护的规律，尊重乡村遗产的多重价值，尊重人民群众对不同样式美好生活追求的选择，最大程度地帮助大多数人民群众普及对文化和自然遗产的理解、热爱和体验。增强对文化和自然遗产、祖国优秀传统的认同感和自豪感。

3. 以建设“特色田园乡村”为有效抓手，以点带面实现乡村振兴战略、保护乡村遗产。

“特色”就是指特色产业、特色生态、特色文化；“田园”就是田园风光、田园建筑、田园生活；“乡村”就是美丽乡村、宜居乡村、活力乡村。目标是"生态优、村庄美、产业特、农民富、集体强、乡风好"。"产业、生态、文化","特色、田园、乡村",相得益彰、相映生辉,乡村遗产应成为发展各要素的核心支撑点。

朝着这一方向和目标,使"特色田园乡村"成为新时代乡村振兴与乡村遗产保护深度融合的一种模板,以点带面,全面结果。

4. 以积极申报全球重要农业文化遗产为契机,实现乡村遗产保护的新突破。

据调研,我市具有多处可供申报的全球重要农业文化遗产和世界水利灌溉工程遗产,这是苏州文化遗产大家族中不可或缺的重要组成部分,也是苏州作为世界文化遗产典范城市不可或缺的重要组成部分。目前,可先以东、西山茶果间作农业系统、"水八仙"栽培系统等为代表性项目为抓手,积极申报全球重要农业文化遗产名录,或申报列入中国重要农业文化遗产清单。要像当年苏州古典园林和中国大运河苏州点段申报列入世界文化遗产名录一样,加强领导,统一思想、形成共识、落实责任、精准发力。

可以预料,全球重要农业文化遗产项目一旦申报成功,必将有力助推乡村振兴战略的实施,助推乡村文化遗产的保护、传承,助推农业品牌战略的实施,提升农业品牌影响力,为苏州乡村振兴与遗产保护事业做出新贡献。

▶ 全球重要农业文化遗产项目一旦申报成功,必将有力助推乡村振兴战略的实施,助推乡村文化遗产的保护、传承,助推农业品牌战略的实施,提升农业品牌影响力,为苏州乡村振兴与遗产保护事业做出新贡献。

5. 加快破解影响古建筑、传统民居抢救、修复、保护、利用的瓶颈障碍。

乡村间古镇、古村落、古建筑和传统保留村落、民居的抢救、修缮、保护、利用,是乡村遗产保护利用工作重中之重,是保持乡愁、乡味、乡土气息,保护乡村优秀文化传统的基本载体,也是实施乡村振兴战略进程中必须破解的难点。

从目前情况看,我市古镇保护利用总体比较好,利用也有一些亮点,但还不够平衡。面广量大的传统自然村落、传统建筑、传统民居的保护现状并不乐观。

究其原因，是多方面的，财力支撑不到位，政策法规不到位，改革创新不到位，工作推进不到位。有些地方的古村落和传统村落被列入国家级、省级名录已经多年，但不仅没有得到更有效的修缮和改善，反而愈加破败，令人惋惜。

▶ 乡村遗产保护的重点是乡村传统建筑，乡村振兴既要做“锦上添花”的事，更要做“雪中送炭”的事，应排出一批影响保护、修复和利用的瓶颈障碍的负面清单，采取硬措施确保真正落实到位。

乡村遗产保护的重点是乡村传统建筑，乡村振兴既要做“锦上添花”的事，更要做“雪中送炭”的事，应排出一批影响保护、修复和利用的瓶颈障碍的负面清单，采取硬措施确保真正落实到位。

（刊《世界遗产与古建筑》2018年第4期）

“后新冠肺炎疫情时期”文化遗产保护新认识

今年新年伊始,在我国和世界各国都暴发了新冠肺炎疫情,作为突发的重大公共卫生事件,其传播速度之快、感染范围之广、防疫难度之大称得上是史无前例。疫情对全球世界遗产与古建筑的保护、更新、利用、展示等方面带来了重大的影响,出现了很多值得研究的新情况、新问题。三月份以后,在国内对防控新冠肺炎疫情的形势持续向好,生产生活秩序加快恢复的形势下,亚太世遗苏州中心、世遗古建联盟研究会抓住时机,根据抗疫的整体形势,整装再出发,快速回归工作状态,就世界遗产保护管理的新趋势、新发展进行分析研究,包括如何拓宽思路、采取积极有效措施、开创世界遗产保护利用的新局面等。在四月份连续召开了三个座谈会,围绕在特殊情况下,对世界遗产保护、利用、展示等方面呈现的新问题,进行新的思考;研讨世界遗产青少年教育方面新的领域和新的方法;探讨在外部环境突变下,如何应对、破解世界遗产与文化旅游面临的难点问题等。

在“世界遗产与古建筑保护更新利用新认识”专题座谈会上,与会专家认为,为迎战疫情,全国各地封城,社会经济活动停摆,给世界遗产的保护、利用、展示、教育、宣传工作带了重大影响。但疫情总是暂时的、可控的。这些问题既是重大的挑战,同样也带来了新的发展机遇。及时研究这些问题,显示了世遗古建联盟始终不渝的初心。专家们认为,要全面辩证地看待新冠肺炎疫情对世界

▶ 要全面辩证地看待新冠肺炎疫情对世界遗产的影响，重新提升社会关注度，需要对世界遗产价值继续进行深度挖掘，凸现世界遗产的稀缺性，凸现其经济价值的创造性。

遗产的影响，重新提升社会关注度，需要对世界遗产价值继续进行深度挖掘，凸现世界遗产的稀缺性，凸现其经济价值的创造性。专家们认为，通过这次疫情，对如何进一步完善世界遗产和古建筑的保护利用也拓展了视野，尤其是在如何更新传统的保护模式，更好地利用智能化、大数据等现代科技手段，采用更加灵活的展示传播手段、延伸展示时空等方面，提供了很多可以探索的发展空间。专家们强调，围绕世界遗产和古建筑保护，要审时度势、因势利导，特别是要发挥苏州的品牌优势，继续深化与大旅游的结合。要挖掘产业优势，做大做强文创产品和市场。座谈会上，专家们还交流了学习中共中央办公厅、国务院办公厅《关于加强文物保护利用改革的若干意见》的一些心得体会。

在“世界遗产保护与文旅发展的新认识”座谈会上，与会人员讨论了新冠肺炎疫情对文旅行业的影响和行业面临的新情况、新趋势、新机遇，交流了关于当下世界遗产保护利用与文旅创新融合发展理念更新和路径调整的思考。由于受疫情的影响，既让世界遗产保护与文旅发展面临着生存之举，同时也带来了发展之举，如何寻找精准的应对之策，做到危中见机，化危为机，需要我们一起认真分析和研究。第一，从长远目标来说，这次危机对调整文旅产业政策体系，促进新兴文旅，数字化、智能化文旅和数字化人才的培养必将带来更快的促进。第二，对传统文旅来说，寻求拓展型发展空间、促进传统文旅的升级换代的步伐也会加大，如目前我市正在培育的夜游活动和夜游经济。第三，进一步改革文旅，从内容到形式解决新兴文旅与传统文旅的驱动问题。与会专家认为，要重新思考世界遗产、遗产地与文化旅游之间的关系，一是深入研究世界遗产资源深层次开发与利用问题，要对世界遗产旅游项目品质进行各种深加工、精加工，重新构建不同公众对世界遗产文化旅游的文化认同和消费认同。二是要认识和构建世界遗产与互联网之间更为密切的关系，线上的文旅活动更为

▶ 进一步改革文旅，从内容到形式解决新兴文旅与传统文旅的驱动问题。重新思考世界遗产、遗产地与文化旅游之间的关系，深入研究世界遗产资源深层次开发与利用问题，要对世界遗产旅游项目品质进行各种深加工、精加工，重新构建不同公众对世界遗产文化旅游的文化认同和消费认同。

加强，将传统的线上数据库形式在内容上和功能上都进行新的突破，甚至转化为文旅产品。同时使世界遗产在公众教育、青少年教育方法上实现根本性的改变和加强。

在“后新冠肺炎疫情时期青少年遗产教育”主题座谈会上，与会领导、专家和老师回顾总结了过去十多年来，我市青少年世界遗产教育的成功之路，一致认为，世界遗产教育是一种深厚的人文教育，将过去、现在与未来关联起来，丰富了学校的教育功能。目前学校现有的教育课程相对单一化、课本化、教条化，而遗产教育立足的视野更高、知识内容更丰富，将青少年遗产教育与传统教育有机结合能够更好地培养青少年的人文素养。虽然此次新冠肺炎疫情给教育工作的开展带来了一定的负面影响，但也推动了教育虚拟化的发展。与会专家认为，青少年遗产教育要实现“两头化”，即“线上＋线下”模式，目前现有的遗产教育教学材料普遍为专业性读物，适合中小学生的遗产教育材料少之又少，要充分开发遗产教育网络课程，制作一些短小的、既有知识性又有趣味性的、学生喜闻乐见的网络课程，丰富遗产教育教学材料的多样化。线下增加学生走进遗产、接触遗产的教学机会。同时，要丰富遗产教育的内容，突破遗产教育的内涵，不能仅仅局限于苏州园林，要将遗产教育的内容扩展到大运河，古城、古镇、古建筑，以及物质文化、非物质文化、吴文化、历史文化等等，让学生感受到遗产的多样性。会议还建议要构建青少年遗产教育网络中心，以亚太世遗苏州中心为核心，链接各个学校，以便更高效、更便捷地开展青少年世界遗产教育。

▶ 世界遗产教育是一种深厚的人文教育，将过去、现在与未来关联起来，丰富了学校的教育功能。遗产教育立足的视野更高、知识内容更丰富，将青少年遗产教育与传统教育有机结合能够更好地培养青少年的人文素养。

联合国教科文组织强调：“在这场公共卫生危机结束后，‘分享文化’和‘分享我们的遗产’运动将持续开展，以重新思考保护世界遗产地和促进可持续旅游业的措施。”三个座谈会的成功召开，对联盟和研究会下一步的工作必将带来极大的促进。

（刊《世界遗产与古建筑》2020年第2期）

名城保护五策

党的十八大以来，习近平总书记多次考察调研全国各地的古城老宅和传统街区。他在调研中反复强调，城市规划和建设要高度重视历史文化保护，不急功近利，不大拆大建。苏州古城历经2500多年，承载了深厚的文化底蕴和历史记忆，是无法复制、不可再生的文化遗产。今年是苏州获批国家历史文化名城40周年，也是姑苏区、保护区成立10周年。在这个时间点上，回眸40年来尤其是近10年来苏州古城保护更新走过的历程，分享成功的实践与成果，畅想未来的美好蓝图，令人心潮起伏、激情澎湃。

当前，我们已进入了全面建设社会主义现代化强市的新时期，高质量、高水平成为发展的主旋律，历史文化名城也随之进入高品质保护更新发展的新阶段。回望已经走过的历程，成果固然很丰硕，但对照新要求、新期盼，依然任重道远。我们务必深入学习贯彻习近平总书记关于历史文化遗产保护的一系列重要论述和重要批示精神，遵循城市发展和古城保护规律，按照城市总体规划和市委、市政府确定的古城保护"苏州方案"，咬定目标，落实权责，选准切入点，同频共振，强化效率，用心发力，走出一条高品质古城保护更新发展的新路，努力交出一份让人民满意的答卷。

► 从历史街区空间的整治和微更新入手，贯彻落实全面保护、整体保护古城风貌的方针。

1. 从历史街区空间的整治和微更新入手，贯彻落实全面保护、整体保护古城风貌的方针。保护古城首先是保护风貌。"苏州城市总体规划"中14.2平方公里的古城由54个街坊构成，它们的形态和颜值，直接还原真实的古城风貌。要按照“横向到边、纵向到底”“网格化”的方法落实责任主体。根据分类指导的方针，对照“规划”要求，实施动态监督，及时发现问题，提出解决问题的举措。目前，一部分历史街区已得到重点整治，一部分历史街区正在整治中，但还有一些街区不同程度地存在这样或那样的隐患。如有损或妨碍古城风貌的危旧建筑物，无序的管理、不对称的业态、不雅设施、不当元素的形象设计，等等。姑苏区曾探索保护区街巷业态正负面清单管理的思路，可以继续深化研究、深化实践，尤其可以借鉴“历史空间”微更新技术予以整治，一区一策、一区多策，在统一规划目标下实施“分而治之，逐个击破”。

2. 从科学布局和加大基础设施与民生项目力度入手，赋能古城的现代文明活力与生机。古城之美，不仅美在“颜值”，而且美在健康的体魄和绝佳的气质。高品质的古城保护与更新，不仅要保护原汁原味的风貌，更要完善符合现代化城市功能、人民群众普遍需求的基础设施。曾经，古城被人们称为“美丽的苏州，破陋的城市”，随着多年来连续实施的环古城风貌带保护，路网结构调整等轨道交通投入运行，水环境整治，城中村及背街小巷改造，以及重大科教、人文卫体、环境绿化等重大社会民生事业项目竣工等，古城一下子有了时尚感、活力感，“历史文化名城”风貌、现代国际都市的功能得以体现。接下来，要进一步加强经济发展反哺古城保护的力度，以最大程度争取古城对年轻人，文教科技、商务等知识人群的吸引力。特别要对名城及苏州整体保护更新、功能优化具有重大影响力的项目，如虎丘综合整治工程、桃花坞历史街区整治等，进一步做优、做强、做出特色。要在尊重古城肌理的基础上优化规划布局，进一步打通古城交通堵点，让人流、物流充分流动起来，打造古城宜居环境的靓丽名片，全面提升古城群众的生活质量。

▶ 从科学布局和加大基础设施与民生项目力度入手，赋能古城的现代文明活力与生机。

3. 从构建全方位、开放式生活场景入手，盘活古城文旅资源，

▶ 从构建全方位、开放式生活场景入手，盘活古城文旅资源，实现创造性转化、创新性利用。

实现创造性转化、创新性利用。旧时的苏州古城,功能比较简单。随着时代的发展,作为现代化国际大都市的文化“内核”,其功能也是日渐多元,扮演了越来越多的角色。当代与未来的苏州古城,也必将会在时间轴、价值观等方面发生根本变化。目前,19.2 平方公里的历史城区,拥有 30 万左右的常住居民,古城是他们与众不同的乐居栖息地。同时,古城历史文化底蕴、景观独特,又是千万来来往往旅游者的风景旅游胜地。此外,古城也有着众多创业和投资的新兴载体。所以,提升古城的气质和品质,就要最大限度地发掘、发现、凸显古城资源的开放性、时尚性、多元性,满足多种人群的文化、教育、科技、商务、交流、审美、娱乐等物质与精神文化消费需求。古城可以形成十余个集群,涵盖以下几个方面:①园林之城;②博物馆(艺术展览)之城;③创意产业之城(设计之都、创意之都);④民间客栈之城(集群);⑤博物文玩之城;⑥美食之城;⑦江南文化娱乐集群(评弹、昆曲、苏剧、滑稽戏小剧场);⑧百年老校之城;⑨名人故居集群;⑩电玩之城;⑪特色购物中心和网点、网红街巷集群。以多个集群的融合发展,让苏州逐步呈现“老苏州,不夜城”的盛况,充分满足多种人群的不同消费选择。

▶ 从优化社区治理结构、构建新型人际关系入手,形成具有古韵今风的城市气质。

▶ 自古以来,苏州人的主体性格是温良恭谨让,内敛而不大张扬,精致又不够大气,善良又带点狭隘,谦逊中少点自信,知足常乐却又小富即安,崇文重教又带点清高与中庸。经济发展和改革开放,大大改变了古城的产业结构、人口结构、社区结构,也在改变苏州人的性格。

4. 从优化社区治理结构、构建新型人际关系入手,形成具有古韵今风的城市气质。城市气质,关键是人的气质。新时代高品质的苏州古城,要由新一代苏州人来锻造。自古以来,苏州人的主体性格是温良恭谨让,内敛而不大张扬,精致又不够大气,善良又带点狭隘,谦逊中少点自信,知足常乐却又小富即安,崇文重教又带点清高与中庸。不过,随着经济发展和改革开放,工业化、城市化、城乡一体化,大大改变了古城的产业结构、人口结构、社区结构,也在改变苏州人的性格。大量人口的涌入,大面积新型社区的形成,也让苏州成为一个真正的移民城市。加之,后新冠肺炎疫情时代,人与人之间的关系也将发生新的变化。因此,古城保护要从单纯物态保护走向人的观念、文化形态的保护,尤其充分发挥社区、群团、机关、学校和企事业单位的作用，发挥社区治理功能和职能。一方面，要坚守苏州优秀的文化传统，积极开展“非遗”宣传体验活动，让更多生活在苏州的人感受到苏州传统文化的独特魅力。另一方面，要坚持与时俱进，促进传统文化与现代文化、苏州文化与外地文化大融合，真正形成精致、包容、创新、开放的新苏州精神，使这座城市不仅具有厚重感，还要更有亲和力、时尚感，更有生机和活力。

5. 从统筹全域保护入手，形成“最强地级市”的整体优势和综合竞争力。省委常委、苏州市委书记曹路宝提出，要用“大苏州”的理念加强全域保护。全市覆盖 19.2 平方公里历史城区、“四角山水”自然系统、全区域整体江南水乡风貌“三个圈层”。我们理解，这个全域，不仅是包括姑苏区范畴的全域，更是涵盖古苏州、老苏州、新苏州、大苏州范畴的全域苏州。要强化市本级配置资源的力度，要统筹协调彰显苏州全域范围内，经济发展与生态文化、农业文化、水域文化、工业文化，以及古镇古村落古建筑保护，乃至整个物质与非物质文化特色与优势。要将古城作为一个整体进行系统研究保护，从而全方位展示太湖山水、运河风光、长江风采、水乡风貌、古城明珠、百花争艳、城乡繁荣、安居乐业的美丽景象。只有这样，苏州才会成为国际性的、独有魅力的、强富美高的社会主义典范城市。

▶ 从统筹全域保护入手，形成“最强地级市”的整体优势和综合竞争力。

▶ 要用“大苏州”的理念加强全域保护。全域，不仅是包括姑苏区范畴的全域，更是涵盖古苏州、老苏州、新苏州、大苏州范畴的全域苏州。

（刊《苏州政协》2022 年第 3 期）

构筑“文化高地” 提升文化遗产保护水平

2020年初以后，突如其来的新冠肺炎疫情，不仅给世界经济和社会运行带来了严重冲击，对世界遗产的保护和利用也带来了前所未有的新情况、新问题、新趋势，一方面，随着新冠肺炎疫情的影响，遗产地的现场开放、体验按下了暂停键，一些遗产保护利用的重点和难点项目暂缓实施，一些人对文化遗产的敬畏之心和紧迫感发生了动摇。更为重要的是，随着新冠肺炎疫情引发的冲击，世界遗产作为当代人类文化的重要组成部分，其保护理念、利用路径、传播方式，有的亟待坚守，有的需要新的探索与创新，如何重塑形象，为促进人类可持续发展的价值观和人类社会的健康发展服务，这是新时代世界遗产事业必须回答的问题。

就在我国疫情好转不久的5月，习近平总书记选择到山西考察世界文化遗产大同云冈石窟，调研文化传承。他强调指出，保护好云冈石窟，不仅具有中国意义，而且具有世界意义。历史文化遗产是不可再生的、不可替代的宝贵资源，要始终把保护放在第一位。发展旅游要以保护为前提，不能过度商业化，让旅游成为人们感悟中华文化、增强文化自信的过程。

其实，习近平总书记对文化遗产作为考察调研的重要内容是一贯的，对文化遗产的重要批示和指示是系列的、系统的。而习近平总书记在特殊时期调研历史文化传承与交流，给我们传递了一个特殊意义，这就是，文化遗产的背后，承载的是历史发展脉络、文

耦园

▶ 文化遗产的背后，承载的是历史发展脉络、文化自信，彰显着文明的无穷魅力，任何时候都要清晰地感知保护她的重要性和紧迫性。

化自信，彰显着文明的无穷魅力，任何时候都要清晰地感知保护她的重要性和紧迫性。

对文化遗产，苏州人民怀有深厚的情感，也在保护利用世界文化遗产的实践中真真切切地体会到了获得感。苏州之所以有资本迈向“现代国际大都市、美丽幸福新天堂”，文化和文化遗产是“护身符”。我们要像爱护自己的生命和眼睛一样，爱护文化遗产。

▶ 作为“文化高地”的苏州，丰厚的文化遗产显然是许多城市难以逾越的一座高峰。正因如此，把它保护好、传播好、利用好，要付出比其他城市更大的努力。

党的十一届三中全会以来，尤其是党的十八大以来，苏州文化遗产的软实力与经济社会发展的硬实力一样有了明显增长，文化遗产保护利用的投入明显增强，文化遗产的品牌影响力明显提升，实践有力地证明，苏州不仅要做产业和创新的高地，更要做生态和文化的高地。疫情毫无疑问给遗产的保护和利用带来了一系列新的情况、新的问题、新的挑战，但疫情更倒逼我们反思，如何迅速回归常态，创新思路、强势发力、重整旗鼓，以遗产保护的崭新成果，实现文化高地的高品质构筑。应该看到，作为“文化高地”的苏州，丰厚的文化遗产显然是许多城市难以逾越的一座高峰。正因如此，把它保护好、传播好、利用好，要付出比其他城市更大的努力。一方面，苏州所拥有的世界遗产门类之全、层次之高，不仅涵盖已经列入世界遗产名录的，包括古典园林、中国大运河、中国昆曲、古琴等在内的物质文化遗产和非物质文化遗产，还涵盖已经列入国家申遗预备名单的江南水乡古镇等；不仅包括遍及城乡的古城、古镇、古村落、古建筑，还包括面广量大的各级文物和控制性保护单位；不仅包括文化遗产，还包括重要农业遗产、工业遗产、工程灌溉遗产、湿地遗产，还有档案记忆遗产、非物质文化遗产和民间手工业技艺。有些需要继续发现发掘，有些需要加大抢救保护力度，有些需要优化传播、推广、利用思路，有些需要在更大范围、更高层次体现其核心价值。另一方面，处于建设“现代国际大都市”进程中的苏州，如何坚持保护与发展、更新与利用的辩证关系，是一个永恒的课题。文化无疑是推动经济社会持续发展的不竭动力。把苏州建设好，把苏州文脉传承好，作为苏州的一员，不论是政府官员还是市民百姓，都承担着重要的历史使命。

当前，我们要从历史文化遗产中感悟，增强文化自信，确定新目标，励志再出发，参与文化遗产的研究与交流，发现和总结文化遗产保护与利用的成功实践，讲好文化遗产的"苏州故事"，用文明和文化的力量推动苏州的可持续发展，为书写中华民族伟大复兴贡献苏州力量。

（刊《苏州日报》2020年7月21日）

苏州古城保护与发展若干问题的哲学思考

▶ 踏上新征程，特别是面对下一个10年，需要我们更加理性深入地进行再思考、再探索。带着古城保护发展“当前怎么看、今后怎么干”这个重大课题，我们前不久开展了一次专题调研。

今年是党的二十大召开之年，是开启全面建设社会主义现代化国家新征程的关键一年。同时恰逢苏州获批国家历史文化名城40周年，姑苏区、苏州国家历史文化名城保护区成立10周年。苏州始终把古城保护传承放在城市发展的突出位置，致力于向世界展示一个历史文化名城保护的中国样板。踏上新征程，特别是面对下一个10年，需要我们更加理性深入地进行再思考、再探索。带着古城保护发展“当前怎么看、今后怎么干”这个重大课题，我们前不久开展了一次专题调研。

调研过程中，就如何评价过去40年特别是近10年的古城保护实践，我们与部分重要亲历者和专家座谈交流，主要有三种不同看法，具有一定代表性。第一种观点认为，成绩显著，走在前列，做到了全国最好，而且没有之一，否则不足以解释苏州成为全球首个“世界遗产典范城市”，国家首个“保护区”。第二种观点认为，有不少亮点，但并不如人意。古城保护成效明显。“三区合并”前，各区竞争比拼，合并后，乏善可陈，和保护区设立的初衷相比，和一些先进城市相比，国家级保护区的金字招牌效应还没有充分凸显。有专家直言，对于古城保护“不想再说，却又不得不说”，爱之深、责之切。第三种观点认为，问题客观存在，但也应考虑古城保护的客观环境和内外部条件，不必操之过急，应该允许给后人“留白”，宁可慢慢来，也不能留下遗憾。

我们感到，上述观点基于不同经历和观察角度，可谓仁者见仁、智者见智，应该讲都不无道理。认识对实践具有先导性作用，站在古城保护发展继往开来的新发展起点，我们认为高度统一的思想认识，对于积极推动实践举措的步伐一致，显得尤为紧迫和重要。

第一，从苏州城市整体发展高度充分肯定古城保护辉煌成绩。

在波澜壮阔的城市化进程中，苏州比较早地关注到古城在全市整体发展布局中的唯一性和独特性，也比较好地处理了经济发展、城市建设和古城保护传承之间的关系，怀着敬畏之心、珍爱之心，致力于让千年古城展现江南文化的独特魅力，为世界贡献了古城保护的苏州方案。城市风貌得到了全面保护。很好地保持了“淡雅朴素、一城粉黛”“水陆并行、河街相邻”的色调格局，同时分级分类保护古镇老街、传统村落等。借助这些空间，承载起江南园林、文物古迹、民间工艺等物质、非物质文化遗存，构建起了全市域、全要素的历史文化保护体系。城市气质得到了完美提升。人们这样评价苏州：把刚与柔、雅与俗、传统与现代、科技与人文、物质与精神、城市与乡村、西方与中国这些看似冲突的东西，完美而奇特地融为一体，这就是苏州。这种城市气质由外及里，可视、可感、可闻，与市民身心息息相通，成为苏州城市要素的综合表达。城市功能实现了质的跨越。控制古城规模、提升古城功能，建设历史文化街区，开展古建老宅改造，实施城市微更新等。新城与古城一脉相承，坚持世界眼光、国际标准，注重体现地域特色和文化传承，一批“苏而新”“新而苏”的建筑作品拔地而起。这些不同城市场景，彰显历史印记、凝结人文情怀、折射文化思想，成为苏州城市的筋骨和灵魂。尤其是今年以来，全市进一步形成了“无论苏州多么大，古城始终是苏州的心脏”的共识，成立苏州名城保护集团，部署建设数字孪生城市，深入开展老旧小区改造、现场诊断和启动重点项目方案，等等。一系列紧锣密鼓的新动作、新举措，推动古城保护

▶ 在波澜壮阔的城市化进程中，苏州比较早地关注到古城在全市整体发展布局中的唯一性和独特性，也比较好地处理了经济发展、城市建设和古城保护传承之间的关系，城市风貌得到了全面保护，城市气质得到了完美提升，城市功能实现了质的跨越。

▶ 从古城保护发展历史深度理性地看待当前问题和不足。但不管什么样的问题，都是发展中逐步形成和暴露出来的问题。有的是发展中区域失衡的现象表现，有的是发展中应当付出的必要代价，有的是发展中历史遗留的堵点、难点，有的是发展中供需矛盾的落差缺口。

▶ 从认识实践相统一角度深入推动古城长远可持续发展。提升认识论，强化实践论，把握矛盾论，改进方法论。

发展展现出新气象、新风貌。

第二，从古城保护发展历史深度理性地看待当前问题和不足。

在肯定成绩的同时，辩证地看，当前古城保护发展确实还存在着一些不尽如人意的地方，新老问题交织，短期、长期问题叠加，表面问题、深层次问题缠绕，需要分门别类地梳理分析。但不管什么样的问题，都是发展中逐步形成和暴露出来的问题。有的是发展中区域失衡的现象表现。比如，不同阶段发展聚焦点不同，资源投放差异引发区域发展不平衡，影响较为深远。比较典型的，“新城”产业、教育和基础设施相对完善，以年轻人为代表的高知人群集聚，联动和影响古城人口的重大结构性变化。姑苏区居民老龄化程度高达31%，外来流动人口比例高达62%。有的是发展中应当付出的必要代价。城市发展自成规律，只有持续更新才能保持长久活力。比如，古城区域有86个老旧小区亟待改造，11个城中村改造尚未启动，基础设施陈旧落后，环境卫生脏乱差，极大影响古城整体面貌。即使是现在新建的小区，若干年后也会变得老旧，这是一个循环往复的过程。有的是发展中历史遗留的堵点、难点。特定历史条件下的产物逐步落后于时代，渐渐演变成老大难问题。比如，古城54个街坊范围内散布2.3万户直管公房，多为20世纪六七十年代建造，产权错综复杂，安全隐患多，其消化解决可能需要相当长时间。有的是发展中供需矛盾的落差缺口。受客观条件限制，一些基础设施难以适应新的形势要求，腾挪空间严重不足，也需要有一个过程。比如，古城停车泊位缺口高达10万个，在路况复杂、狭小逼仄的空间内增设停车位，又很可能引发占用绿化、路面、道板等其他次生问题。上述种种问题的解决，需要付出持之以恒的艰苦努力。

第三，从认识实践相统一角度深入推动古城长远可持续发展。

认识源于实践又指导实践。从过去经验讲，苏州古城保护发展之路从来不是坐而论道清谈出来的，也不是四平八稳走出来的，是一代代人满腔热血、一往无前,甚至“离经叛道”干出来的。下一步怎么干,从这些经验的提炼中,应坚持“四个论”。一是要提升认识论,正确、理性地看待成绩和不足,既要系统深入地总结自身经验教训,也要有世界眼光、战略思维,主动学习借鉴国内外城市好的做法,既不能夜郎自大,也不能妄自菲薄,坚定文化自信自强,系统构建古城叙事体系、表达体系,用古城讲好苏州故事、苏州文化。二是要强化实践论,把认识的结果用于回答和解决实践中遇到的问题。更进一步讲,就是坚持目标导向、问题导向,把发展中的问题在推动更高质量发展中解决,以“思想破冰”引领“行动突围”。三是把握矛盾论,把认识和化解矛盾作为打开工作局面的突破口,善于抓住主要矛盾,既要找到保护与发展的对立统一,重点解决当前发展不平衡不充分的问题;也要善于把握矛盾的主要方面,紧紧抓住社会最关心、最直接、最现实的问题,作为今后阶段重点任务。四是改进方法论,建立高效推进机制,把具体路径和手段选对选准,有所为有所不为,把思想方法搞对头,在实践中解决好“过河”的“桥或船”问题。

党的二十大报告指出,要推进文化自信自强,铸就社会主义文化新辉煌,这为苏州文化、苏州古城的保护传承发展提供了根本遵循。特别是报告所强调的,要坚守中华文化立场,提炼展示中华文明的精神标识和文化精髓,加快构建中国话语和中国叙事体系,讲好中国故事、传播好中国声音,苏州文化在中华文化体系中极具代表性,因此这一重大要求对苏州古城各项工作也就具有很强的针对性、指导性。市委、市政府对古城已有明确定位,对古城保护已有“苏州方案”,站在这样的高度,我们应当重点加强以下六个方面的工作落实:

一、关于构建保护区政策创新落实体系、更好发挥示范作用的问题

▶ 构建保护区政策创新落实体系、更好发挥示范作用的问题。理顺保护区、姑苏区的关系,清晰市、区的关系,明确保护区内部的关系。

保护区、示范区的精髓是构建起古城保护政策体系的“四梁八柱”，并落实落地。具体实践中，还是重点把握好三个关系：其一，理顺保护区、姑苏区的关系。保护区是功能区概念，重在古城保护、产业发展等，如探索在古建筑交换上市、土地储备、行政审批和新兴业态管理等方面有新的突破；姑苏区是行政区概念，重在回归社会保障、民生治理等基本职能。按照“两条线、两手抓”思路，对标“相互促进、相得益彰”目标，不同的工作既要由不同职能部门牵头和协调，也要形成最大工作合力，统筹一体、行动一致。其二，清晰市、区的关系，把握市域统筹的原则方向，重点解决两级之间机构重叠、职能不清、责权利不配套等问题，市充分授权，姑苏区作为独立行政区自主运转，充分释放主观能动性。尤其在土地资源属地化管理、医疗教育属地化改革上体现主动积极，实现“看得见的管得到、管得到的要看得见”。其三，明确保护区内部的关系，通过精简职责、理顺条线、归集资产、配强力量等，与此同时，强化工作效率，让古城保护委员会、片区管理办公室等不同职能工作机构集中精力搞好古城保护、城市规划、建设管理和经济发展工作。

▶ 古城资源的可持续开发利用，一是现有资源的创造性转化、创新性利用，二是古城资源时代价值的放大提升，三是不同类型资源的整合提升。

二、关于古城资源的可持续开发利用的问题

古城是苏州文化基因的核心承载地，文化资源面广量大，既有物质的，如古典园林园林、古宅、古巷、古桥、古井等，也有非物质的，如工艺、技艺、文艺渗透到生活、生产、社会多个门类等，徜徉古城，随处可见可感，是名副其实的代言形象和金字招牌。正因为既丰富且散落，所以生活在其中的人们往往见怪不怪，“见宝不识宝、见宝不惜宝”，也就更认识不到这些文化资源巨大的商业价值、文化价值、品牌价值。针对这一现象，建议从四个层面挖掘利用。一是现有资源的创造性转化、创新性利用。街巷、院落、传统古宅等微更新和修缮，能够体现不同时期完整的历史记忆，同时通过活化利用植入新功能，比如推动总部经济入驻古建老宅，成为城市有机体继续发挥作用。此外，还可以利用艺术和设计活化古城的存量空间，体现更多苏州文化元素，展现创造力和生机活力。这方面，

上海、广州、南京等地都有不少成功案例值得借鉴。二是古城资源时代价值的放大提升。建设现代新城过程中，不仅体现国际文化、现代文化，同时更多融入古城文化特色。不仅体现在硬件上，在城市公共空间打造更多苏州文化新场景；更重要的是软件上的，积极开展非遗宣传推广、文化展示体验、传统剧目展演等活动，塑造多元融合的苏州文化生态。三是不同类型资源的整合提升。环古城河风貌带是大运河苏州段入选世界文化遗产的四条重要河道之一，也是古城最具景观含量的资源，社会口碑好、在游客中影响力大。大运河“十景”中，重点和亮点在于环城河。可以思考进一步优化完善，把古城墙、历史街区、园林、博物馆、会馆、桥梁等节点串联起来，打造城市古韵今风的最佳展示线路。四是跨区域资源的分层分类保护。既保护好 14.2 平方公里老城和山塘线、上塘线，同时保护好苏州的“四角山水”；既保护好苏州的古城古镇古村，也保护好江南水乡和运河文化，在保护传承中充分展现苏州城市特点和文化自信。

三、关于重点项目、重大事项的攻坚克难问题

近年来，古城在民生改善、项目建设等领域采取了不少大的动作和举措，有些完成得比较顺利，比如，2011 年启动、2012 年开工的第二期危房改造工程，是继南环新村后全市又一个危旧房解危改造工程，采取 70% 群众回迁、30% 群众异地安置的方案。在市一级的大力支持下得以顺利完成，市民口碑非常好。有些问题在当时则没有完全解决，这就要求我们善思善做，继续推进，综合考虑前道后道、公平效率，既要防止半拉子工程，也要防止虽然有决心但行动没跟上。一方面，集中精力解决若干长期拖而不决的痛点难题。比如，虎丘综改项目、桃花坞综改项目、渔家村文化旅游项目短期内出成果、见成效，以提振信心。这些都是保护区最具标志性、最能体现古城风貌与文化内涵的重要工程，前期投入了大量精力、财力、物力，本着对历史负责、对古城负责的态度，应当建

▶ 一方面，集中精力解决若干长期拖而不决的痛点难题；另一方面，落实举措解决一批社会普遍关切的民生实事。

好用好。另一方面，落实举措解决一批社会普遍关切的民生实事。比如，整体规划、分步实施一刻钟便民生活圈，在周边集中布局一批从创业、乐居、出行、休闲、度假等多种需求出发，具有江南水乡特色的微利、类公益性的商业业态，打造各类便捷优质的服务集成空间，等等。

四、关于加快建立反哺机制的问题

过去一个时期，为大力支持新城开发建设，同时解决古城道路人流拥堵的痛点问题，儿童医院、广电总台、银行金融机构、公积金中心等大量企事业单位被迁出，某种程度上带来古城“空心化”的问题。苏州构建“一体两翼”城市格局的初衷，是为了更好地保护利用古城，但实际效果和最初设想有一定差距，目前到了迫切需要新城反哺古城的发展阶段。从具体途径看，仅仅依靠财力反哺既不现实，也不可持续，关键是按照市域一体化思路创新政策，帮助古城提升产业造血功能。一方面保存量，参考借鉴南京秦淮区做法，企业可以迁出古城，但税源应当留在古城。另一方面引增量，充分发挥苏州名城保护集团作用，既深入发掘古城历史文化资源，又发掘姑苏区现有土地存量资源，更要借助这一国资平台，加大创新资源、产业项目引进力度，将古城珍惜而独特的资源优势转化为产业发展优势。

五、关于古城保护发展的整体设计问题

从制度、技术等不同层面探索古城保护利用的创新路径，从当前看，有必要重点把握好以下几个关系，即：有效市场和有为政府的关系。建立完善“政府主导、市场运作”的古城保护更新模式，通过社会资本投入、民间力量参与，形成历史街区传统民居保护修缮、活化利用的有效路径。比如，应采用区别政策，根据不同条件试点形成一批名人文创工作坊、名店食宿、餐饮等不同业态，大力推广可复制的典型案例。外脑智库和专业人才的关系。优化完善市、区两级专家顾问团队，发现发掘民间高人、精英，加强与重点高

▶ 重点把握好以下几个关系，即有效市场和有为政府的关系，外脑智库和专业人才的关系，建筑本体和环境场景的关系。

校的互动交流，为古城保护提供人才、理论、技艺传承等全方位支撑。此外，注重在体制内培养和引进更多专业人才，打造一支对古城有感情、懂文化、懂经济的复合型人才队伍。建筑本体和环境场景的关系。建筑是场景的重要组成部分，也只有放在特定场景中才有意义。在街巷、水巷整治更新中，以更高标准推进软、硬件建设，注重引进最高水准团队，以微设计、微更新、微治理等精细化手段开展绿化提升、文化标识、场景塑造，给人老而不旧、久而弥雅的印象，打造“入城即入景，旅游即生活”的时尚样板区，以苏式氛围引人、留人。

六、关于构建高效社会治理格局的问题

古城承载人口结构复杂，老年人口和流动人口、低收入人群“三突出”，且集聚度高。此外，老旧小区、城中村和无物业小区众多，物业管理问题比较突出，由此带来的社会管理压力比较大，同时基层基础力量薄弱，社区书记尤其是社工离职现象比较普遍。建议充分发挥社区工作者的积极性和创造力。既要配强配优社区干部，适当提高待遇，又要防止街道干部“机关化”的倾向，结合古城、老城社区不同的人口组成、管理难度和群众需求，对社区兼职网格员的选配，在年龄结构、文化结构上有所优化。此外，在老旧小区无物业自治管理模式上可以有所探索。要建立健全社情民意常态联系机制，组织机关干部和党员等群体下社区、进网格，切实收集群众的不满意问题，雪中送炭、急人之困，努力追求“让群众没有不满意”。听取群众的呼声意见，把今年创建全国文明典范城市期间一些好的做法经验延续下去，把古城建设成为文明城市的范例和样板。

▶ 既要配强配优社区干部，又要防止街道干部“机关化”的倾向，把创建全国文明典范城市期间一些好的做法经验延续下去，把古城建设成为文明城市的范例和样板。

（本文获苏州市政协专家咨询委员会2022年度优秀课题特等奖）

后记

这部题为《三知斋余墨》的拙作，是本人于2010年退休至2022年底撰写的言论、札记、随笔、书评等文稿的合集。

起名《三知斋余墨》，缘于10多年前的2009年6月，苏州大学出版社出版了本人的《三知斋随想》，曾收获了不少友人的好评。新作谓之“余墨”，打算让它与“随想”在退休前后有个呼应，又表示“余墨”是一种“尚未尽兴”的“随想”，或是一种“未了”之作，或互为“姐妹”吧。

“三知斋”是我用过的一个书斋，一个不过10平方米的弹丸之室。“三知”者，大白之话，“知书达理、知恩图报、知足常乐”也。好懂易记。对我来说，她不过是一种文化符号、一种生活方式、一种处世警示。无处不在，无时不在。

本书分《秋日之礼》《秋日行思》两卷。

秋日，是指人生所处的一个阶段。

上卷为《秋日之礼》。集中汇编了我被聘为亚太地区世界遗产培训与研究（苏州）中心名誉主任、古建筑保护联盟主席、苏州世界遗产与古建筑保护研究会会长的10年间，为内部刊物《世界遗产与古建筑》撰写的39篇《卷首语》，多数未公开发表。考虑到从新年度起，该内刊拟改版，不再设《卷首语》专栏，我的撰写使命应该终结了,借此机会,把这些文字汇编成册以志纪念。其实,对卷首语这类文字,我过去没有触摸过,但深知其中的深奥之处,我底气不足,故没有按规范的卷首语的体式去行文,多数是由感而发。2009年,在我即将退休的时候,组织、领导出于关心与信任,推荐我担任亚太世遗苏州中心顾问、名誉主任,使我的人生从此步入了新的赛道。“顾问”虽不是职务,但面对的领域天地十分广阔。我热爱苏州、热爱苏州文化、热爱世界遗产,10余年来,竟沉浸在这一高尚的事业之中。“卷首语”则来源于我和我的伙伴们,10年来学习、研究、思考、践行世界遗产保护利用和苏州文化建设的点点滴滴的心得体会。如果说,10年来我们有什么成果,那主要体现在2021年由古吴轩出版社出版的《十年之筑 · 苏州世界遗产与人文研究(2011—2021)》之中,这本书汇集了30多篇具有一定参考、借鉴价值的案例分析和研究报告。《十年之筑 · 苏州世界遗产与人文研究(2011—2021)》是“正餐”,《三知斋余墨 · 秋日之礼》则是“点心”,我觉得,这可看作是我和我的伙伴献给新时代、献给社会、献给人生和自己的一份“成绩报告单”,是“秋日之礼”。

下卷为《秋日行思》。是我退休后10余年来零零碎碎撰写的一些小品文,也是退休后的行思录,除了压轴篇,即《苏州古城保护与发展若干问题的哲学思考》,其他文字都不长。我的一生,几乎与文字为伴,“爬格子”“舞文弄墨”是主要的外在表现,研究、写作、形成文稿,是为领导当好参谋助手、提供服务主要的劳动方式。人们知道,公文具有固定的体式,中规中矩,准确规范,严谨严肃,政治性、思想性、政策性很强,但读上去有时缺乏亲切感。我深知,公文写作能力的背后是学习能力、洞察能力、研究能力、逻辑思维和表达能力的总和。如何使自己书写的文字具有较强的深度、高度和厚度?如何使形成的文稿既有逻辑表达力又做到深入浅出、通俗易懂?如何使研究类文稿更有现实指导性和可操作性?这是我常常叩问自己的问题,有时候我反思,像我这一类所谓“笔杆子”，除了公文，还会不会写大众喜闻乐见的其他文字？其实，作文的客观规律是可循的。“人创造环境，同样环境也创造人。”几十年的职业生涯让我养成了学习、研究、思考的习惯，退休以后，作为一种职业惯性，一方面仍然延续，另一方面在新的时空环境中，又可以塑造新的自我，创造性地转化转变。于是，我利用旅游、会议、阅读等不同机会，欣然尝试撰写一些随笔、散文等非公文类文稿，虽然数量不多，但发现，借鉴公文写作的某种特点和优势，可以形成不一样的行文风格。比如，收录在本书中的《腾冲归来话审美》《走进汉中》《安仁纪事》《说雅》《喜子和他的媳妇》《关于“天道酬勤”的故事》《香山建筑文化的西南首秀》《江南研究的文化心态》《现代化的苏州畅想》《文化老兵马汉民》等等，就是其中的一些代表。值得一提的是，《喜子和他的媳妇》居然一不小心还获得当年江苏省报纸副刊好文章一等奖。当然，我的这些写作，纯属随心所欲、自得其乐，把所思所想的事和理用文字记录下来。当然，也有一些文稿，由于各种因素，叙述还不够精确到位，略有絮叨之嫌，尚请文友鉴谅。总之“因果报应”“种豆得豆”，这种记录和写作，很好地丰富了自己晚年的精神生活，并演化为生活中不可或缺的组成部分。

对于我来说，能做一些对社会有益，自己擅长、喜爱又力所能及的事，著书立说也好，参与社会活动也好，完成组织上交办的一些事务也好，都是一种幸事，我倍加珍惜。

需要说明的是，下卷编入《秋日行思》的这些文字，只是做了大致的分类，排列不分先后，书友阅读时随心所欲就行。

为此，在这里，我向所有为本书问世做出各种奉献的朋友们、伙伴们，以及所有为世界遗产和古建筑保护研究事业在一条战壕里共同奋斗的同仁们、战友们，表示衷心的感谢：

苏州籍全国著名作家、江苏省作家协会名誉主席范小青，是苏州文人中的领军人物，备受人们尊敬，她亲自为拙著作序，并在序中称我们间是“亦师亦兄”的关系，让人有点受宠若惊的感觉，对我的鼓励更是令我惭愧至极。

远在法国巴黎的联合国教科文组织外联部顾问、中国教科文全委会原秘书长杜越先生长期以来十分关心苏州的世界遗产保护事业，很荣幸由他为本书作序。他在序言说，“很‘崇高’、很‘公益’的事业，因此我们就顺理成章走到了一起”，恰如其分。

著名画家沈民义先生是我的老校友，他慷慨地友情提供了关于苏州水乡古城古镇的近20幅版画精品，作为本书的插图，使拙著流光溢彩。

著名图书装帧艺术大师周晨与我是“忘年交”，互为师友，他已经第4次为我的拙著出版进行精心装帧设计了，高端、大气、雅致，展现了一流设计大师的杰出水准。

苏州职业大学教授蔡斌先生，苏州日报高级记者、原副总编王文标先生，联盟副主席周苏宁先生等群策群力，欣然为本书题名、策划、释义，提出了重要建议。

更值得指出的，为了增加本书的可读性，增强读者阅读本书的欲望和质量，特聘苏州市委研究室蒋忠友副主任作为“第一读者”，为本书上下卷分别撰写了导读词，深刻、精准、到位，他的功底实力、他的治学为人态度，从他的文字中可见一斑，令人肃然起敬。

还需特别指出的，苏州市园林和绿化管理局及亚太世遗中心苏州分中心、苏州世界遗产古典园林监管中心长期以来对联盟、研究会，以及对我本人给予了各方面的支持和关心。本书出版过程中，联盟秘书处武名做了整理、编务等大量细致、具体的前期工作，为本书出版奠定了良好的基础。古吴轩出版社为本书出版提供了优质的服务。谨此，一并表示由衷的感谢。

汪长根

2022.12

图书在版编目（CIP）数据

三知斋余墨 / 汪长根著. -- 苏州 : 古吴轩出版社,
2023.3
ISBN 978-7-5546-1881-3

Ⅰ. ①三… Ⅱ. ①汪… Ⅲ. ①古城—保护—苏州—文集 Ⅳ. ①TU984.253.3-53

中国国家版本馆CIP数据核字(2023)第042777号

责任编辑：胡敏韬
装帧设计：周　晨　李　璇
责任校对：李爱华　万海娟
版画插图：沈民义
编　　务：武　名

书　　名：三知斋余墨
著　　者：汪长根
出版发行：古吴轩出版社
地址：苏州市八达街118号苏州新闻大厦30F
电话：0512-65233679　　邮编：215123
印　　刷：苏州报业传媒集团有限公司
开　　本：787 × 1092　1/16
印　　张：20.5
字　　数：377千字
版　　次：2023年3月第1版
印　　次：2023年3月第1次
书　　号：ISBN 978-7-5546-1881-3
定　　价：68.00元